U0342028

袖珍钣金冷作工手册

第 2 版

主　编　金光辉

参　编　葛叶红　陈　宇
　　　　郎敬喜　宫　伟

机械工业出版社

本手册是根据 2000 年出版的《袖珍钣金冷作工手册》修订的，共 16 章，在内容上，从金属材料与热处理知识、钣金冷作工各工序的技术知识，到最新 UGNX6 软件的新技术在钣金冷作工中的应用等，都作了较为详细的介绍。本手册在取材上以实用为主，兼顾先进性。所列技术数据准确可靠，皆取自最新标准和生产实践，具有覆盖面全、简明、查阅方便的特点。

　　本手册可作为机械设备厂、金属结构厂的钣金冷作工、铆焊工的必备工具书，又可作为从事钣金冷作生产技术人员的参考用书，还可供技工院校、职业院校的相关专业师生参考使用。

第 2 版前言

《袖珍钣金冷作工手册》自 2000 年出版以来，深受广大读者欢迎，已重印 7 次。而随着数字化信息时代的来临，技术的变化日新月异，原有内容已不能满足读者的需求。此外，国家有关部门还相继颁布了许多相关国家标准和专业标准。鉴于此，我们对该手册进行了修订。

《袖珍钣金冷作工手册 第 2 版》保持了第 1 版的总体结构，在内容上有所调整和更新，结合《国家职业技能标准 冷作钣金工》的要求，并补充了标准以外的新技术和新工艺。主要修订内容如下：

1）新增了第 16 章，重点介绍了用 UG NX6 软件的放样展开。

2）考虑样板在钣金、冷作工种的特殊性，第 2 版增加了第 6 章样板技术，为统一样板标识奠定了良好的基础。

3）新增加了第 5 章正投影、第 10 章预加工技术和第 14 章冷作结构件的合理设计等，完善了手册的知识内容。

4）结合生产实际情况，介绍了一些当前比较广泛应用的典型钣金产品的制造实例。同时在选材上以实用为主，兼顾先进性。

5）保持第 1 版手册精炼、实用的特点，在增加新内容的同时，也删除了一些过时的内容。

本手册由金光辉主持修订，参加本手册修订的还有葛叶红、陈宇、郎敬喜、宫伟，于波审稿。

本手册在编纂过程中得到了沈阳职业技术学院领导及有关师生的鼎立支持与帮助，在此表示衷心的感谢。同时，对本书所引用文献的作者和为本书提供有关资料的同志也深表谢意。

由于编者水平所限，不足之处在所难免，敬请广大读者批评指正。

编　　者

第1版前言

　　《袖珍钣金冷作工手册》是依据劳动部和原机械部1995年联合颁发的《工人技术等级标准（通用部分）》和《职业技能鉴定规范（考核大纲）》初、中级所涵盖的内容编写的。在编写过程中坚持以实用为主，尽量做到科学性、系统性、图表化、简明化，是一本简明实用、查阅方便、数据可靠的工具书。

　　本手册可供初、中级钣金工、冷作工使用，也可作为机械类技工学校、职业学校生产实习用书。

　　由于各企业生产的产品及设备条件各不相同，有些钣金冷作件的加工工艺有所不同，本手册介绍的加工工艺可起到抛砖引玉作用，望读者活学活用。

　　本手册由金光辉、葛叶红编写，由梅启钟审稿。由于编者水平有限，难免存在缺点和错误，欢迎读者批评指正，以便再版时更正

编　　者

目　　录

X

第 1 章　金属材料与热处理知识

本章主要介绍常用金属材料知识及常用热处理方法。

1.1　金属材料的分类

金属材料是指金属元素或以金属元素为主的具有金属特性的材料的统称。包括纯金属、合金、金属间化合物和特种金属材料等。但金属氧化物不属于金属材料（如氧化铝），金属材料通常分为黑色金属、有色金属和特种金属材料。

1. 黑色金属　是指以铁元素为基体的铁碳合金。黑色金属又称为钢铁材料，包括铁的质量分数 $[w(\mathrm{Fe})]$（含铁量）为 90% 以上的工业纯铁，碳的质量分数 $[w(\mathrm{C})]$（含碳量）2% ~4% 的铸铁，碳的质量分数小于 2% 的碳钢，以及各种用途的结构钢、不锈钢、耐热钢、高温合金、精密合金等。广义的黑色金属还包括铬、锰及其合金。

2. 有色金属　有色金属又称为非铁金属，是指铁、锰、铬以外的所有金属的统称。如，铜、铝、镁、钛等。广义的有色金属还包括有色合金，有色合金是以一种有色金属为基体（通常质量分数大于50%）加入一种或者几种其他元素而构成的合金。如铜合金、铝合金、铅基合金、镍合金、锌合金、镁合金、钛合金和锡基合金等。

3. 特种金属材料　包括不同用途的结构金属材料和功能金属材料。其中，有通过快速冷凝工艺获得的非晶态金属材料，以及准晶、微晶、纳米晶金属材料等；还有隐身、抗氢、超导、形状记忆、耐磨、减振阻尼等特殊功能合金以及金属基复合材料等。

本手册仅涉及钢铁材料及主要有色金属材料。钢的分类方法很多，可以按化学成分、质量等级、性能、用途及金相组织等进行分类。

1.1.1　钢的分类

1.1.1.1　按钢的化学成分

按 GB/T 13304.1—2008《钢分类 第一部分 按化学成分分类》，本部分规定了按照化学成分对钢进行分类的基本准则，并规定了非合金钢、低合金钢与合金钢中合金元素含量的基本界限值。

1. **钢**　钢是以铁为主要元素，碳的质量分数一般在2%以下，并含有其他元素。

在铬钢中碳的质量分数一般大于2%，但碳的质量分数为2%通常是钢和铸铁的分界线。

2. **钢按化学成分分类**　分为非合金钢、低合金钢和合金钢。

1.1.1.2 按钢的主要质量等级

　　按 GB/T 13304.2—2008《钢分类　第二部分　按主要质量等级和主要性能或使用特性分类》,本部分适用于对非合金钢、低合金钢和合金钢进行分类。

　　1. 非合金钢的主要分类　按钢的主要质量等级分类和按钢的主要性能或使用特性分类。

　　(1) 非合金钢按主要质量等级分　可分为普通质量非合金钢、优质非合金钢、特殊质量非合金钢。

　　1) 普通质量非合金钢。这种钢是指生产过程中不规定需要特别控制质量要求的钢。普通质量非合金钢主要分类及举例见表 1-1 第 1 栏。

　　2) 优质非合金钢。除符合普通质量非合金钢定义的和特殊质量非合金钢以外的钢为优质非合金钢。

　　优质非合金钢是指在生产过程中需要特别控制质量(例如,控制晶粒度,降低硫(S),磷(P)含量,改善表面质量或增加工艺控制等),以达到比普通质量非合金钢高的质量要求(例如,良好的抗脆断性能,良好的冷成形性能等),但这种钢的生产控制不如特殊质量非合金钢严格(如不控制淬透性)。

　　优质非合金钢主要分类及举例见表 1-1 第 2 栏。

　　3) 特殊质量非合金钢。指在生产过程中需要特别严格控制质量和性能(如控制淬透性和纯洁度)的合金钢。

特殊质量非合金钢主要分类及举例见表 1-1 第 3 栏。

（2）非合金钢按主要性能或使用特性分类 本部分所指的主要性能或使用特性是在某些情况下（如在编制体系或对钢进行分类时）要优先考虑的特性。

非合金钢按其主要性能或使用特性分类如下：

1）以规定最高强度（或硬度）为主要特性的非合金钢，如冷成形用薄钢板。

2）以规定最低强度为主要特性的非合金钢，如造船、压力容器、管道等用的结构钢。

3）以限制含碳量为主要特性的非合金钢（下述4）、5）项包括的钢除外），如线材、调质用钢等。

4）非合金易切削钢，钢中含硫量最低值、熔炼分析值不小于 0.070%，并（或）加入 Pb、Bi、Te、Se、Sn、Ca 或 P 等元素。

5）非合金工具钢。

6）具有专门规定磁性或电性能的非合金钢，例如电磁纯铁。

7）其他非合金钢，例如原料纯铁等。

2. 低合金钢的主要分类 按钢的主要质量等级分类和按钢的主要性能或使用特性分类。

（1）低合金钢按主要质量等级分类 低合金钢可

分为普通质量低合金钢、优质低合金钢和特殊质量低合金钢。

1）普通质量低合金钢。普通质量低合金钢是指不规定生产过程中需要特别控制质量要求的，供作一般用途的低合金钢。普通质量低合金钢的主要分类及举例见表1-2第1栏。

2）优质低合金钢。除以上定义的普通质量低合金钢和定义的特殊质量低合金钢以外的钢为优质低合金钢。优质低合金钢是指在生产过程中需要特别控制质量（例如，降低S、P含量，控制晶粒度，改善表面质量，增加工艺控制等），以达到比普通质量低合金钢高的质量要求（例如，良好的抗脆断性能，良好的冷成形性等），但这种钢的生产控制和质量要求，不如特殊质量低合金钢严格。

优质低合金钢的主要分类及举例见表1-2第2栏。

3）特殊质量低合金钢。是指在生产过程中需要特别严格控制质量和性能（特别是严格控制S、P等杂质含量和纯洁度）的低合金钢。特殊质量低合金钢主要分类及举例见表1-2第3栏。

（2）低合金钢按主要性能及使用特性分类　对非合金钢的主要性能的概述或使用特性的概述也适用于低合金钢。低合金钢按其主要性能或使用特性分类如下：

1）可焊接的低合金高强度结构钢。

表 1-1　非合金钢的主要分类及举例

按主要特性分类	按主要质量等级分类		
	普通质量非合金钢	优质非合金钢	特殊质量非合金钢
以规定最高强度或主要为控制性能的非合金钢	普通质量结构钢板和钢带 如 Q195 牌号	1. 碳素结构钢 2. 优质碳素结构钢，如 65Mn 3. 钢炉和压力容器用钢，如 Q245R 4. 造船用钢 5. 铁道用钢，如 U74 6. 桥梁用钢，如 Q235qC 7. 汽车用钢，如 12LW 8. 输送管线用钢，如 Q235B 9. 预应力及混凝土钢筋用优质非合金钢	1. 优质碳素结构钢，如 45H 65Mn 2. 保证淬透性钢 3. 保证厚度方向性能钢 如非合金钢 4. 汽车用钢，如 CR180BH 5. 铁道用钢，如 CL60A 级 6. 输送管线用钢，如 L245 7. 钢炉和压力容器用钢

(续)

7

按主要特性分类	按主要质量等级分类		
	普通质量非合金钢	优质非合金钢	特殊质量非合金钢
以规定最低强度为主要特性的非合金钢	1. 碳素结构钢,如 Q215 中 A,B 级 2. 碳素钢筋钢,如 HPB235 3. 铁道用钢,如 55Q 4. 一般工程用不进行热处理的普通质量碳素钢 5. 连接用钢,如 CM370	1. 碳素结构钢 2. 优质碳素结构钢,如 65Mn 3. 锅炉和压力容器用钢,如 Q245R 4. 造船用钢 5. 铁道用钢,如 U74 6. 桥梁用钢,如 Q235qC 7. 汽车用钢,如 45 钢 8. 输送管线用钢,如 10 钢、20 钢 9. 工程结构用铸造碳素钢,如 ZG200-400 10. 预应力混凝土钢筋用优质非合金钢	1. 优质碳素结构钢,如 45H、65Mn 2. 保证淬透性钢 3. 保证厚度方向性能钢 4. 汽车用钢,如 CR180BH 5. 铁道用钢,如 LG65A 级 6. 航空用钢 7. 输送管线用钢,如 L245 8. 锅炉和压力容器用钢

（续）

按主要特性分类	按主要质量等级分类		
	普通质量非合金钢	优质非合金钢	特殊质量非合金钢
以碳为主要特性的非合金钢	1. 普通碳素钢焊条 2. 一般用途碳钢丝 3. 热轧花纹钢板及钢带	1. 焊条用钢，如 H08A、H08MnA、H15A、H15Mn 2. 冷镦用钢，如 BL1、BL3、BL3 3. 花纹钢板 4. 焊条用钢，如 40Mn、…、60Mn	1. 焊条用钢（成品分析 w(S)、w(P)不大于 0.025 的钢），如 H08E、H08C 钢 2. 碳素弹簧钢，如 65Mn 3. 特殊焊条钢，如 60 钢

表 1-2 低合金钢的主要分类及举例

按主要质量等级分类			
按特性分类	普通质量低合金钢	优质低合金钢	特殊质量低合金钢
低合金高强度结构钢	1. 一般用途低合金结构钢，如 Q295	1. 一般用途低合金结构钢，如 Q295B 2. 锅炉和压力容器用合金钢，如 Q390（15MnV） 3. 造船用低合金钢，如 A40、D40、E40 4. 汽车用低合金钢，如 082、202 5. 桥梁用低合金钢，如 Q345 6. 锚链用低合金钢，如 CM690 7. 钢板桩，如 Q390bz	1. 一般用途低合金结构钢，如 Q345E 2. 压力容器用低合金钢，如 12MnNiVR 3. 保证厚度方向性能低合金钢 4. 造船用低合金钢，如 F40

（续）

按主要 特性分类	按主要质量等级分类		
	普通质量低合金钢	优质低合金钢	特殊质量低合金钢
低合金 耐热钢		低合金耐热性钢	
低合金 混凝土用 钢	一般低合金钢 筋钢		预应力混凝土用钢如， 30MnSi

2）低合金耐热钢。

3）低合金混凝土用钢及预应力用钢。

4）铁道用低合金钢。

5）矿用低合金钢。

6）其他低合金钢，如焊接用钢。

3．合金钢的主要分类　合金钢可按钢的主要质量等级或钢的主要性能或使用特性来进行分类。

（1）按钢的主要质量等级分类　可分为优质合金钢和特殊质量合金钢。

1）优质合金钢。优质合金钢是指在生产过程中需要特别控制质量和性能（如韧性、晶粒度或成形性）的钢，但其生产控制和质量要求不如特殊质量合金钢严格。

下列钢为优质合金钢：

① 一般工程结构用合金钢，如 Q420bz。

② 合金钢筋钢。

③ 电工用合金钢，主要含有硅或硅和铝等合金元素，但无磁导率的要求。

④ 铁道用合金钢，如 30CuCr。

⑤ 凿岩、钻探用钢。

⑥ 硫、磷的质量分数分别大于 0.035% 的耐磨钢。

2）特殊质量合金钢。特殊质量合金钢是指需要严格控制化学成分和特定的制造及工艺条件，以保证改善综合性能，并使性能严格控制在极限范围内。如工程用钢中的锅炉和压力容器用合金钢等。

机械结构用钢中的 V·MnV·Mn（X）系钢、SiMn（X）系钢、Cr（X）系钢、CrMo（X）系钢、CrNiMo（X）系钢、Ni（X）系钢、B（X）系钢等（X 表示合金元素含量）。

（2）按钢的主要性能及使用特性分类　对非合金钢的主要性能或使用特性的概述也适用于合金钢。

合金钢按其主要性能或使用特性分类如下：

1）工程结构用合金钢。包括一般工程结构用合金钢，供冷成形用的热轧或冷轧扁平产品用合金钢（压力容器用钢、汽车用钢和输送管线用钢），预应力用合金钢、矿用合金钢、高锰耐磨钢等。

2）机械结构用合金钢。包括调质处理合金结构钢、表面硬化合金结构钢、冷塑性成形（冷顶锻、冷挤压）合金结构钢、合金弹簧钢等，但不锈、耐蚀和耐热钢同轴承钢除外。

3）不锈、耐蚀和耐热钢。包括不锈钢、耐酸钢、抗氧化钢和热强钢等，按其金相组织可分为马氏体型钢、铁素体型钢、奥氏体型钢、奥氏体－铁素体型钢、沉淀硬化型钢等。

4）工具钢。包括合金工具钢、高速工具钢。合金工具钢分为量具刃具用钢、耐冲击工具用钢、冷作模具钢、热作模具钢、无磁模具钢、塑料模具钢等；高速工具钢分为钨钼系高速工具钢、钨系高速工具钢和钴系高速工具钢等。

5）轴承钢。包括高碳铬轴承钢、渗碳轴承钢、不锈轴承钢和高温轴承钢等。

6）特殊物理性能钢。包括软磁钢、永磁钢、无磁钢及高电阻钢和合金等。

7）其他，如焊接用合金钢等。

以上钢的分类是根据我国颁布实施的新的钢分类方法——国家标准 GB/T 13304—2008《钢分类》，该标准是参照国际标准制订的。新标准将钢的分类分为"按化学成分分类"和"按质量等级和主要性能或使用特性分类"两部分。

例如，GB/T 13304—2008《钢分类》中已用"非合金钢"名词取代"碳素结构钢"。但由于许多技术标准是在新的国家标准钢分类实施之前制订的。因此，为便于衔接和过渡，本手册对钢的分类方法仍按原常规分类方法进行简单介绍，供读者参考。

我国过去多年来采用的钢的分类方法如下：

（1）按钢的用途分类　可分为建筑及工程用钢、机械制造用结构钢、工具钢、特殊性能钢、专业用钢（如桥梁用钢、锅炉用钢）等，每一大类又可分为许多小类。

（2）**按钢的品质（有害杂质硫、磷含量）分类**
可分为普通质量钢、优质钢、高级优质钢。

（3）**按冶炼方法分类**　可分为平炉钢、转炉钢、
电炉钢；根据炼钢时所用脱氧方法分类，可分为沸腾
钢、镇静钢和半镇静钢。

（4）**按钢中含碳量分类**　可分为低碳钢 $[w(C) \leqslant$
$0.25\%]$、中碳钢 $[w(C) = 0.25\% \sim 0.60\%]$、高碳钢
$[w(C) > 0.60\%]$。

（5）**按钢中合金元素含量分类**　可分为低合金钢
$[w(Me) \leqslant 5\%]$、中合金钢 $[w(Mo) = 5\% \sim 10\%]$、高
合金钢 $[w(Me) > 10\%]$。

（6）**按钢中合金元素的种类分类**　可分为锰钢、
铬钢、硼钢、硅锰钢、铬镍钢等。

（7）**按合金钢在空气中冷却后所得到的组织分类**
可分为珠光体钢、贝氏体钢、马氏体钢、奥氏体钢和
莱氏体钢等。

（8）**钣金冷作工常用的碳素结构钢（简称碳钢）
和优质碳素结构钢**　在新标准中统称为非合金钢，见表
1-1。

（9）其他，如焊接用合金钢等。

1.1.2　有色金属的分类

常见有色金属（非铁金属）及其合金分类如下：

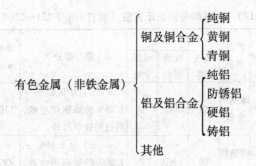

1.2 钢铁材料的牌号表示方法

通过对金属材料牌号含义的介绍，可以了解金属材料的名称、质量等级、含碳量及合金含量等。

1.2.1 生铁的牌号表示方法

生铁产品牌号通常由两部分组成：

第一部分：表示产品用途、特性及工艺方法的大写汉语拼音字母。

第二部分：表示主要元素平均质量分数（含量）（以千分之几计）的阿拉伯数字。炼钢用生铁、铸造用生铁、球墨铸铁用生铁、耐磨生铁为硅元素平均含量。脱碳低磷粒铁为碳元素平均含量，含钒生铁为钒元素平均含量。

生铁牌号表示方法见表 1-3。

表 1-3　生铁牌号的表示方法（摘自 GB/T 221—2008）

序号	产品名称	第一部分			第二部分	牌号示例
		采用汉字	汉语拼音	采用字母		
1	炼钢用生铁	炼	LIAN	L	$w(Si)$ 为 0.85% ~ 1.25% 的炼钢用生铁，阿拉伯数字为 10	L10
2	铸造用生铁	铸	ZHU	Z	$w(Si)$ 为 2.80% ~ 3.20% 的铸造用生铁，阿拉伯数字为 30	Z30
3	球墨铸铁用生铁	球	QIU	Q	$w(Si)$ 为 1.00% ~ 1.40% 的球墨铸铁用生铁，阿拉伯数字为 12	Q12
4	耐磨生铁	耐磨	NAI MO	NM	$w(Si)$ 为 1.60% ~ 2.00% 的耐磨生铁，阿拉伯数字为 18	NM18
5	脱碳低磷粒铁	脱粒	TUO LI	TL	$w(C)$ 为 1.20% ~ 1.60% 的炼钢用脱碳低磷粒铁，阿拉伯数字为 14	TL14
6	含钒生铁	钒	FAN	F	$w(V)$ 不小于 0.40% 的含钒生铁，阿拉伯数字为 04	F04

1.2.2 碳素结构钢和低合金结构钢的牌号表示方法

碳素结构钢和低合金结构钢（简称低合金钢）的牌号通常由四部分组成：

第一部分：前缀符号＋强度值（以 N/mm² 或 MPa 为单位），其中通用结构钢前缀符号为代表屈服强度的拼音的字母"Q"，专用结构钢的前缀符号见表1-4。

第二部分（必要时）：钢的质量等级，用英文字母 A、B、C、D、E、F，…表示。

第三部分（必要时）：脱氧方式表示符号，即沸腾钢、半镇静钢、镇静钢、特殊镇静钢分别以"F"、"b"、"Z"、"TZ"表示。镇静钢、特殊镇静钢表示符号通常可以省略。

第四部分（必要时）：钢的产品用途、特性和工艺方法表示符号，见表1-5。

碳素结构钢和低合金结构钢的牌号表示方法见表1-6。

1.2.3 低合金高强度结构钢牌号的其他表示方法

根据需要，低合金高强度结构钢的牌号也可以采用两位阿拉伯数字〔表示平均质量分数（含碳量）〕表示，以万分之几计）加元素符号及必要时加代表产品用途、特性和工艺方法的表示符号，按顺序表示。

例如，碳的质量分数为15%～0.26%，锰的质量分数为1.20%～1.60%的矿用钢的牌号为20MnK。

表 1-4 专用结构钢的前缀符号

产品名称	采用的汉字或英文单词		采用字母	位置
	汉字	汉语拼音		
热轧光圆钢筋	热轧光圆钢筋	—	HPB	牌号头
热轧带肋钢筋	热轧带肋钢筋	—	HRB	牌号头
细晶粒热轧带肋钢筋	热轧带肋钢筋＋细	—	HRBF	牌号头
冷轧带肋钢筋	冷轧带肋钢筋	—	CRB	牌号头
预应力混凝土用螺纹钢筋	预应力、螺纹、钢筋	—	PSB	牌号头
焊接气瓶用钢	焊瓶	HAN PING	HP	牌号头
管线用钢	管线	—	L	牌号头
船用锚链钢	船锚	CHUAN MAO	CM	牌号头
煤机用钢	煤	MEI	M	牌号头

表1-5 钢的产品用途、特性和工艺方法表示符号

产品名称	采用的汉字及汉语拼音或英文单词		采用字母	位置
	汉字	汉语拼音		
锅炉和压力容器用钢	容	RONG	R	牌号尾
锅炉用钢（管）	锅	GUO	G	牌号尾
低温压力容器用钢	低容	DI RONG	DR	牌号尾
桥梁用钢	桥	QIAO	Q	牌号尾
耐热钢	耐热	NAI HOU	NH	牌号尾
高耐热钢	高耐热	GAO NAI HOU	GNH	牌号尾
汽车大梁用钢	梁	LIANG	L	牌号尾
高性能建筑结构用钢	高建	GAO JIAN	GJ	牌号尾
低焊接裂纹敏感性钢	低焊接裂纹敏感性	—	CF	牌号尾
保证淬透性钢	淬透性	—	H	牌号尾
矿用钢	矿	KUANG	K	牌号尾
船用钢	采用国际符号			

表 1-6　碳素结构钢和低合金结构钢的牌号表示方法

序号	产品名称	第一部分	第二部分	第三部分	第四部分	牌号示例
1	碳素结构钢	最小屈服强度 235MPa	A 级	沸腾钢	—	Q235AF
2	低合金高强度结构钢	最小屈服强度 345MPa	D 级	特殊镇静钢	—	Q345D
3	热轧光圆钢筋	屈服强度特征值 235MPa	—	—	—	HPB235
4	热轧带肋钢筋	屈服强度特征值 335MPa	—	—	—	HRB335
5	细晶粒热轧带肋钢筋	屈服强度特征值 335MPa	—	—	—	HRBF335
6	冷轧带肋钢筋	最小抗拉强度 550MPa	—	—	—	CRB550
7	预应力混凝土用螺纹钢筋	最小屈服强度 830MPa	—	—	—	PSB830
8	焊接气瓶用钢	最小屈服强度 345MPa	—	—	—	HP345

（续）

序号	产品名称	第一部分	第二部分	第三部分	第四部分	牌号示例
9	管线用钢	最小规定总延伸强度 415MPa	—	—	—	L415
10	船用锚链钢	最小抗拉强度 370MPa	—	—	—	CM370
11	煤机用钢	最小抗拉强度 510MPa	—	—	—	M510
12	锅炉和压力容器用钢	最小屈服强度 345MPa	—	特殊镇静钢	压力容器"容"的汉语拼音字母首位字母"R"	Q345R

1.2.4　优质碳素结构钢和优质碳素弹簧钢的牌号表示方法

优质碳素结构钢的牌号通常由五部分组成：

第一部分：以二位阿拉伯数字表示平均碳的质量分数（以万分之几计）。

第二部分：（必要时）；较高含锰量的优质碳素结构钢，加锰元素符号 Mn。

第三部分：（必要时）：钢材冶金质量，即高级优质钢、特级优质钢分别以 A、E 表示，优质钢不用字母表示。

第四部分（必要时）：脱氧方式表示符号，即沸腾钢、半镇静钢、镇静钢分别以"F"、"b"、"Z"表示，但镇静钢表示符号通常可以省略。

第五部分（必要时）：优质碳素结构钢和优质碳素弹簧钢的产品用途、特性或工艺方法表示符号，见表1-5。

优质碳素结构钢和优质碳素弹簧钢的牌号表示方法见表1-7。

表 1-7 优质碳素结构钢和优质碳素弹簧钢的牌号表示方法

序号	产品名称	第一部分	第二部分	第三部分	第四部分	第五部分	牌号示例
		$w(C)(\%)$	$w(Mn)(\%)$				
1	优质碳素结构钢	0.05~0.11	0.25~0.50	优质钢	沸腾钢		08F
2	优质碳素结构钢	0.47~0.55	0.50~0.80	高级优质钢	镇静钢		50A
3	优质碳素结构钢	0.48~0.56	0.70~1.00	特级优质钢	镇静钢		50MnE
4	保证淬透性用钢	0.42~0.50	0.50~0.85	高级优质钢	镇静钢	保证淬透性钢表示符号"H"	45AH
5	优质碳素弹簧钢	0.62~0.70	0.90~1.20	优质钢	镇静钢		65Mn

1.2.5 合金结构钢的牌号表示方法

合金结构钢牌号通常由四部分组成：

第一部分：以二位阿拉伯数字表示平均碳的质量分数（含碳量）（以万分之几计）。

第二部分：合金元素含量，以化学元素符号及阿拉伯数字表示。具体表示方法为：平均质量分数（平均含量）小于 1.50% 时，牌号中仅标明元素，一般不标明含量；平均质量分数为 1.50% ~2.49%、2.50% ~3.49%、3.50% ~4.49%、4.50% ~5.49%，…，时，在合金元素后相应写成 2、3、4、5，…

需说明的是：化学元素符号的排列顺序推荐按含量值递减排列，如果两个或多个元素的含量相等时，相应符号位置按英文字母的顺序排列。

第三部分：钢材冶金质量，即高级优质钢、特级优质钢分别以 A、E 表示，优质钢不用字母表示。

第四部分（必要时）：产品用途、特性或工艺方法表示符号，见表 1-5。

合金结构钢的牌号表示方法。见表 1-8。

表 1-8　合金结构钢牌号表示方法

序号	产品名称	第一部分 w(C)(%)	第二部分 w(X)(%)	第三部分	第四部分	牌号示例
1	合金结构钢	0.22 ~ 0.29	Cr = 1.50 ~ 1.80 Mo = 0.25 ~ 0.35 V = 0.15 ~ 0.30	高级优质钢		25Cr2MoVA
2	锅炉和压力容器用钢	≤0.22	Mn = 1.20 ~ 1.60 Mo = 0.4 ~ 0.65 Nb = 0.025 ~ 0.050	特级优质钢	锅炉和压力容器用钢	18MnMo-NbER

1.3 金属材料的性能

金属材料的性能包括力学性能和工艺性能等。

1.3.1 力学性能

金属材料的力学性能是指金属材料抵抗外加载荷（外力）引起变形和断裂的能力或金属的失效抗力。力学性能主要包括强度、硬度、塑性、韧性、耐磨性和缺口敏感性等性能，见表1-9。新旧力学性能符号对比见表1-10。

表1-9 金属材料的力学性能（摘自 GB/T 10623—2008）

名称	符号	单位	含　义
弹性极限	σ_e		材料在应力完全释放时能够保持没有永久应变的最大应力
			单轴试验通用术语
伸长率	A	mm	在试验期间任意时刻的原始标距 L_0 或参考长度 L_t 的增量 原始标距 L_0（或参考长度 L_t）的伸长与原始标距（或参考长度 L_t）之比百分率

名称	符号	单位	含　义
断面收缩率	Z		断裂后试样横截面积的最大缩减量 $(S_0 - S_u)$ 与原始横截面积 (S_0) 之比的百分率 $$Z_0 = \frac{S_0 - S_u}{S_0} \times 100\%$$
抗扭强度	τ_m		相应最大扭矩的切应力
抗拉强度	R_m		与最大力 F_m 相对应的应力
抗剪强度	τ_b		试样在剪切断裂前所承受的最大切应力
抗弯强度	σ_{bb}	MPa	试样在弯曲断裂前所承受的最大正应力
抗压强度	R_{mC}		材料在压力作用下不发生碎、裂时所能承受的最大正应力称为抗压强度
屈服强度		MPa	当金属材料呈现屈服现象时，在试验期间发生塑性变形而力不增加时的应力。应区分上屈服强度和下屈服强度。 下屈服强度 (R_{eL})：在屈服期间，不计初始瞬时效应时的最低应力值 上屈服强度 (R_{eH})：试样发生屈服而力首次下降前的最高应力值

（续）

名称	符号	单位	含　义
最大扭矩	T_m	N·m	试样在屈服阶段之后，所能抵抗的最大扭矩。对于无明显屈服（连续屈服）的金属材料，为试验期间的最大扭矩
冲击韧度		J/cm^2	冲击试样缺口底部单位横截面积上的冲击吸收功
冲击吸收能量	A_{KU} 或 A_{KV}	J	由于 a_K 值的大小不仅取决于材料本身，而且随着试样尺寸、形状的改变及试验温度的不同而变化，因而 a_K 值只是一个相对指标。目前国际上许多国家直接采用冲击吸收功 A_K 作为冲击韧度的指标 $$a_{KU} = \frac{A_{KU}}{S}；\quad a_{KV} = \frac{A_{KV}}{S}$$ 式中　a_{KU}——夏比 U 型缺口试样冲击韧度（J/cm^2）； a_{KV}——夏比 V 型缺口试样冲击韧度（J/cm^2）； A_{KU}——夏比 U 型缺口试样冲断时的冲击吸收能量（J）； A_{KV}——夏比 V 型缺口试样冲断时的冲击吸收能量（J）； S——试样缺口处的横截面积（cm^2）

（续）

名称	符号	单位	含义
洛氏硬度	HR		材料抵抗通过硬质合金或钢球压头，或对应某一标尺的金刚石圆锥体压头施加试验力所产生永久压痕变形的度量单位 注：$HR = N - h/S$ 式中 N 和 S 为给定的洛氏硬度标尺常数，h (mm) 为在施加并卸除主试验力后初试验力下的压痕深度增量
维氏硬度	HV		材料抵抗通过金刚石正四棱锥体压头施加试验力所产生永久压痕变形的度量单位
疲劳试验通用术语			
弹性应变	ε_e		总应变的弹性部分，$\varepsilon_e = \varepsilon_t - \varepsilon_p$
疲劳寿命	N_f		达到疲劳失效判据的实际循环数
疲劳极限	σ_D		应力振幅的极限值，在这个值以下，被测试样能承受无限次的应力周期变化
疲劳强度	S		在指定寿命下使试样失效的应力水平

注：1. HBW = 0.102 × 试验为(N)/永久压痕表面积 (mm²)。

2. 假设压痕保持球形不变，其表面积是根据平均压痕直径和球的直径计算的。

3. HV = 0.102 × 试验力(N)/永久压痕的表面积 (mm²)。

4. 假设压痕保持压头理想的几何形状不变，其表面积是根据两对角线的平均长度计算的。

表 1-10　新旧力学性能的对比

符号		名称
新标准	旧标准	
HBW	HB\HBS\HBW	布氏硬度（硬质合金压头）
HRA		洛氏硬度
HV		维氏硬度
R_{eH}	σ_{sU}	上屈服强度
R_{eL}	σ_{sL}	下屈服强度
R_m	σ_b	抗拉强度
τ_m	—	抗扭强度
τ_b	—	抗剪强度
σ_{bb}	σ_w	抗弯强度
R_{mc}	σ_{bc}、σ_b	抗压强度
—	a_k、A_k	冲击韧度
KU、KV	A_{KU} 或 A_{KV}	冲击吸收能量
σ_D	—	疲劳极限
N_f	—	疲劳寿命
S	—	疲劳强度
σ_e	—	弹性极限
ε_e	—	弹性应变
τ_m	—	抗扭强度

符号		名称
新标准	旧标准	
A	—	断后伸长率、伸长率、持久断后伸长率
Z	ψ	断面收缩率、持久断面收缩率

注：金属材料力学性能新符号见国家标准 GB/T 228—2002，如其部分新旧符号对照为：抗拉强度 R_m（σ_b），抗压强度 R_{mc}（σ_{bc}），伸长率 $A(\delta)$，断面收缩度 $Z(\psi)$，……由于新旧标准符号许多不对应，全面贯彻新标准目前还不具备，故本书仍沿用旧标准符号，请读者注意。

1.3.2 物理性能和化学性能

金属材料的物理性能包括密度、熔点、导电性、导热性、热膨胀性、磁性。金属材料的化学性能包括耐蚀性和高温抗氧化性，见表 1-11。

表 1-11 金属材料的物理性能和化学性能

名称	常用符号	单位	概念
密度	ρ	kg/m³	某种物质单位体积的质量称为这种物质的密度，又称为体积质量

（续）

名称	常用符号	单位	概念
熔点	T_m	℃或 K	金属从固体状态向液体状态转变时的熔化温度
导电性：电阻率	ρ	$\Omega \cdot m$	金属传导电流的性能称为导电性，用电阻率表示
导热性：热导率	λ，(k)	$W/(m \cdot K)$	金属在加热或冷却时传导热能的性质称为导热性，用热导率（导热系数）来表示
热膨胀性（线胀系数或体胀系数）	α_l 或 α_V	$(\times 10^{-6}$ $1/K)$ 或$(\times 10^{-6}$ $1/℃)$	金属在加热时体积胀大，冷却时收缩，这种性能称为热膨胀性，其大小用线［膨］胀系数 α_l 或体［膨］胀系数 α_V 来表示
磁性：磁导率	μ	H/m	金属被磁化或吸引的性能
耐蚀性			金属抵抗各种介质侵蚀的能力
高温抗氧化能力			金属在高温状态下，对氧化的抵抗能力称为高温抗氧化性
化学稳定性			金属材料的耐蚀性和抗氧化性总称为化学稳定性。金属材料在高温下的化学稳定性称为热稳定性

1.3.3 工艺性能

金属材料的铸造性能、锻造性能、焊接性、可切削性能称为工艺性能，见表1-12。

表1-12 金属材料的工艺性能

名称	概　念
铸造性能	金属材料能否用铸造方法制成铸件的性能，包括金属液态流动性，冷却凝固时收缩率，偏析倾向和吸气性
锻造性能	金属材料在压力加工时，形状改变的难易
可切削性能	指金属材料进行切削加工的难易程度，也称为可切削加工性能
焊接性	指在一定焊接条件下，获得优质焊接接头的难易程度

1.3.4 常用金属材料的密度、熔点

常用金属材料的密度、熔点见表1-13。

表1-13 常用金属材料的密度、熔点

名称	密度/（g/cm³）	熔点/℃
铝	2.7	660
铜	8.96	1083
铁	7.87	1538
锡	7.3	231.9
铅	11.34	327.5

（续）

名称	密度/（g/cm³）	熔点/℃
黄铜	8.85	930~980
铝合金	2.55~3.1	447~575
碳钢	7.85	1394~1538

1.4 钢材的分类及尺寸表示方法

钢材按其断面形状可分为板材、型材和线材等，其规格表达也是以断面形状表达。

1.4.1 钢材的分类（见表1-14）

表1-14 钢材的分类

类别	说　明
钢板	厚度在4mm以下的钢板称为薄板，4~25mm称中板，25mm以上称厚板。钢带包括在钢板之内
钢管	钢管分为有缝钢管和无缝钢管
型钢	型钢按断面形状分简单断面和复杂断面两种。简单断面包括圆钢、方钢、扁钢、六角钢和角钢，复杂断面有工字钢、槽钢、钢轨及异形钢等
钢丝	钢丝断面常为圆形。表面可分镀锌和不镀锌两种。按用途可分为焊条用、弹簧用、铆钉用及钢丝绳用等

1.4.2 钢材的尺寸表示方法（见表1-15）

表1-15 钢材的尺寸表示方法

名称	简图	尺寸表示方法
钢板		$\delta \times b \times L$
钢管		管 $\phi D \times \delta \times L$ 冷管 $\phi D \times \delta \times L$ 煤气管 $\phi D \times \delta \times L$
圆钢		圆钢 $d \times L$
方钢		方钢 $a \times L$
六角钢		六角钢 $a \times L$
扁钢		扁钢 $\delta \times b \times L$
角钢		$\llcorner\ b \times b \times d$ $\llcorner\ B \times b \times d$

（续）

名称	简图	尺寸表示方法
槽钢		$[\,h—L$ $[\,hQ—L$ （h 为槽钢的高度，用厘米表示）
工字钢		$\text{I}h—L$ $\text{I}hQ—L$ （Q 表示轻型工字钢）

1.5 钢板的品种

钢板按其化学成分的不同，有低碳钢钢板、不锈钢板、花纹钢板等，按其断面尺寸的不同，有薄钢板和厚钢板。

1.5.1 薄钢板

薄钢板是利用热轧或冷轧方法轧制而成。根据用途不同，薄钢板的材料有低碳钢、不锈钢等，有的薄钢板上镀上一层有色金属膜，则称为镀膜薄钢板。薄钢板的种类用途见表1-16。

表 1-16　薄钢板的种类、用途

类别	说　　明
低碳钢薄钢板	低碳薄钢板有普通碳素结构钢（如 Q235—AF）和优质碳素结构钢（如 08F）两种此钢板有较好的塑性，较低的硬度，因此，宜采用各种压力加工工艺及焊接
不锈钢薄钢板	不锈钢薄钢板中含有耐腐蚀的合金元素（如铬、镍、钼、钛等元素），此钢板在空气、酸、碱性溶液或其他介质中，具有较高的化学稳定性。因此，常用于制造化工设备中耐酸、碱腐蚀的容器
镀膜薄钢板	镀膜薄钢板俗称白铁皮，是在热轧或冷轧薄钢板上镀一层锌、锡等有色金属膜，按镀膜成分不同，可分为镀锌钢板和镀锡钢板。镀锌钢板可制作钣金产品，如水桶、通风管道；镀锡钢板适合制作食品容器及罐头盒等

1.5.2　厚钢板

厚钢板都用热轧方法轧制而成，其中包括普通钢厚钢板、优质钢厚钢板和复合钢厚钢板三种，表 1-17 为厚钢板的种类及用途。

表1-17　厚钢板的种类及用途

种类	用　　途
普通钢厚钢板	普通钢厚钢板常用的有碳素结构钢厚钢板（Q235—AF）和低合金高强度碳素结构钢厚钢板如Q390（15MnV），常用于制造锅炉、压力容器、造船、桥梁等
优质钢厚钢板	优质钢厚钢板包括优质碳素结构钢厚钢板（如15Mn钢）和不锈钢厚钢板06Cr18Ni12（0C18Ni12），常用于制造锅炉、桥梁及耐酸、碱腐蚀的容器等
复合钢厚钢板	复合钢厚钢板是在某基体钢板上再覆一层特殊用途的钢，一般称双金属板，用于制造各种容器及防锈、防腐的槽和有害气体的防护罩和通用管道等

1.5.3　花纹钢板

花纹钢板为表面高低不平的花纹图案，一般呈菱形、扁豆形和圆形三种。常用于制造踏板。

1.5.4　钢板和钢带的尺寸范围

按GB/T 709—2006《钢板和钢带的尺寸范围》规定，其尺寸范围如下：

单轧钢板公称厚度　　　　　　3～400mm

单轧钢板公称宽度　　　　　　600～4800mm

钢板公称长度	2000～20000mm
钢带（包括连扎钢板）	0.8～25.4mm
公称厚度	
钢带（包括连扎钢板）	600～2200mm
公称宽度	
纵切钢带公称宽度	120～900mm

单轧钢板公称厚度在以上所规定范围内，厚度小于30mm 的钢板按 0.5mm 倍数的任何尺寸；厚度不小于30mm 的钢板按 1mm 倍数的任何尺寸。

单轧钢板公称宽度在以上所规定范围内，按 10mm 或者 50mm 倍数的任何尺寸。

钢带（包括连轧钢板）的公称厚度在以上规定范围内，按 0.1mm 倍数的任何尺寸。

钢带（包括连轧钢板）的公称宽度在以上规定范围内，按 10mm 倍数的任何尺寸。

钢板长度在以上规定范围内，按 50mm 或 100mm 倍数的任何尺寸。

也可以根据需方要求，经供需双方协议，可以供应推荐公称尺寸以外的其他尺寸。

1.6　角钢

角钢分等边角钢和不等边两种。它们用于制造圈、框、梁、柱及其他钢结构件。等边角钢规格见表1-18，热轧不等边角钢规格见表1-19。

表 1-18　等边角钢规格（摘自 GB/T 706—2008）

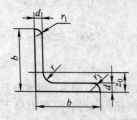

图中符号意义：

b——边宽

r——内圆弧半径

d——边厚

r_1——边端内弧半径（$= d/3$）

z_0——重心距离

型号	尺寸/mm			横截面面积/cm²	理论质量/(kg/m)	z_0/cm
	b	d	r			
2	20	3	3.5	1.132	0.889	0.60
		4		1.459	1.145	0.64
2.5	25	3	3.5	1.432	1.124	0.73
		4		1.859	1.459	0.76
3.0	30	3		1.749	1.373	0.85
		4		2.276	1.786	0.89
3.6	36	3	4.5	2.109	1.656	1.00
		4		2.756	2.163	1.04
		5		3.382	2.654	1.07
4.0	40	3	5	2.359	1.852	1.09
		4		3.086	2.422	1.13
		5		3.791	2.976	1.17

(续)

型号	尺寸/mm			横截面 面积/cm²	理论质量 /(kg/m)	z_0 /cm
	b	d	r			
4.5	45	3	5	2.659	2.088	1.22
		4		3.486	2.736	1.26
		5		4.292	3.369	1.30
		6		5.076	3.985	1.33
5.0	50	3	5.5	2.971	2.332	1.34
		4		3.897	3.059	1.38
		5		4.803	3.770	1.42
		6		5.688	4.465	1.46
5.6	56	3	6	3.343	2.624	1.48
		4		4.390	3.446	1.53
		5		5.415	4.251	1.57
		6		6.420	5.040	1.61
		7		7.404	5.812	1.64
		8		8.367	6.568	1.68
6	60	5	6.5	5.829	4.576	1.67
		6		6.914	5.427	1.70
		7		7.977	6.262	1.74
		8		9.020	7.081	1.78
6.3	63	4	7	4.978	3.907	1.70
		5		6.143	4.822	1.74
		6		7.288	5.721	1.78
		7		8.412	6.603	1.82
		8		9.515	7.469	1.85
		10		11.657	9.151	1.93

（续）

型号	尺寸/mm			横截面面积/cm²	理论质量/(kg/m)	z_0/cm
	b	d	r			
7	70	4	8	5.570	4.372	1.86
		5		6.875	5.397	1.91
		6		8.160	6.406	1.95
		7		9.424	7.398	1.99
		8		10.667	8.373	2.03
7.5	75	5	9	7.412	5.818	2.04
		6		8.797	6.905	2.07
		7		10.160	7.976	2.11
		8		11.503	9.030	2.15
		9		12.825	10.068	2.18
		10		14.126	11.089	2.22
8	80	5	9	7.912	6.211	2.15
		6		9.397	7.376	2.19
		7		10.860	8.525	2.23
		8		12.303	9.658	2.27
		9		13.725	10.774	2.31
		10		15.126	11.874	2.35
9	90	6	10	10.637	8.350	2.44
		7		12.301	9.656	2.48
		8		13.944	10.946	2.52
		9		15.566	12.219	2.56
		10		17.167	13.476	2.59
		12		20.306	15.940	2.67

（续）

型号	尺寸/mm			横截面面积/cm²	理论质量/(kg/m)	z_0/cm
	b	d	r			
10	100	6	12	11.932	9.366	2.67
		7		13.796	10.830	2.71
		8		15.638	12.276	2.76
		9		17.462	13.708	2.80
		10		19.261	15.120	2.84
		12		22.800	17.898	2.91
		14		26.256	20.611	2.99
		16		29.627	23.257	3.06
11	110	7	12	15.196	11.928	2.96
		8		17.238	13.535	3.01
		10		21.261	16.690	3.09
		12		25.200	19.782	3.06
		14		29.056	22.809	3.24
12.5	125	8	14	19.750	15.504	3.37
		10		24.373	19.133	3.45
		12		28.912	22.696	3.53
		14		33.367	26.193	3.61
		16		37.739	29.625	3.68
14	140	10	14	27.373	21.488	3.82
		12		32.512	25.522	3.90
		14		37.567	29.490	3.98
		16		42.539	33.393	4.06

（续）

型号	尺寸/mm			横截面 面积/cm²	理论质量 /（kg/m）	z_0 /cm
	b	d	r			
15	150	8	14	23.750	18.644	3.99
		10		29.373	23.058	4.08
		12		34.912	27.405	4.15
		14		40.367	31.688	4.23
		15		43.063	33.804	4.27
		16		45.739	35.905	4.31
16	150	10	16	31.502	24.729	4.31
		12		37.441	29.391	4.39
		14		43.296	33.987	4.47
		16		49.067	38.518	4.55
18	180	12	16	42.241	33.159	4.89
		14		48.896	38.383	4.97
		16		55.467	43.542	5.06
		18		61.055	48.634	5.13
20	200	14	18	54.642	42.894	5.46
		16		62.013	48.680	5.54
		18		69.301	54.401	5.62
		20		76.505	60.056	5.69
		24		90.661	71.168	5.87
22	220	15	21	68.664	53.901	6.03
		18		76.752	60.250	6.11
		20		84.756	66.533	6.18
		22		92.676	72.751	6.25
		24		100.512	78.902	6.33
		26		108.264	84.987	6.41

（续）

型号	尺寸/mm			横截面面积/cm²	理论质量/(kg/m)	z_0/cm
	b	d	r			
25	250	18	24	87.842	68.956	6.84
		20		97.045	76.180	6.92
		24		115.201	90.433	7.07
		26		124.154	97.461	7.15
		28		133.022	104.422	7.22
		30		141.087	111.318	7.30
		32		150.508	118.149	7.37
		35		163.402	128.271	7.48

表 1-19　热轧不等边角钢规格（摘自 GB/T 706—2008）

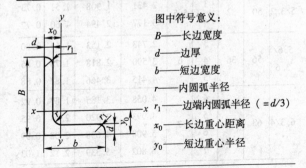

图中符号意义：

B——长边宽度

d——边厚

b——短边宽度

r——内圆弧半径

r_1——边端内圆弧半径（$=d/3$）

x_0——长边重心距离

y_0——短边重心半径

（续）

型号	尺寸/mm				横截面面积/cm²	理论质量/(kg/m)	y_0/cm	x_0/cm
	B	b	d	r				
2.5/1.6	25	16	3		1.162	0.912	0.86	0.42
			4		1.499	1.176	1.86	0.46
3.2/2	32	20	3	3.5	1.492	1.171	0.90	0.49
			4		1.939	1.522	1.08	0.53
4/2.5	40	25	3	4	1.890	1.484	1.12	0.59
			4		2.467	1.936	1.32	0.63
4.5/2.8	45	28	3	5	2.149	1.687	1.37	0.64
			4		2.806	2.203	1.47	0.68
5/3.2	50	32	3	5.5	2.431	1.908	1.51	0.73
			4		3.177	2.494	1.60	0.77
5.6/3.6	56	36	3	6	2.743	2.153	1.65	0.80
			4		3.590	2.818	1.78	0.85
			5		4.415	3.466	1.82	0.88
6.3/4	63	40	4	7	4.058	3.185	1.87	0.92
			5		4.993	3.920	2.04	0.95
			6		5.908	4.638	2.08	0.99
			7		6.802	5.339	2.12	1.03

（续）

型号	尺寸/mm				横截面面积/cm²	理论质量/(kg/m)	y_0/cm	x_0/cm
	B	b	d	r				
7/4.5	70	45	4	7.5	4.547	3.570	2.15	1.02
			5		5.609	4.403	2.24	1.06
			6		6.647	5.218	2.28	1.09
			7		7.657	6.011	2.32	1.13
7.5/5	75	50	5	8	6.125	4.808	2.36	1.17
			6		7.260	5.699	2.40	1.21
			8		9.467	7.431	2.44	1.29
			10		11.590	9.098	2.52	1.36
8/5	80	50	5		6.375	5.005	2.60	1.14
			6		7.560	5.935	2.65	1.18
			7		8.724	6.848	2.69	1.21
			8		9.867	7.745	2.73	1.25
9/5.6	90	56	5	9	7.212	5.661	2.91	1.25
			6		8.557	6.717	2.95	1.29
			7		9.880	7.756	3.00	1.33
			8		11.183	8.779	3.04	1.36
10/6.3	100	63	6	10	9.617	7.550	3.24	1.43
			7		11.111	8.722	3.28	1.47
			8		12.534	9.878	3.32	1.50
			10		15.467	12.142	3.40	1.58

（续）

型号	尺寸/mm				横截面面积/cm²	理论质量/(kg/m)	y_0/cm	x_0/cm
	B	b	d	r				
10/8	100	80	6	10	10.637	8.350	2.95	1.97
			7		12.301	9.656	3.0	2.01
			8		13.944	10.946	3.04	2.05
			10		17.167	13.476	3.12	2.13
11/7	110	70	6	10	10.637	8.350	3.53	1.57
			7		12.301	9.656	3.57	1.61
			8		13.944	10.946	3.62	1.65
			10		17.167	13.476	3.70	1.72
12.5/8	125	80	7	11	14.096	11.066	4.01	1.80
			8		15.989	12.551	4.06	1.84
			10		19.712	15.474	4.14	1.92
			12		23.351	18.330	4.22	2.00
14/9	140	90	8	12	18.038	14.160	4.50	2.04
			10		22.261	17.475	4.58	2.12
			12		26.400	20.724	4.66	2.19
			14		30.456	23.908	4.74	2.27
15/9	150	90	8	12	18.839	14.788	4.92	1.97
			10		23.261	18.260	5.01	2.05
			12		27.600	21.666	5.09	2.12
			14		31.856	25.007	5.17	2.20
			15		33.952	26.652	5.21	2.24
			16		36.027	28.281	5.25	2.27

（续）

型号	尺寸/mm				横截面面积/cm²	理论质量/(kg/m)	y_0/cm	x_0/cm
	B	b	d	r				
16/10	160	100	10	13	25.315	19.872	5.24	2.28
			12		30.054	23.592	5.32	2.36
			14		34.709	27.247	5.40	2.43
			16		29.281	30.835	5.48	2.51
18/11	180	110	10	14	28.373	22.273	5.89	2.44
			12		33.712	26.440	5.98	2.52
			14		38.967	30.589	6.06	2.59
			16		44.139	34.649	6.14	2.67
20/12.5	200	125	12	14	37.912	29.761	6.54	2.83
			14		43.687	34.436	6.62	2.91
			16		49.739	39.045	6.70	2.99
			18		55.526	43.588	6.78	3.06

1.7 槽钢

槽钢分为热轧普通槽钢、热轧轻型槽钢和低合金结构钢槽钢三种，其中热轧普通槽钢规格见表 1-20。

50

表 1-20　热轧普通槽钢规格（摘自 GB/T 707—2008）

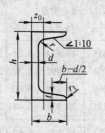

图中符号意义：

h——高度

b——腿宽

d——腰厚

t——平均腿厚

r——内圆弧半径

r_1——腿端圆弧半径

z_0——重心距离

| 型号 | 尺寸/mm | | | | | | 横截面面积/cm² | 理论质量/(kg/m) | z_0/cm |
	h	b	d	t	r	r_1			
5	50	37	4.5	7.0	7.0	3.5	6.928	5.438	1.35
6.3	63	40	4.8	7.5	7.5	3.8	8.451	6.634	1.36
6.5	65	40	4.3	7.5	7.5	3.8	8.547	6.709	1.38
8	80	43	5.0	8.0	8.0	4.0	10.248	8.045	1.43
10	100	48	5.3	8.5	8.5	4.2	12.748	10.007	1.52
12	120	53	5.5	9.0	9.0	4.5	15.362	12.059	1.62
12.6	126	53	5.5	9.0	9.0	4.5	15.692	12.318	1.59
14a	140	58	6.0	9.5	9.5	4.8	18.516	14.535	1.71
14b	140	60	8.0	9.5	9.5	4.8	21.316	16.733	1.67
16a	160	63	6.5	10.0	10.0	5.0	21.962	17.24	1.8
16b	160	65	8.5	10.0	10.0	5.0	25.162	19.752	1.75
18a	180	68	7.0	10.5	10.5	5.2	25.699	20.174	1.88
18b	180	70	9.0	10.5	10.5	5.2	29.299	23.000	1.84
20a	200	73	7.0	11.0	11.0	5.5	28.837	22.637	2.01

型号	尺寸/mm						横截面面积/cm²	理论质量/(kg/m)	z_0/cm
	h	b	d	t	r	r_1			
20b	200	75	9.0	11.0	11.0	5.5	32.837	25.777	1.95
22a	220	77	7.0	11.5	11.5	5.8	31.846	24.999	2.10
22b	220	79	9.0	11.5	11.5	5.8	36.246	28.453	2.03
24a	240	78	7.0	12.0	12.0	6.0	34.217	26.860	2.1
24b	240	80	9.0	12.0	12.0	6.0	39.017	30.628	2.03
24c	240	82	11.0	12.0	12.0	6.0	43.817	34.396	2.00
25a	250	78	7.0	12.0	12.0	6.0	34.917	27.410	2.07
25b	250	80	9.0	12.0	12.0	6.0	39.917	31.335	1.98
25c	250	82	11.0	12.0	12.0	6.0	44.917	35.260	1.92
27a	270	82	7.5	12.5	12.5	6.2	39.284	30.838	2.13
27b	270	84	9.5	12.5	12.5	6.2	44.684	35.077	2.06
27c	270	86	11.5	12.5	12.5	6.2	50.084	39.316	2.03
28a	280	82	7.5	12.5	12.5	6.2	40.034	31.427	2.10
28b	280	84	9.5	12.5	12.5	6.2	45.634	35.823	2.02
28c	280	86	11.5	12.5	12.5	6.2	51.234	40.219	1.95
30a	300	85	7.5	13.5	13.5	6.8	43.902	34.463	2.17
30b	300	87	9.5	13.5	13.5	6.8	49.902	39.173	2.13
30c	300	89	11.5	13.5	13.5	6.8	55.902	43.883	2.09
32a	320	88	8.0	14.0	14	7.0	48.513	38.083	2.24
32b	320	90	10.0	14.0	14.0	7.0	54.913	43.107	2.16
32c	320	92	12.0	14.0	14.0	7.0	61.313	48.131	2.09
36a	360	96	9.0	16.0	16.0	8.0	60.910	47.814	2.44

（续）

型号	尺寸/mm						横截面积/cm²	理论质量/(kg/m)	z_0/cm
	h	b	d	t	r	r_1			
36b	360	98	11.0	16.0	16.0	8.0	68.110	53.466	2.37
36c	360	100	13.0	16.0	16.0	8.0	75.310	59.118	2.34
40a	400	100	10.5	18.0	18.0	9.0	75.068	58.928	2.49
40b	400	102	12.5	18.0	18.0	9.0	83.068	65.208	2.44
40c	400	104	14.5	18.0	18.0	9.0	91.068	71.488	2.42

1.8 金属材料的热处理

金属材料的热处理不仅在机械加工中占有极其重要的位置，就是在钣金冷作构件中的运用也是非常广泛的，所以我们有必要加以简单作一介绍。

1.8.1 热处理方法

热处理是采用适当的方法，将金属材料放在一定的介质内进行加热、保温、冷却，通过改变金属材料表面或内部的金相组织结构，来控制其性能的一种金属热加工工艺。热处理的过程一般要经过加热、保温和冷却三个阶段。

热处理不能改变金属零件的形状和大小，但能改变金属材料内部的组织结构，从而改善其力学性能，充分发挥材料的潜力，提高产品质量，延长使用寿命，常用热处理方法见表 1-21。

表 1-21　常用热处理方法

名称	概　念
淬火	将钢加热到上临界温度 Ac_3（亚共析钢）或 Ac_1（过共析钢）以上一定温度，保温一定时间，然后以适当冷却速度冷却，以获得马氏体（M）或下贝氏体（B）组织的热处理工艺
回火	钢件淬硬后，再加热到 Ac_1 点以下的某一温度，保温一定时间，然后冷却到室温的热处理工艺。回火可以获得所需要的力学性能，稳定组织、稳定尺寸，消除钢件淬火后内部存在的内应力，故回火是淬火后钢材不可缺少的后续工艺
调质处理	调质是淬火加高温回火的双重热处理，即调质＝淬火＋高温回火，其目的是使钢件具有良好的综合力学性能
退火	将金属材料加热到一定温度，保持一定时间，然后以缓慢速度冷却（一般随炉冷却）的热处理工艺。退火的目的是降低金属材料的硬度，改善切削加工性，消除残余应力，稳定尺寸，减少变形与裂纹倾向，细化晶粒，调整组织，消除组织缺陷

（续）

名称	概念
完全退火（重结晶退火）	将亚共析钢加热至 Ac_3 以上 30～50℃，保温足够时间，待完全奥氏体化后，随炉缓慢冷却，从而得到接近平衡组织的工艺，这种热处理工艺称为完全退火。所谓"完全"是指退火时钢的内部组织全部进行了重结晶。完全退火的目的是细化晶粒，均匀组织，消除内应力，降低硬度，便于切削加工，并为加工后零件的淬火作好组织准备 完全退火只适用于亚共析钢，不宜用于低碳钢和过共析钢，过共析钢缓冷后会析出网状二次渗碳体，使钢的强度、塑性和韧性大大降低
去应力退火	将工件随炉缓慢加热至500～650℃（低于 A_1 点的温度），保温一段时间（1～3h）后随炉缓慢冷却（50～100℃/h）至200℃出炉空冷的热处理工艺。在去应力退火中不发生组织转变 去应力退火的目的是去除由于塑性变形加工、焊接等而造成的以及铸件内存在的残余应力
再结晶退火	经冷变形后的金属材料加热到再结晶温度以上，保持适当时间，使形变晶粒重新结晶为均匀的等轴晶粒，以消除形变强化和残余应力的退火工艺

名称	概　念
正火	将亚共析钢加热至 Ac_3 以上 $30 \sim 50℃$，过共析钢加热到 Ac_{cm} 以上 $30 \sim 50℃$，保温一定时间，然后在空气中冷却的热处理工艺。其目的是在于使晶粒细化，均匀组织，去除材料的内应力，降低材料的硬度
时效处理	将经固溶处理得到的过饱和固溶体或经冷加工变形后的金属材料有意在室温或高于室温的温度下保温一段时间，使得留在基体内成为过饱和固溶体的溶入物均匀而弥散的析出，这种处理称为时效处理 工件经固溶热处理后在室温或稍高于室温保温，以达到沉淀硬化目的也称时效处理
化学热处理	将金属材料或工件置于一定温度的活性介质中保温，使一种或几种元素渗入它的表层，以改变其化学成分、组织和性能的热处理工艺。其特点是不仅改变钢表层的组织，且表面的化学成分也发生了变化，因而使工件表面具有特殊的力学性能或化学物理性能

1.8.2 铁碳合金相图

铁碳合金相图是在极其缓慢的冷却（或加热）条件下，不同成分的铁碳合金的状态或组织随温度变化的一种图形。

铁碳合金相图也是研究铁碳合金组织与性能关系的重要依据。了解与掌握铁碳合金相图，对于制定钢铁材料的各种加工工艺具有很重要的指导意义。铁碳合金相图如图 1-1 所示，图中 γ – Fe（A）为奥氏体区、α – Fe（F）为铁素体区、L 为液相区、Fe_3C 渗碳体区、δ 为固溶体区。

由铁碳合金相图中得知，碳钢在缓慢加热或冷却过程中，经过 *PSK* 线、*GS* 线和 *ES* 线时，其组织都要发生变化。因此，任一含碳量的碳钢，在缓慢加热或冷却过程中，其固态组织转变的临界点，都可由 *PSK* 线、*GS* 线和 *ES* 线来确定；为了使用方便，常把 *PSK* 线称为 A_1 线；*GS* 线称为 A_3 线；*ES* 线称为 A_{cm} 线。而该线上的临界点，则相应地用 A_1 点，A_3 点和 A_{cm} 点来表示。

应当指出，A_1、A_3 和 A_{cm} 点都是平衡临界点。实际上，碳钢不可能在平衡临界点上进行组织转变。加热时的组织转变只有在平衡临界点以上才能进行；冷却时的组织转变只有在平衡临界点以下才能进行。而

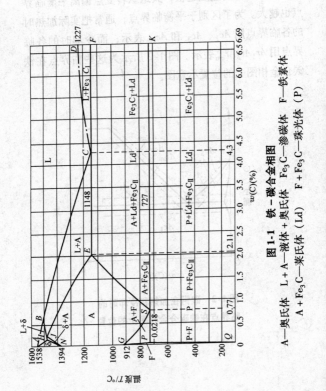

图 1-1 铁-碳合金相图

A—奥氏体 L+A—液体+奥氏体 Fe₃C—渗碳体 F—铁素体
A+Fe₃C—莱氏体（Ld） F+Fe₃C—珠光体（P）

58

且加热和冷却的速度越快，其组织转变点偏离平衡临界点也越大。为了区别于平衡临界点，通常把实际加热时的各临界点用 Ac_1、Ac_3 和 Ac_{cm} 表示；而冷却时的各临界点用 $Ar_1 Ar_3 Ar_{cm}$ 表示。图 1-2 所示为这些临界点在铁碳合金相图上的位置示意图。

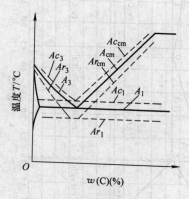

图 1-2 碳钢在加热和冷却时的临界点在铁碳合金相图上的位置

1.9 几何图形的面积、体积计算（见表 1-22）

表 1-22　几何图形的面积、体积计算

示意图	面积符号	名称	计算公式
	A	三角形	公式1: $A = 1/2hb$ 公式2: $A = \sqrt{L(L-a)(L-b)(L-c)}$ $L = (a+b+c)$ 式中 L——三角形周长
		平行四边形	$A = hb$

（续）

示意图	面积符号	名称	计算公式
	A	梯形	$A = 1/2(a+b)h$
	A	正六边形	$a = R = 1.55r$ $A = 2.598R^2 = 2.598a^2$
	A	正多边形	$r = \sqrt{R^2 - \dfrac{a^2}{4}}$ $a = 2\sqrt{R^2 - r^2}$ $A = \dfrac{nar}{2} = \dfrac{na}{2}\sqrt{R^2 - \dfrac{a^2}{4}}$ 式中 n——正多边形边数

（续）

示意图	面积符号	名称	计算公式
	A	圆	$L=2\pi r=6.2832r$ $A=\pi r^2=3.1416r^2$ 式中 L——圆周长
		扇形	$l=\dfrac{\pi r\alpha}{180°}=0.1745r\alpha$ $A=1/2rl=0.008727r\alpha^2$
	A	弓形	$r=\dfrac{c^2+4h^2}{8h}$，$h=r\pm\dfrac{1}{2}\sqrt{4r^2-c^2}$ $c=2\sqrt{h(2r-h)}=2r\sin\dfrac{\alpha}{2}$ $A=\dfrac{1}{2}\left[rl-c(r-h)\right]=\dfrac{r^2}{2}\left(\dfrac{\pi\alpha}{180°}-\sin\alpha\right)$ 式中 "+" 号为弓形大于半圆时的取值 　　　 "-" 号为弓形小于半圆时的取值

（续）

示意图	面积符号	名称	计算公式
	A	环形	$A = \dfrac{\pi\alpha}{360°}(R^2 - r^2) = 0.00873\alpha(R^2 - r^2)$
	A	正方形内切圆角	$A = r^2 - \dfrac{\pi r^2}{4} = 0.2146r^2 = 0.1073c^2$
	A	椭圆	$A = \pi ab = 3.1416ab$ $2L = \pi[1.5(a+b) - \sqrt{ab}]$ 式中 $2L$——椭圆周长

（续）

示意图	体积符号	名称	计算公式
	V	正方体	$A = a^2$ $V = a^3$ 式中 A——底面积
	V	长方体	$A = ab$ $V = Ah = abh$ 式中 A——底面积

（续）

示意图	体积符号	名称	计算公式
	V	正六棱柱体	$V = Ah = 2.598a^2h$ 式中 A——底面积
	V	正四棱锥体	$V = \dfrac{1}{3}abh$

（续）

示意图	体积符号	名称	计算公式
	V	正圆柱体	$V = \pi R^2 h$
	V	正圆锥体	$V = 1/3 \pi R^2 h$

（续）

示意图	体积符号	名称	计算公式
	V	平截四棱锥体	$V = h/3\left(A + \sqrt{AA_1} + A_1\right)$ 式中 A_1——上底面积 A——下底面积
	V	平截正圆锥体	$V = \dfrac{\pi}{12}h(D^2 + Dd + d^2)$ $= \dfrac{\pi}{3}h(R^2 + r^2 + Rr)$
	V	圆球体	$V = \dfrac{4}{3}\pi r^3 = \dfrac{\pi}{6}d^3$

（续）

示意图	体积符号	名称	计算公式
	V	球楔体	$V = 2/3\pi r^2 h$
	V	球缺体	$V = \dfrac{\pi h}{6}(3a^2 + h^2) = \dfrac{\pi h^2}{3}(3r - h)$
	V	平截球体	$V = \dfrac{\pi h}{6}(3a^2 + 3b^2 + h^2)$

（续）

示意图	体积符号	名称	计算公式
	V	圆环体	$V = 2\pi^2 R^2 = \dfrac{\pi^2 D d^2}{4}$

第2章 常用工、夹、量具

2.1 常用工具

钣金、冷作工常用的工具可分为锤子、切削工具、划线工具、风动工具、电动工具、焊具、割具和起重工具等。

2.1.1 锤子

锤子是敲打物体使其移动或变形的工具，常用来敲击钉子，矫正或是将物件敲开。锤子是钣金、冷作工常用的手工工具之一。它分为圆头锤、钳工锤和八角锤等多种，其规格及用途见表2-1。

2.1.2 切削工具

在金属加工中，能使金属产生切削或使金属断开的工具称为切削工具，如錾子、锉刀、手锯等。

1. 錾子 分为扁錾、狭錾、油槽錾三种，常用扁錾和狭錾的形状及用途见表2-2。

2. 锉刀 按断面形状分有扁锉、圆锉、方锉和三角锉等多种。按锉齿的粗、细分有粗齿、中齿和细齿，其规格及用途见表2-3。

3. 手锯 由钢锯架和钢锯条组成。钢锯架有固定式和可调式两种。可调式钢锯架可安装不同规格的钢锯条，钢锯架及钢锯条规格见表2-4。

4. 钻具　包括钻头、钻夹头、锥柄工具、过渡套，规格及用途见表2-5、表2-6。

5. 攻螺纹与套螺纹工具　攻螺纹工具有机用丝锥、手用丝锥和铰杠等，其形式如图2-1、图2-2所示，常用粗短柄细牙普通螺纹丝锥见表2-7、粗柄带颈短柄细牙机用和手用丝锥见表2-8、细短柄机用和手用系细牙普通丝锥见表2-9、丁字形活铰杠见表2-10。套螺纹工具有圆板牙和圆板牙架形式，如图2-3、图2-4所示，常用规格分别见表2-11～表2-13。

标记示例：粗牙普通螺纹，公称直径为8mm、螺距1.25mm、6g公差带的圆板牙，标记为M8—6g。细牙普通螺纹，公称直径为8mm、螺距0.75mm、6g公差带的圆板牙，标记为M8×0.75—6g。

说明：左旋螺纹圆板牙应在螺纹代号之后加"LH"字母，如M8×0.75LH。

内孔直径$D = 28$mm，用于圆板牙厚度为10mm的圆板牙，标记为28×10。

2.1.3　划线工具

常用的划线工具有划针、墨斗、尖冲子、样冲、划规、划线盘、划线平台、V形铁和方箱等，其用途及主要外形尺寸见表2-14～表2-20。

表 2-1 锤子

名称	简图	规格/kg	用途
圆头锤（摘自 QB/T 1290.2—2010）		0.11, 0.22, 0.34, 0.45, 0.68, 0.91, 1.13, 1.36	供钳工、锻工、安装工和钣金工等敲击工件和整形用
钳工锤（摘自 QB/T 1290.3—2010）		A型： 0.1, 0.2, 0.3, 0.4, 0.5, 0.6, 0.8, 1.0, 1.5, 2.0 B型： 0.28, 0.40, 0.67, 1.50	供钣金工、钳工、木工在维修和装配中使用
八角锤（摘自 QB/T 1290.1—2010）		0.9, 1.4, 1.8, 2.7, 3.6, 4.5, 5.4, 6.3, 7.2, 8.1, 9, 10, 11	用于锻打工件、进行金属结构整形及金属零部件的矫直、装配等

（续）

名称	简图	规格/kg	用途
木锤		以锤头规格（直径/mm×锤身长/mm）表示： 63×130 80×150 100×180 150×300	用于锤击薄钢板及有色金属材料以防止产生锤痕
胶皮锤		一般用锤号表示：1#、2#、3#	用于小零件的装配，也可代替木锤使用
铜锤（摘自 JB/T 3411.53—1999）		0.5、1.0、1.5、2.5、4.0	用于零件装配时垫打，以防铁锤直接锤击而损坏零件

（续）

名称	简图	规格/kg	用途
打板		以打板规格（高/mm × 宽/mm × 长/mm）表示：50×50×450	用于薄板的卷边和咬接

表 2-2 錾子 （单位：mm）

名称	简图	规格	用途
扁錾		150, 175, 200, 225, 250	供平面修整凿削，錾断各类金属材料，錾除毛刺等
狭錾		135, 150, 175, 200	用于挑削焊根，錾除焊缝的夹渣、裂纹等

表 2-3　锉刀规格及用途（摘自 QB/T 2569.1—2002）

名称	简图	规格	用途
齐头扁锉		以工作面（长度/mm×宽度/mm×厚度/mm）表示： 100×12×2.5 125×14×3 150×16×3.5 200×20×4.5 250×24×5.5 300×28×6.5 350×32×7.5 400×36×8.5 450×40×9.5	锉削平面、外缘等
圆锉		以工作面（长度/mm×直径/mm）表示： 100×3.5 125×4.5 150×5.5 200×7.5 250×9.0 300×11.0 350×14.0 400×18.0	锉圆孔和小凹弧面

名称	简图	规格	用途
半圆锉		以工作面（长度/mm × 宽度/mm × 厚度/mm）表示: 100×12×3.5 (4.0) 125×14×4.0 (4.5) 150×16×5.5 (5.5) 200×20×5.5 (6.5) 250×24×7.0 (8.0) 300×28×8.0 (9.0) 350×32×9.0 (10.0) 400×36×10.0 (11.5)	锉大的凹弧面、平面等
方锉		以工作面（长度/mm × 宽度/mm）表示: 100×3.5 125×4.5 150×5.5 200×7.0 250×9.0 300×11.0 350×14.0 400×18.0 450×22.0	锉方孔、长孔和窄平面等

（续）

名称	简图	规格	用途
三角锉		以工作面（长度/mm × 宽度/mm）表示: 100×8.0 125×9.5 150×11.0 200×13.0 250×16.0 300×19.0 350×22.0 400×26.0	锉内角、孔和三平角形面等

表 2-4　钢锯架及钢锯条规格

（单位：mm）

名称		简图	规格
钢锯架（摘自 QB/T 1108—1991）	固定式		300

（续）

名称		简图	规格
钢锯架（摘自QB/T 1108—1991）	可调式		200，250，300
手用钢锯条GB/T 14764—2008		齿距 锯条长度	A 型长锯条长度有 250、300两种： 300（250）×12（10.7）×0.8 300（250）×12（10.7）×1.0 300（250）×12（10.7）×1.2 300（250）×12（10.7）×1.4 300（250）×12（10.7）×1.5 300（250）×12（10.7）×1.8

表 2-5 钻头、钻夹头 （单位：mm）

名称	简图	规格	用途
麻花钻（摘自 GB/T 6135.3—2008）	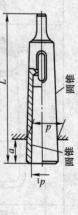	1.00~14.00，每相隔 0.1 为一种规格 14.00~31.5.00，每相隔 0.25 为一种规格	在实心材料上切削钻孔
钻夹头（摘自 GB/T 6087—2003）		H 型（重型）：8，1~10，1~13，1~16，3~16，5~20 M 型（中型）：0.8~8，1~10，1.5~13，3~16 L 型（轻型）：0.8~6.5，1~8，1.5~10，2.5~13，3~16	夹持钻柄为圆柱形的钻头

表 2-6 锥柄、过渡套 （摘自 JB/T 3411.67—1999） （单位：mm）

圆锥
圆锥

（续）

外缘锥号		内缘锥号		d	d_1	a	L
莫氏	米制	莫氏	米制				
2	—	1		17.780	12.065	17	92
3	—	2		23.825	17.780	5	99
4	—	2		31.267	17.780	18	112
		3			23.825	6.5	124
5	—	3		44.399	23.825	22.5	140
		4			31.267	6.5	156
6	—	3		63.348	23.825	21.5	171
		4			31.267	8	218
—	80	5		80	44.399	60	228
		6	—		63.348	36	280
—	100	6		100	63.348	50	296
			80		80	21	310
—	120		100	120	100	21	321
						65	365

注: 1. 莫氏圆锥与米氏圆锥的尺寸和偏差按 GB/T 1443—1996 的规定。

    2. 用于安装锥柄的钻头。

    3. 外圆锥为米制 100 号，内圆锥为莫氏 6 号的锥柄工具过渡套标记为：

      过渡套 100－6　JB/T 3411.67—1999。

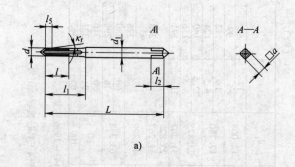

a)

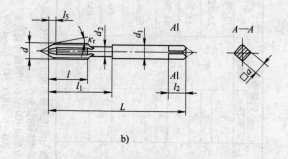

b)

图 2-1 丝锥

a) 粗短柄细牙普通螺纹丝锥 b) 粗柄带颈短柄
细牙机用和手用丝锥

d_1—直径 d_2—颈部直径 l—工作部分长度 κ_r—切削角
l_1—工作部分和颈部总长 l_5—切削部分长度
a—方头边长 L—丝锥全长

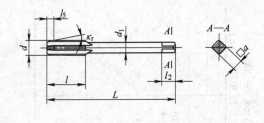

c)

图 2-1 丝锥（续）

c）细短柄机用和手用系细牙普通丝锥

d_1—直径　d_2—颈部直径　l—工作部分长度　κ_r—切削角

l_1—工作部分和颈部总长　l_5—切削部分长度

a—方头边长　L—丝锥全长

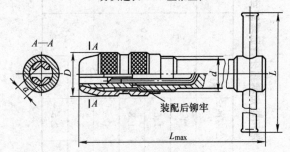

装配后铆牢

图 2-2　丁字形活铰杠

a—铰杠夹持方头边长　L_{max}—全长

D—活动套筒直径　d—固定套筒直径　L—手柄全长

表 2-7　常用粗短柄细牙普通螺纹丝锥（摘自 GB/T 3464.3—2007）

（单位：mm）

代号	公称直径 d	螺距 P	d_i	l	L	l_1	方头	
							a	l_2
M1×0.2	1	0.2	2.5	5.5	28	10	2	4
M1.6×0.2	1.6	0.2	2.5	5.5	32	13	2	4
M1.8×0.2	1.8	0.2	2.5	8	32	13	2	4
M2×0.25	2	0.25	2.5	8	36	13.5	2	4
M2.2×0.25	2.2	0.25	2.8	9.5	36	15.5	2.24	5
M2.5×0.35	2.5	0.35	2.8	9.5	36	15.5	2.24	5

表2-8 粗柄带颈短柄细牙机用和手用丝锥 (摘自 GB/T 3464.3—2007)

代号	公称直径 d	螺距 P	d₁	l	L	d₂ (≥)	l₁	方头	
								a	l₂
M3×0.35	3	0.35	3.15	11	40	2.12	18	2.5	5
M4×0.5	4	0.5	4	13	45	2.8	21	3.15	6
M5×0.5	5	0.5	5	16	50	3.55	25	4	7
M6×0.5	6	0.5	6.3	19	50	4.5	30	5	8
M6×0.75	6	0.75	6.3	19	50	4.5	30	5	8
M8×0.5	8	0.5	8	19	60	6	32	6.3	9
M8×0.75	8	0.75	8	19	60	6	32	6.3	9
M8×1	8	1	8	22	60	6	35	6.3	9
M10×0.75	10	0.75	10	20	65	7.5	35	8	11
M10×1	10	1	10	24	65	7.5	39	8	11
M10×1.25	10	1.25	10	24	65	7.5	39	8	11

注：允许无空刀槽，无空刀槽时螺纹部分长度尺寸应为 $l + (l_1 - l)/2$。

表 2-9 细短柄机用和手用细牙普通丝锥（摘自 GB/T 3464.3—2007）

（单位：mm）

代号	公称直径 d	螺距 P	d_1	l	L	方头 a	l_2
M3×0.35	3	0.35	2.24	11	40	1.8	4
M4×0.5	4	0.5	3.15	13	45	2.5	5
M5×0.5	5	0.5	4	16	50	3.15	6
M6×0.75	6	0.75	4.5	19	50	3.55	6
M8×0.75	8	0.75	6.3	19	60	5	8
M8×1		1		22			
M10×0.75	10	0.75	8	20	65	6.3	9
M10×1		1		24			
M10×1.25		1.25					
M12×1	12	1	9	29	70	7.1	10
M12×1.25		1.25					
M12×1.5		1.5					
M14×1	14	1	11.2	22	70	9	12
M14×1.25		1.25		30			
M14×1.5		1.5					
M16×1	16	1	12.5	22	80	10	13
M16×1.5		1.5					
M18×1	18	1	14	22	90	11.2	14
M18×1.5		1.5		37			
M18×2		2					

表 2-10　丁字形活铰杠　　　　　（单位：mm）

a	L_{max}	l	D	d
3.15～6.3	160	160	24	M18×1.5
6.3～10	210	200	34	M27×1.5

注：标记示例：a=3.15～6.3mm 的丁字形活铰杠。

表 2-11　常用圆板牙粗牙普通螺纹规格（摘自 GB/T 970.1—2008）　　　　　（单位：mm）

代号	公称直径 d	螺距 P	D	D_1	E	E_1	c	b	a
M8	8	1.25	25	—	9	—	0.8	5	0.5
M10	10	1.5	30	—	11	—	1.0	5	0.5
M12	12	1.75	38	—	14	—	1.2	6	1
M14	14	2	38	—	14	—	1.2	6	1
M16	16	2	45	—	18	—	1.2	6	1
M18	18	2.5	45	—	18	—	1.2	6	1
M20	20	2.5	45	—	18	—	1.2	6	1
M22	22	2.5	55	—	22	—	1.5	8	2
M24	24	3	55	—	22	—	1.5	8	2

表 2-12 常用圆板牙细牙普通螺纹规格（摘自 GB/T 970.1—2008）

（单位：mm）

代号	公称直径 d	螺距 P	D	D_1	E	E_1	c	b	a
M8×0.75	8	0.75	25	—	9	—	0.8	5	0.5
M8×1		1				8			
M10×0.75	10	0.75	30	24	11	—	1		
M10×1		1				8			
M10×1.25		1.25							
M11×0.75	11	0.75		24					
M11×1		1							
M12×1	12	1	38	—	10	—	1.2	6	1
M12×1.25		1.25							
M12×1.5		1.5							
M14×1	14	1							
M14×1.25		1.25							
M14×1.5		1.5							

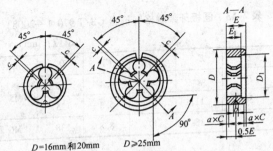

$D=16\text{mm}$ 和 20mm $D \geqslant 25\text{mm}$

图 2-3   圆板牙

D—圆板牙外径 D_1—导向孔直径 E—厚度
E_1—工作部分长度 c—螺钉孔偏心距
b—定位孔宽度 a—倒角长度

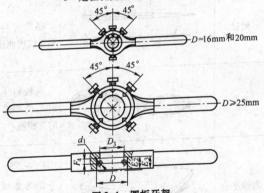

$D=16\text{mm}$ 和 20mm

$D \geqslant 25\text{mm}$

图 2-4   圆板牙架

E_2—导向孔大径厚度 E_3—耳朵厚度 E_4—螺钉距离
D—导向孔大径 D_3—导向孔小径 d_1—螺钉直径

表 2-13　**圆板牙架规格**（摘自 GB/T 970.1—2008）

（单位：mm）

D	E_2	E_3	E_4	D_3	d_1
25	g	8.5	4.4	20	M5
30	11	10	5.3	25	
45	18	17	8.8	38	M6

表 2-14　**划针、墨斗、划线平台**

名称	简图	用途
划针		在原材料上划直线或曲线
墨斗		在板料上弹出黑色或彩色的直线段
划线平台		作为划线时的基准面

表2-15　尖冲子（摘自 JB/T 3411.29—1999）

（单位：mm）

d	D	L
2	8	80
3	8	80
4	10	
6	14	100

注：用于划线后为了防止线被抹掉，用样冲在划好的线上
打出均匀的样冲眼，钻孔时也要打样冲眼。

$d=2$mm 的尖冲子标记为：冲子　2,JB/T 3411.29—1999。

表2-16　划规（摘自 JB/T 3411.54—1999）

（单位：mm）

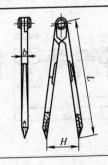

（续）

L	H_{max}	b
160	200	9
200	280	10
250	350	
320	430	13
400	520	16
500	620	

注：用于在金属或其他材料表面上画圆、圆弧、等分角
度、量取尺寸等。

$L = 200$mm 的划规标记为：划规 200，JB/T 3411.54—
1999。

表 2-17 长划规（摘自 JB/T 3411.55—1999）

（单位：mm）

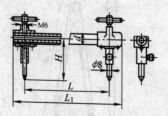

（续）

L_{max}	L_1	d	H $\approx$
800	850	20	70
1250	1315	32	90
2000	2065		

注：用于划大直径的圆或圆弧。

$L = 800$mm 的长划规标记为：划规 800，JB/T 3411.55—1999。

表 2-18 划线盘（摘自 JB/T 3411.65—1999）

（单位：mm）

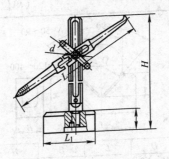

（续）

H	L	L₁	D	d	h
355	320	100	22	M10	35
450					
560	450	120	25		40
710	500	140	30	M12	50
900	700	160	35		60

注：用于供钳工划平行线、垂直线、水平线以及在平板上
定位和校准工件等。

H = 355mm 的划线盘标记为：划线盘 355，JB/T
3411.65—1999。

表 2-19　V 形铁（摘自 JB/T 3411.60—1999）

（单位：mm）

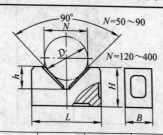

N	D	L	B	H	h
50	15 ~ 60	100	50	50	26
90	40 ~ 100	150	60	80	46

（续）

N	D	L	B	H	h
120	60 ~ 140	200	80	120	61
150	80 ~ 180	250	90	130	75
200	100 ~ 240	300	120	180	100
300	120 ~ 350	400	160	250	150
350	150 ~ 450	500	200	300	175
400	180 ~ 550	600	250	400	200

注：用于放置圆柱形工件，以便找中心和划线。

$N = 90$mm 的划线用 V 形铁。标记为：V 形铁 90，JB/T 3411.60—1999。

表 2-20 方箱（摘自 JB/T 3411.56—1999）

（单位：mm）

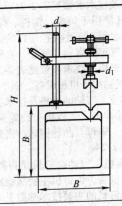

（续）

B	H	d	d_1
160	320	20	M10
200	400		M12
250	500	25	M16
320	600		
400	750	30	M20
500	900		

注：用于供钳工对圆盘类等零件划线。

　　$B=160mm$ 的方箱标记为：方箱　160，JB/T 3411.56—1999。

2.1.4　气动工具

气动工具的种类较多，常用的有气动砂轮、气铲、气钻、气动扳手和气动铆钉机等。

1. 气动砂轮　气动砂轮用于修磨焊缝、毛刺等。气动砂轮的规格及技术参数见表2-21。

2. 气铲　气铲用于铸件、铆件、焊件表面的清理修整、开坡口，也可用于小直径铆钉的铆接以及岩石制品的外形修整。气铲有弯柄式气铲、直柄式气铲和环柄式气铲。气铲的规格及技术参数见表2-22。

3. 气钻　气钻用于机械设备、钢结构件等的钻孔，适用于流动性作业。气钻的规格及技术参数见表2-23。

4. 凸轮钢球冲击式气板机　凸轮钢球冲击式气板机用于装卸螺栓、螺母。凸轮钢球冲击式气板机的型号及技术参数见表2-24。

5. 气动铆钉机　气动铆钉机是指能用铆钉把物品铆接起来的机械设备，铆钉机主要靠旋转与压力完成装配工作。气动铆钉机的主要技术参数见表2-25。

95

表 2-21 气动砂轮的规格及技术参数（摘自 JB/T 5128—2010）

产品系列	装配砂轮直径/mm 铰形	装配砂轮直径/mm 碗形	空转转速/(r/min)	功率/kW	单位功率耗气量/[L/(s·kW)]	空转噪声（声功率级）/dB(A)	气管直径/mm	机重/kg (max)
100	100	—	≤13000	≥0.5	≤50	≤102	13	≤2.0
125	125	100	≤11000	≥0.6	≤48	≤102	13	≤2.5
150	150	100	≤10000	≥0.7	≤48	≤106	16	≤3.5
180	180	150	≤7500	≥1.0	≤46	≤106	16	≤3.5
200	205	150	≤7000	≥1.5	≤44	≤113	16	≤4.5

注：装配砂轮允许的线速度：铰形砂轮应不低于 80m/s，碗形砂轮应不低于 60m/s。

表 2-22 气铲的规格及技术参数（摘自 JB/T 8412—2006）

a) 弯柄式　　b) 直柄式　　c) 环柄式

产品规格	机重①/kg	冲击能量/J	耗气量/(L/s)	冲击频率/Hz	噪声(声功率级)/dB(A)	气管内径/mm	铲头尾柄/mm
2	2	≥2	≤7	≥50	103		φ10×41
		≥0.7		≥65			φ12.7
3	3	≥5	≤9	≥50	116	10	φ17×18
5	5	≥8	≤19	≥35			φ17×60
6	6	≥14	≤15	≥20	120	13	
		≥15	≤21	≥32			
7	7	≥17	≤16	≥13	116		

① 机重应在指标值的 ±10% 之内。

表2-23 气钻的规格及技术参数（摘自 JB/T 9847—2010）

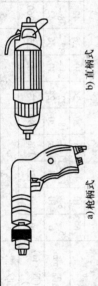

a) 枪柄式　　b) 直柄式

产品系列规格 技术参数	6	8	10	13	16	22	32	50	80
功率/kW	≥0.200		≥0.290		≥0.660	≥1.07	≥1.24		≥2.87
空转转速/(r/min)	≥900	≥700	≥600	≥400	≥360	≥260	≥180	≥110	≥70
单位功率耗气量/[L/(s·kW)]	≤44.0		≤36.0		≤35.0	≤33.0	≤27.0		≤26.0
噪声(声功率级)/dB(A)	≤100		≤105		≤120				
机重/kg	≤0.9	≤1.3	≤1.7	≤2.6	≤6.0	≤9.0	≤13.0	≤23.0	≤35.0
气管内径/mm	10		12.5		16			20	

注: 1. 验收气压力为0.63 MPa。
　　2. 噪声在空转下测量。
　　3. 机重不包括钻卡，角式气钻质量允许增加25%。

表2-24 凸轮钢球冲击式气扳机的技术参数（摘自 JB/T 8411—2006）

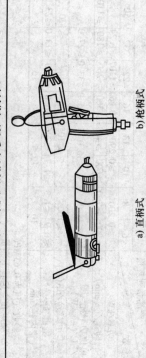

a) 直柄式　　b) 枪柄式

技术参数	产品系列											
	6	10	14	16	20	24	30	36	42	56	76	100
拧紧螺纹范围/mm	5~6	8~10	12~14	14~16	18~20	22~24	24~30	32~36	38~42	45~56	58~76	78~100
拧紧扭矩/(N·m)	20	70	150	196	490	735	882	1350	1960	6370	14700	34300
拧紧时间/s (max)	2					3			5	10	20	30

（续）

技术参数	产品系列											
	6	10	14	16	20	24	30	36	42	56	76	100
载荷耗气量/(L/s)(max)	10	16		18	30		40	25	50	60	75	90
空转转速/(r/min)(max)	8000	6500	6000	5000	5000	4800	4800	—	2800			
	3000	2500	1500	1400	1000	800	800	—				
噪声(声功率级)/dB(A)(max)	113				118				123			
机重/kg(max)	1.0	2.0	2.5	3.0	5.0	6.0	9.5	12	16.0	30.0	36.0	76.0
	1.5	2.2	3.0	3.5	8.0	9.5	13.0	12.7	20.0	40.0	56.0	96.0
气管内径/mm	8	13			16				19	25		
传动四方系列	6.3, 10, 12.5, 16				20		25		40 (63)	25	63	

注：1. 验收气压为 0.63 MPa。
2. 产品的空转转速和机重按上下两行分别适用于无减速器和有减速器型产品。
3. 机重不包括机动套筒扳手、进气接头、辅助手柄和吊环等。
4. 括号内数字尽可能不用。

表2-25 气动铆钉机的主要技术参数（摘自 JB/T 9850—2010）

产品规格	铆钉直径/mm		镦头尾柄规格/(mm×mm)	机重/kg	验收气压/MPa	冲击能/J	冲击频率/Hz	耗气量/(L/s)	气管内径/mm	噪声(声功率级)/dB(A)
	冷铆硬铝2A10(LY10)	热铆钢铁2C								
4	4		10×32	≤1.2	0.63	≥2.9	≥35	≤6.0	10	≤114
5	5		12×45	≤1.5		≥4.3	≥24	≤7.0		
6	6			≤1.8		≥9.0	≥28	≤7.0		
12	8	12	17×60	≤2.3		≥16.0	≥13	≤9.0	12.5	≤116
				≤2.5			≥20	≤10		
16		16		≤4.5		≥22.0	≥15	≤12		
19		19		≤7.5		≥26.0	≥20	≤18		
22		22	31×70	≤8.5		≥32.0	≥18	≤18	16	≤118
28		28		≤9.5		≥40.0	≥15	≤19		
				≤10.5			≥14	≤19		
36		36		≤13.0		≥60.0	≥10	≤22		

2.1.5 电动工具

常用电动工具有电剪刀、型材切割机、电钻、电动扳手、角向砂轮等。

1. 电剪刀　电剪刀用于剪切薄钢板或其他金属薄板。目前常用的电剪刀型号有 J1J—2.5 型，其主要技术参数见表 2-26。

表 2-26　电剪刀的规格及技术参数
（摘自 JB/T 8641—1999）

产品规格/mm	额定输出功率/W	刀杆额定往复次数/（次/min）
1.6	≥120	≥2000
2	≥140	≥1100
2.5	≥180	≥800
3.2	≥250	≥650
4.5	≥540	≥400

注：电剪刀的规格是指电剪刀的抗剪强度 σ_b 为 390MPa 时热轧板的最大厚度。

电剪刀型号及含义；

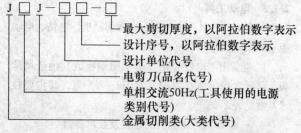

可以调整电剪刀上、下刀片间的间隙，间隙大小与被剪板的厚度有关，例如，被剪板厚为1mm，刀片间隙应调整到0.15~0.2mm；被剪板厚1.5mm，则刀片间隙应调整到0.22~0.3mm。

2. 型材切割机　型材切割机用于切割名种型钢。常用型材切割机型号有J3GS—300型和J3G—400型两种，其主要技术参数见表2-27。

表2-27　常用型材切割机的主要技术参数

（摘自JB/T 9608—1999）

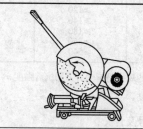

（续）

规格 /mm	额定输出功率 /W （≥）	额定转矩 /(N·m) （≥）	最大切割直径 /mm	说明
200	600	2.3	20	
250	700	3.0	25	
300	800	3.5	30	
350	900	4.2	35	
400	1100	5.5	50	单相切割机
	2000	6.7	50	三相切割机

注：切割机的最大切割直径是指抗拉强度为390MPa圆钢
    的直径。

切割机的型号及含义如下：

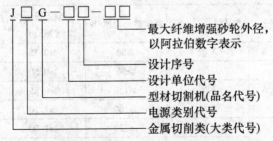

型材切割机使用时，严禁用低于额定切割线速度的
砂轮片，以避免砂轮爆裂，也不能用大于额定直径的砂
轮片或圆锯片，以免电动机过载；工作时压下手把的力

要均匀、平稳，不能用力过猛，以防砂轮片破碎或电动机过载。

3. 电钻　电钻有很多种类，常用的是普通电钻，电钻的规格及技术参数见表2-28。

表2-28　电钻的规格及技术参数

（摘自 GB/T 5580—2007）

产品规格		额定输出功率/W	额定转矩/(N·m)
4	A 型	≥80	≥0.35
	C 型	≥90	≥0.50
6	A 型	≥120	≥0.85
	B 型	≥160	≥1.20
	C 型	≥120	≥1.00
8	A 型	≥160	≥1.60
	B 型	≥200	≥2.20

（续）

产品规格		额定输出功率/W	额定转矩 /（N·m）
10	C 型	≥140	≥1.50
	A 型	≥180	≥2.20
	B 型	≥230	≥3.00
13	C 型	≥200	≥2.50
	A 型	≥230	≥4.00
	B 型	≥320	≥6.00
16	A 型	≥320	≥7.00
	B 型	≥400	≥9.00
19	A 型	≥400	≥12.00
23	A 型	≥400	≥16.00
32	A 型	≥500	≥32.00

注：电钻规格是指电钻钻削抗拉强度为390MPa钢材时所允许使用的最大钻头直径。

4. 电动扳手 电动扳手的型号有 P1B—8、P1B—12、P1B—16 和 P1B—20 等，分别用于装拆 M6～M8、M10～M12、M14～M16 的螺栓或螺母。电动扳手的规格及技术参数见表 2-29。

表 2-29　电动扳手的规格及技术参数
（摘自 JB5342—1991）

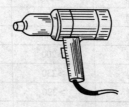

产品规格	适用范围	力矩范围 /(N·m)	方头公称尺寸 /mm×mm	边心距 /mm
8	M16～M18	4～15	10×10	≤26
12	M10～M12	15～60	12.5×12.5	≤36
16	M14～M16	50～150	12.5×12.5	≤45
20	M18～M20	120～220	20×20	≤50
24	M22～M24	220～400	20×20	≤50
30	M27～M30	380～800	25×25	≤56
42	M36～M42	750～2000	25×25	≤66

基本系列电动扳手型号及含义如下：

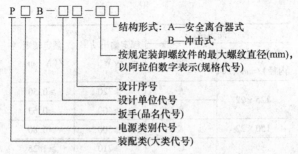

P □ B — □ □ — □ □

结构形式：A—安全离合器式
　　　　　B—冲击式
按规定装卸螺纹件的最大螺纹直径(mm)，
以阿拉伯数字表示(规格代号)
设计序号
设计单位代号
扳手(品名代号)
电源类别代号
装配类(大类代号)

5. 角向砂轮　角向砂轮用于金属铸件、零部件去毛刺及焊缝打磨等，其规格及技术参数见表 2-30。

表 2-30　角向砂轮的规格及技术参数

（摘自 GB/T 7442—2007）

产品规格		额定输出功率	额定转矩
砂轮(外径×内径)/mm × mm	类型	/W	/(N · m)
100 × 16	A	≥200	≥0.30
	B	≥250	≥0.38
115 × 22	A	≥250	≥0.38
	B	≥320	≥0.50

（续）

产品规格		额定输出功率 /W	额定转矩 /(N·m)
砂轮(外径× 内径)/mm×mm	类型		
125×22	A	≥320	≥0.50
	B	≥400	≥0.63
150×22	A	≥500	≥0.80
	C	≥710	≥1.25
180×22	A	≥1000	≥2.00
	B	≥1250	≥2.50
230×22	A	≥1000	≥2.80
	B	≥1250	≥3.55

角向砂轮的型号按有关标准规定，其含义如下：

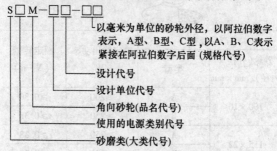

S□M－□□－□□

以毫米为单位的砂轮外径，以阿拉伯数字表示，A型、B型、C型，以A、B、C表示紧接在阿拉伯数字后面（规格代号）

设计代号

设计单位代号

角向砂轮(品名代号)

使用的电源类别代号

砂磨类(大类代号)

2.1.6 焊炬

焊炬包括电弧焊炬、气焊炬和钎焊炬。

1. 电弧焊炬 电弧焊炬包括焊钳、焊接面罩以及护目片。

（1）焊钳 焊钳的作用是夹持焊条，焊接时传导焊接电流的器具，是与电弧焊机配套使用的，焊条电弧焊时，焊钳用以夹持焊条和操纵焊条，并保证与焊条电气连接的手持绝缘器具。焊钳有外壳防护、防电击保护、温升值、耐焊接飞溅和耐跌落等主要技术指标。焊钳的规格及技术参数见表 2-31。

表 2-31 焊钳的规格及技术参数

额定电流 /A	额定负载持续率（%）	可夹持焊条直径 /mm	能够连接电缆横截面积/mm²
160	60	2.0 ~ 4.0	≥25
250	60	2.5 ~ 5.0	≥35
315	60	3.2 ~ 5.0	≥35
400	60	3.2 ~ 6	≥50
500	60	4.0 ~ (8.0)	≥70

(2) 焊工防护面罩 用于保护焊工的面部及眼睛，免受电弧、紫外线及飞溅焊渣的灼伤。

(3) 焊工防护面罩的作用及构造

1) 作用。

① 保护眼睛。双重滤光，避免电弧产生的紫外线和红外线等有害辐射以及电弧强光对眼睛造成的伤害，杜绝电光性眼炎的发生。

② 面部防护。有效防止作业出现的飞溅物和有害气体等对脸部造成伤害，降低皮肤灼伤症的发生。

③ 呼吸防护。气流导向，有效减少焊接释放的有害气体和灰尘等对焊工体内造成的伤害，预防尘肺职业病的发生。

2) 构造。防护面罩用高分子材料一次成型，高强度，不漏光，齐全的品种能适应多种工作环境需求。焊工防护面罩有手持式、头戴式及安全帽与面罩组合式，如图 2-5 所示，其规格尺寸如下：

① 长度 l_1。手持式面罩和头戴式面罩不小于 310mm，安全帽与面罩组合式不小于 230mm。

② 宽度 l_2。不小于 210mm。

③ 深度 l_3。不小于 120mm。

④ 观察窗。宽 l_4×长 l_5 的尺寸不小于 90mm×40mm。

⑤ 重量。除去镜片、安全帽等附件，其重量不大于 500g。

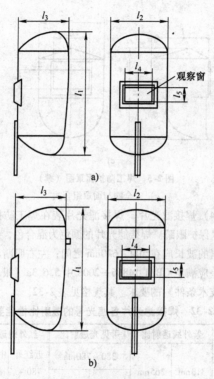

图 2-5 焊工防护面罩图

a) 手持式 b) 头戴式

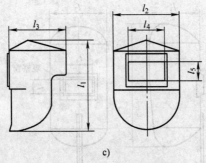

图 2-5 焊工防护面罩图（续）

c）安全帽与面罩组合式

（4）焊接滤光片 焊接滤光片装在焊工防护面罩上，以保护眼睛。焊接滤光片的颜色为混合色，透射比最大值的波长应在 500～620nm 之间；左右眼睛滤光片的色差应满足 GB/T 14866—2008 中 5.6.3a《眼面护具通用技术条件》的要求。其规格见表 2-32。

表 2-32 焊接滤光片各遮光号的透射比性能要求

遮光号	紫外线透射比		可见光透射比		红外线透射比	
			380～780nm		近红外 780～1300nm	中近红处 1300～2000nm
	313nm	365nm	最大	最小		
1.2	0.000003	0.5	1.00	0.744	0.37	0.037
1.4	0.000003	0.35	0.745	0.581	0.33	0.33

（续）

遮光号	紫外线透射比		可见光透射比 380～780nm		红外线透射比	
	313nm	365nm	最大	最小	近红外 780～1300nm	中近红处 1300～2000nm
1.7	0.000003	0.22	0.581	0.432	0.26	0.26
2	0.000003	0.14	0.432	0.291	0.21	0.13
2.5	0.000003	0.064	0.291	0.175	0.15	0.096
3	0.000003	0.028	0.178	0.085	0.12	0.085
4	0.000003	0.0095	0.085	0.032	0.064	0.054
5	0.000003	0.0030	0.032	0.012	0.032	0.032
6	0.000003	0.0010	0.012	0.0044	0.017	0.019
7	0.000003	0.00037	0.0044	0.0016	0.0081	0.012
8	0.000003	0.00013	0.0016	0.00061	0.0043	0.0068
9	0.0000030	0.000045	0.00061	0.00023	0.0020	0.0039
10	0.0000030	0.000016	0.00023	0.000085	0.0010	0.0025
11	0.0000030	0.000006	0.000085	0.000032	0.0005	0.0015
12	0.0000020	0.0000020	0.000032	0.000012	0.00027	0.0097
13	0.00000076	0.00000076	0.000012	0.000044	0.00014	0.0006
14	0.00000027	0.00000027	0.0000044	0.0000016	0.00007	0.0004
15	0.000000094	0.000000094	0.0000016	0.00000061	0.00003	0.0002
16	0.000000034	0.000000034	0.00000061	0.00000029	0.00003	0.0002

2. 焊炬　焊炬按可燃气体与氧气的混合方式不同，可分为等压式和射吸式两类；按使用方法不同分为手用和机械两类。

等压式焊炬使用时，可燃气体的压力和氧气的压力是相等的，因此称为等压式。但等压式焊炬不能用于低压乙炔，因而限制了它的使用，所以目前等压式焊炬很少采用。而射吸式焊炬使用时，乙炔的流动主要依靠射吸作用（即氧气从喷嘴口快速射出，将聚集在喷嘴周围的乙炔吸出，并在混合气管按一定比例混合后从焊嘴喷出），所以不论使用低压乙炔或中压乙炔，都能使焊炬正常工作。目前国产的焊炬均为射吸式。射吸式焊炬和等压式焊炬的工作原理及优缺点见表 2-33，射吸式焊炬的型号及技术参数见表 2-34，等压式焊炬的型号及技术参数见表 2-35。

表 2-33　射吸式焊炬和等压式焊炬的工作原理及优缺点

类型	工作原理	优点	缺点
射吸式	使用的氧气压力较高而乙炔压力较低，利用高压氧从喷嘴喷出时的射吸作用，使氧与乙炔均匀地按比例混合	工作压力在 0.001MPa 以上即可使用，通用性强，低、中压乙炔均可使用	易回火
等压式	使用中压乙炔，乙炔与氧气的混合是在焊嘴、割嘴接头的空隙内完成的，主要用于割炬	火焰燃烧稳定，不易回火	只能使用中压乙炔，不能用低压乙炔

表2-34 射吸式焊炬的型号及技术参数（摘自 JB/T 6969—1993）

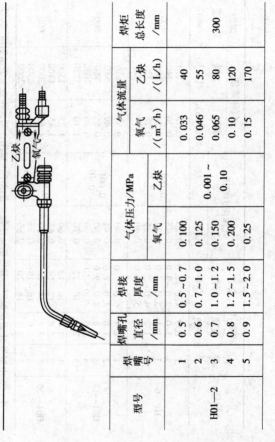

型号	焊嘴号	焊嘴孔直径/mm	焊接厚度/mm	气体压力/MPa		气体流量		焊炬总长度/mm
				氧气	乙炔	氧气/(m³/h)	乙炔/(L/h)	
H01—2	1	0.5	0.5~0.7	0.100	0.001~ 0.10	0.033	40	300
	2	0.6	0.7~1.0	0.125		0.046	55	
	3	0.7	1.0~1.2	0.150		0.065	80	
	4	0.8	1.2~1.5	0.200		0.10	120	
	5	0.9	1.5~2.0	0.25		0.15	170	

（续）

型号	焊嘴号	焊嘴孔直径/mm	焊接厚度/mm	气体压力/MPa 氧气	气体压力/MPa 乙炔	气体流量 氧气/(m³/h)	气体流量 乙炔/(L/h)	焊炬总长度/mm
H1—6	1	0.9	1.0~2.0	0.20	0.001~0.10	0.15	170	400
	2	1.0	2.0~3.0	0.25		0.20	240	
	3	1.1	3.0~4.0	0.30		0.24	280	
	4	1.2	4.0~5.0	0.35		0.28	330	
	5	1.3	5.0~6.0	0.40		0.37	430	
H01—12	1	1.4	6.0~7.0	0.40	0.001~0.10	0.37	430	300
	2	1.6	7.0~8.0	0.45		0.49	580	
	3	1.8	8.0~9.0	0.50		0.65	780	
	4	2.0	9.0~10	0.60		0.86	1050	
	5	2.2	10~12	0.70		1.10	1210	
H01—20	1	2.4	10~12	0.60	0.001~0.01	1.25	1500	600
	2	2.6	12~14	0.65		1.45	1700	
	3	2.8	14~16	0.70		1.65	2000	
	4	3.0	16~18	0.75		1.95	2300	
	5	3.2	18~20	0.80		2.25	2600	

注：表中型号 H 表示焊炬，其后第一位数字 0 表示手工操作，第一位数 1 表示射吸式，最后一位数字表示最大焊接低碳钢厚度，单位为 mm。

表 2-35 等压式焊炬的型号及技术参数

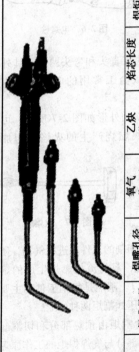

型号	焊嘴号码	焊嘴孔径 /mm	氧气工作压力 /MPa	乙炔工作压力 /MPa	焰芯长度 /mm (不小于)	焊炬总长度 /mm
H02—12	1	0.6	0.20	0.001~0.01	4	500
	2	1.0	0.25		11	
	3	1.4	0.30		13	
	4	1.8	0.35		17	
	5	2.2	0.40		20	

注：表中型号所标注的第二位数字"2"表示等压式，其他数字意义与射吸式焊炬数字意义相同。

3. 钎焊炬　钎焊在钣金加工中用得较为广泛，其所用工具为烙铁，烙铁有电烙铁和火焰铁两种。

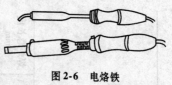

图 2-6　电烙铁

（1）电烙铁　电烙铁有直头和弯头两种，其外形如图 2-6 所示，冷作、钣金工常用的电烙铁功率为 150~300W。

（2）火焰铁　火焰铁的外形如图 2-7 所示，可用木炭、焦炉、煤气或乙炔燃烧产生的火焰作为加热热源。

2.1.7　割炬

割炬的作用是将氧气与乙炔按比例进行混合后，形成预热火焰，并在预热

图 2-7　火焰铁

火焰中心喷射切割氧到被切割的工件上进行气割，使被切割金属在氧射流中燃烧，氧射流把燃烧生成的熔渣（氧化物）吹走而形成切口。割炬是气割工件的主要工具，割炬分为射吸式和等压式割炬两种。

1. 射吸式割炬　这种割炬由预热部分和切割部分组成。射吸式割炬的预热部分与气焊焊炬的工作原理相同，切割部分则由切割氧气完成。其型号及主要技术参数见表 2-36。

表2-36 射式割炬的型号及主要技术参数（摘自 JB/T 6970—1993）

型号	割嘴号码	割嘴形式	切割低碳钢的厚度范围/mm	氧孔径/mm	气体压力/MPa 氧气	气体压力/MPa 乙炔	可换割嘴个数	可见切割氧流长度/mm（≥）	割矩总长度/mm
G01—30	1	环形	3～30	0.7	0.2			60	500
	2			0.9	0.2			70	
	3			1.1	0.3			80	
G01—100	1	梅花形	10～100	1.0	0.3	0.001～ 0.1	3	80	550
	2			1.3	0.4			90	
	3			1.6	0.5			100	
G01—300	1	梅花形	100～300	1.8	0.5			110	650
	2			2.2	0.65		4	130	
	3	环形		2.6	0.8			150	
	4			3.0	1.0			170	

注：表中的型号"G"表示割炬，后面"0"表示手工操作，"1"表示射吸式。最后的数字表示最大切割低碳钢钢板厚度。

2. 等压式割炬 这种割炬也是由预热和切割两部分组成。与射吸式割炬不同的是所采用的乙炔压力较高。其型号及主要技术参数见表2-37。

表 2-37 等压式割炬的型号及主要技术参数

型号	割嘴号码	割嘴切割氧孔径/mm	切割低碳钢厚度/mm	气体压力/MPa		割炬总长度/mm
				氧气	乙炔	
G02—100	1	0.7	3 ~ 100	0.20	0.04	550
	2	0.9		0.25	0.04	
	3	1.1		0.30	0.05	
	4	1.3		0.40	0.05	
	5	1.6		0.50	0.06	
G02—300	1	0.7	3 ~ 300	0.20	0.04	650
	2	0.9		0.25	0.04	
	3	1.1		0.30	0.05	
	4	1.3		0.40	0.05	
	5	1.6		0.50	0.06	
	6	1.8		0.50	0.06	
	7	2.2		0.65	0.07	
	8	2.6		0.80	0.08	
	9	3.0		1.00	0.09	

注: 表中型号的第二位数字 "2" 表示等压式, 其他数字意义与射吸式割炬数字意义相同。

2.1.8 起重工具

起重工具是吊运或顶举重物的一种物料搬运工具，也是一种间歇性工作、提升重物的工具。多数起重工具是在吊具取料之后即开始作垂直或垂直兼水平的工作行程，到达目的地后卸载，再空行到取料地点，即完成了一个工作循环，然后再进行第二次吊运。一般来说，起重工具工作时的取料、运移和卸载是依次进行的，各相应机构的工作是间歇性的。常用的起重工具有千斤顶、吊具和钢丝绳等。

1. 千斤顶　千斤顶是一种用刚性顶举件作为工作装置，通过顶部托座或底部托爪在行程内顶升重物的轻小起重设备。千斤顶主要用于厂矿、交通运输等部门作为车辆修理及其他起重、支撑等工作。其结构轻巧坚固、灵活可靠，一人即可携带和操作，也常用于冷作装配和矫正工序中。

千斤顶有分离式液压千斤顶、超薄型液压千斤顶、单作用薄型千斤顶、中空式液压千斤顶、自锁式液压千斤顶、立卧两用千斤顶、立式油压千斤顶、螺旋式千斤顶、卧式液压千斤顶和双节液压千斤顶。这里仅介绍较常用的液压千斤顶，其型号及主要技术参数见表2-38。

表2-38中型号字母 Q 表示千斤顶，Y 表示液压，W 表示卧式。其中 QW100—320 型为卧式千斤顶（市场产品）。

122

表 2-38　液压千斤顶的型号及主要技术参数

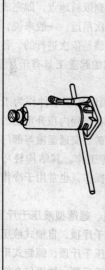

型号	额定起重量 t	最低高度 H	起升高度 H_1 (≥)	调整高度 H_2 (≥)	活塞直径	泵心直径	起升进程 (≥)	手柄长度	公称压力 MPa	手柄操作力 (≤) N	活塞杆压力 (≤)	净重 (≈) kg
					mm							
QYL1.6	1.6	158	90	60	24	12	50	450	34.7	330	220	2.2
QYL3.2	3.2	195	125		30		32	550	44.4			3.5
QYL5G	5	232	160	80	36	12	22	620	48.25		220	5.0
QYL5D		200	125				22					4.6

（续）

型号	额定起重量 t	最低高度 H	起升高度 H_1 (≥)	调整高度 H_2 (≥)	活塞直径 mm	泵心直径	起升进程 (≥)	手柄长度	公称压力 MPa	手柄操作力 (≤)	活塞杆压力 (≤) N	净重 (~) kg
QYL8	8	236			42		16	700	56.68			6.9
QYL10	10	240			45	12	14	730	61.68		220	7.3
QYL12.5	12.5	245	160	80	50		11		62.47			9.3
QYL16	16	250			56		9	850	63.74	330		11.0
QYL20	20	280			60	18	9.5		69.33			15.0
QYL32	32	285	180		75		6		71.00			23.0
QYL50	50	300		—	96		4	1000	77.08		445	33.5
QYL71	71	320			116	18	3（快进10）		73.27			66.0
QYW100	100	360	200		140		4.5		63.74			120
QYW200	200	400		—	190		2.5	950	69.23	350	785	250
QYW320	320	450			240		1.6		69.33			435

2. 吊具　吊具是指起重机械中吊取重物的装置。吊取成件物品最常用的吊具是吊钩，其他还有吊环、起重吸盘、夹钳和货叉等，被广泛应用于起重吊装行业中。冷作、钣金工常用的有钢板吊具、槽钢吊具、工字钢吊具和电磁吊具，其外形及用途见表2-39。

表2-39　吊具外形及用途

名称	外形图	用途
钢板吊具 （水平吊具）		钢板水平吊运
钢板吊具 （垂直吊具）		钢板垂直吊运
槽钢吊具		用于吊起单根槽钢

（续）

名称	外形图	用途
工字钢吊具		用于吊运单根工字钢
手拉葫芦		用于无起重设备的场合，规格有 0.5t、1t、1.6t、2t、2.5t、3.2t、5t、8t、10t、16t、20t、32t，起重高度在 2.5~3m 之间

2.1.9 钢丝绳

起重绳索主要以钢丝绳为主，其断面图如图 2-8 所示。

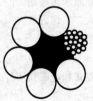

图 2-8 钢丝绳断面图

2.2 常用夹具

夹具在机械制造过程中用来固定加工对象,使之占有正确的位置,以接受施工或检测的装置。在划线、装配和焊接过程中,常需要用夹具定位和夹紧。夹具分为手动夹具、气动夹具和磁力夹具等。

2.2.1 手动夹具

钣金、冷作工常用手动夹具有杠杆式、楔条式和螺旋式,其用途见表2-40。

2.2.2 气动夹具

气动夹具利用压缩空气的压力,推动活塞杆作往复移动,从而达到夹紧目的,如图2-9所示。

2.2.3 液压夹具

液压夹具就是用液压元件代替机械零件实现对工件的自动定位、支承与夹紧的夹具。通过把选用的液压元件和设计的机械部分装配在一起,就可以得到所需要的夹具。它是以油为介质来传递动力的,如图2-10所示。

优点:夹紧力大,工作可靠。

缺点:液体易泄漏。

2.2.4 磁力夹具

磁力夹具有水磁式和电磁式两种,如图2-11所示。

表 2-40 手动夹具的用途

名称	简图	用途
杠杆夹具		夹紧、矫正、翻转工件
楔条夹具		利用楔条和开口的夹板来紧夹工件
螺旋夹具		利用螺纹的作用起到夹、拉、顶等多种作用

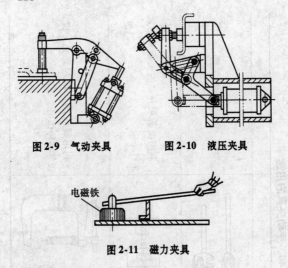

图 2-9　气动夹具　　　　　图 2-10　液压夹具

图 2-11　磁力夹具

2.3　常用量具

　　量具是实物量具的简称，它是一种在使用时具有固定形态、用以复现或提供给定量的一个或多个已知量值的器具。例如，砝码、标准电池、色温灯、电阻器、量块、信号发生器以及单值或多值的、带或不带标尺的量器等都是量具。量具的种类很多，钣金、冷作工常用的量具有金属直尺、钢卷尺、游标卡尺和直角尺等，其规格及用途见表 2-41。

表2-41 常用量具的规格及用途

名称	简图	规格	用途
金属直尺 （摘自 GB/T 9056—2008）		150mm、300mm、500mm、600mm、1000mm、1500mm、2000mm	测量长度、划线、检查平面等
钢卷尺 （摘自 GB/T 2443—2011）		1mm、2mm、3mm、3.5mm 和 5mm、10mm、15mm、20mm、30mm、50mm、100mm	测量长度
游标卡尺 （摘自 GB/T 21390—2008）		游标分度值为 0.01mm、0.02mm、0.05mm、0.1mm，测量长度最大至 1000mm	测量精度较高的一些工件长度等

（续）

名称	简图	规格	用途
直角尺（摘自 GB/T 6092—2004）		以尺身长度（h/mm × B/mm）表示： 63mm×40mm 125mm×80mm 200mm×125mm 315mm×200mm 500mm×315mm 800mm×500mm 1250mm×800mm 1600mm×1000mm	检验工件的垂直度，划垂直线等

（续）

名称	简图	规格	用途
条式水平仪（摘自 GB/T 16455—2008）		以（长度/mm × 宽度/mm）表示： 100mm ×（≥30mm） 150mm ×（≥35mm） 200mm ×（≥35mm） 250mm ×（≥40mm） 300mm ×（≥40mm）	检查机床及其他设备安装的水平位置和垂直位置，也可测量量工件表面的水平度等
水平软管		可根据实际工作的大小自制而成	用于测量较大工件的水平度

（续）

名称	简图	规格	用途
水准仪	 望远镜　水准器 基座	—	在装配或安装大型构件时，用于测量结构的水平线和测定各点高度差

（续）

名称	简图	规格	用途
经纬仪	水平度盘 基座	—	用于测量角度、测量距离、测量高度、测量直线等

（续）

名称	简图	规格	用途
线锤		0.1kg、0.2kg、0.25kg、0.3kg、0.4kg、0.5kg 等	用于测量工作的垂直度

第3章 常用设备

钣金、冷作工在生产过程中常用的设备有锻压设备、剪切设备、焊割设备和起重设备等。

3.1 锻压机械设备

锻压设备是指在锻压加工中用于板料、型钢的成形和分离的机械设备。锻压设备包括成形用的锻锤、机械压力机、液压机、螺旋压力机和平锻机，以及开卷机、矫正机、剪切机和锻造操作机等辅助设备。其设备型号包括设备名称、主要参数、结构特征及工艺用途的代号，由汉语拼音字母和阿拉伯数字组成。各类名称及其字母代号见表3-1。

表3-1 锻压机械设备的分类及代号

类别名称	汉语简称	拼音代号
弯曲矫正机	弯	W
剪板机	切	Q
机械压力机	机	J
液压机	液	Y
自动锻压机	自	Z

（续）

类别名称	汉语简称	拼音代号
锤	锤	C
锻压	锻	D
其他	他	T

3.1.1 剪板机

1. 剪板机　是指用一个刀片相对另一刀片作往复直线运动剪切板材的机器。是借于运动的上刀片和固定的下刀片，采用合理的刀片间隙，对各种厚度的金属板材施加剪切力，使板材按所需要的尺寸断裂分离。剪板机属于锻压机械中的一种，主要作用于金属加工行业。制成的产品广泛应用于航空、轻工、冶金、化工、建筑、船舶、汽车、电力、电器、装潢等行业，为这些行业提供所需的专用机械和成套设备。剪板机的组、型（系列）代号，是由两位阿拉伯数字组成。剪板机可分为闸式和摆式两种形式如图 3-1 所示。其主要技术参数见表 3-2。

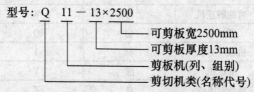

型号：Q　11　—　13×2500
- 可剪板宽2500mm
- 可剪板厚度13mm
- 剪板机(列、组别)
- 剪切机类(名称代号)

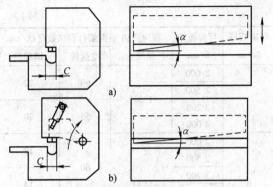

图 3-1　剪板机

a) 闸式　b) 摆式

α—剪切角度　C—喉口深度

表 3-2　剪板机的主要技术参数

（摘自 JB/T 6102—1992）

可剪板厚 δ/mm	可剪板宽 b/mm	额定剪切 角度 α	剪切行程次数/(次/min)	
			空运转	满载荷
1	1 000	1°	100	40
	1 250			
2.5	1 250	1°	65	30
	1 600			
	2 000			
	2 500			
	3 200			

（续）

可剪板厚 δ/mm	可剪板宽 b/mm	额定剪切角度 α	剪切行程次数/(次/min)	
			空运转	满载荷
4	2 000	1°30′	60	22
	2 500			
	3 200		55	20
	4 000			
6	2 000	1°30′	60	18
	2 500			
	3 200			14
	4 000			
	5 000		—	12
	6 300			
8	2 000	1°30′	50	14
	2 500			
	3 200		45	12
	4 000			
	5 000		—	10
	6 300			
10	2 000	2°	45	12
	2 500			
	3 200		40	10
	4 000			
	5 000		—	8
	6 300			

可剪板厚 δ/mm	可剪板宽 b/mm	额定剪切角度 α	剪切行程次数/(次/min)	
			空运转	满载荷
12	2 000	2°	40	10
	2 500			
	3 200		35	8
	4 000			
	5 000		—	
	6 300			
16	2 000	2°30′	30	4
	2 500			
	3 200			
	4 000			
	5 000			5
	6 300			
20	2 000	2°30′	20	6
	2 500			
	3 200			
	4 000			
	5 000			5
	6 300			

（续）

可剪板厚 δ/mm	可剪板宽 b/mm	额定剪切角度 α	剪切行程次数/(次/min)	
			空运转	满载荷
25	2 000	3°	20	5
	2 500			
	3 200			
	4 000			
	5 000			1
	6 300			
32	2 500	3°30′	15	4
	3 200			
	4 000			
	3 000			3
	6 300			
40	2 500	3°30′	15	3
	3 200			
	4 000			

2. 联合冲剪机　这是一种综合了金属剪切、冲孔、剪板、折弯等多种功能的机床设备。具有操作简便、能耗少和维护成本低等优点，是现代化制造业（如冶金、桥梁、通信、电力、军工等行业）中金属加工的首选设备。联合冲剪机目前有双联动联合冲剪机和普通型联合冲剪机两种。

双联动联合冲剪机具有多工位同时工作、智能温控冷却系统、自动压料剪切的特点。普通型联合冲剪机：是单工位工作、无冷却系统、手动压料剪切。联合冲剪机如图 3-2 所示，其基本参数见表 3-3。

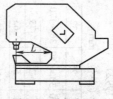

图 3-2　联合冲剪机

L—喉口深度

3. 数控剪板机　数控剪板机是指用数字、文字和符号组成的数字指令来实现一台剪板机或多台剪板机设备动作控制的技术。数控剪板机一般是采用通用或专用计算机实现数字程序控制，它所控制的通常是剪切位置、角度、速度等机械量与机械能量流向有关的开关量。数控剪板机的产生依赖于数据载体和二进制形式数据运算的出现。数控剪板机的主要技术参数见表 3-4。

3.1.2　压力机

压力机是一种结构精巧的通用性机械，具有用途广泛，生产效率高等特点。压力机可广泛应用于切断、冲孔、落料、弯曲、铆合和成形等工艺。通过对金属坯件施加强大的压力，使金属材料产生塑性变形和断裂来加工成零件。压力机包括折弯压力机、台式压力机、四柱液压机和机械压力机等。

1. 折弯压力机　可将板料弯曲成各种形状。折弯压力机如图 3-3 所示，其基本参数见表 3-5。

142

表3-3 联合冲剪机的基本参数（摘自 JB/T 6102—1992）

（单位：mm）

			8	10	12	16	20	25	32
板材剪切	扁钢	可剪板厚（一次剪切）厚×宽	10×80	12×100	16×125	20×140	25×150	30×160	36×170
型材剪切		圆钢直径	30	35	40	48	56	70	75
		方钢边长	25	30	36	42	50	56	63
	角钢	90°剪切	63×63×6	80×80×8	100×100×10	125×125×12	140×140×14	160×160×16	180×180×18
		45°剪切	50×50×4	63×63×6	75×75×8	90×90×10	110×110×12	125×125×14	160×160×16
	工字钢型号	机械传动	10	12	16	20②	22②	28②	32②
		液压传动	—	—	10	14	16	20②	25②
	槽钢型号	机械传动	10	12	16	20	22	28②	32③
		液压传动	6.5	8	10	14①	16	24②	28③
板料剪切		可剪板厚（一次剪切）厚×宽	8	10	12	16	20	25	32
	扁钢	（一次剪切）厚×宽	10×80	12×100	16×125	20×140	25×150	30×160	36×170

（续）

		6	8	10	12	16	20	25
模剪	厚度	6	8	10	12	16	20	25
	宽度	40	50	50	63	63	80	80
	长度	60	80	80	80	100	100	100
冲孔	直径	22	22	25	28	31	35	35
	厚度	8	10	12	16	20	25	32
公称压力/kN（×）		250	315	400	630	800	1250	1600
行程次数/（次/min）（×）	机械传动	42	40	40	32	32	26	26
	液压传动	28	24	22	20	12	9	7
喉口深度 C（×）	机械传动	315	355	400	450	500	560	630
	液压传动	225	250	315	340	355	400	450

注：表中①、②、③表示相同型号的槽钢或工字钢，其腰厚尺寸 d 不同。

表 3-4　数控剪板机主要技术参数

序号	参数名称		数值	单位	备注
1	主参数	可剪板厚	16	mm	$\sigma_b \leqslant 450 \text{N/mm}^2$[①]
2		可剪板宽	3200	mm	
3		喉口深度	120	mm	
4	基本参数	剪切角度	0.5 ~ 2.5	°	
5		行程次数	7 ~ 20	次/min	包括最小分段行程
6		上刀架最大行程量	150	mm	
7		最大剪切力	530	kN	
8		最大压料力	160	kN	压料力随载荷变化
9		液压系统最大工作压力	25	MPa	
10		后档器的档料范围	10 ~ 900	mm	
11	其他技术参数	液压泵	型号	NT4—G63F		
12			排量	63	mL/r	
13		主电动机	功率	22	kW	
14			转速	980	r/min	
15		机床外形尺寸	长	3800	mm	不包括前档料靠尺
16			宽	1870	mm	
17			高	2300	mm	
18		机床重量		11500	kg	

[①] $1 \text{N/mm}^2 = 10^6 \text{Pa} = 1 \text{MPa}$，下同。

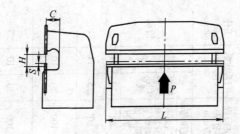

图3-3 折弯压力机
C—喉口深度   H—最大开启高度
L—可折弯最大宽度   P—压力

2. 台式压力机   台式压力机有双柱组合台式和固
定台式两种形式如图3-4、图3-5所示。台式压力机属
于轻小型冲压设备，具有体积轻巧、生产效率高、操作
简便、噪声小，精度高，加工的零件尺寸准确，冲切表
面光洁等特点，特别适用于高层建筑如厂房及车间内的
金属的加工操作。其运用范围极广，如电子、仪器、仪
表、照相机、钟表、首饰等轻工、小五金行业，以及医
药行业、服装、鞋帽行业。也可对黑色和有色金属，塑
料等多种材料的薄板、条料、卷料进行落料、冲压、铆
合、成形、剪切、弯曲、断裂、缩口、拉深和矫平等工
艺。台式压力机的主要基本参数见表3-6、表3-7。

表3-5 折弯压力机的基本参数 (JB/T 2257.2—1999)

公称压力 p/kN	公称压力行程 s_p/mm 机械传动	可折弯最大宽度 L/mm	喉口深度 C/mm	滑块行程 S/mm 机械传动	滑块行程 S/mm 液压传动 活塞和滑块相对位置不可改变的	滑块行程 S/mm 液压传动 活塞和滑块相对位置可改变的	最大开启高度 H/mm 机械传动	最大开启高度 H/mm 液压传动 活塞和滑块相对位置不可改变的	最大开启高度 H/mm 液压传动 活塞和滑块相对位置可改变的	滑块行程调节量 ΔH/mm 机械传动	滑块行程调节量 ΔH/mm 液压传动 活塞和滑块相对位置可改变的	行程次数 n/(次/min)≥ 机械传动(空载)	行程次数 n/(次/min)≥ 液压传动(空载)	工作速度 v/(mm/s) 液压传动
250	25	1600	200	50	100	100	300	300	300	80	80	30	11	8
400	25	2000 2500	200	50	100	100	300	300	300	80	80	25	11	8
630	35	2000 2500 3200	250	70	100	100	320	320	320	80	100	20	10	8
1000	35	2500 3200 4000	320	70	100	100	320	320	320	80	100	20	10	7

（续）

公称压力 p/kN	公称压力行程 s_p/mm 机械传动	可折弯最大宽度 L/mm	喉口深度 C/mm	滑块行程 S/mm			最大开启高度 H/mm			滑块行程调节量 ΔH/mm		行程次数 n/(次/min) ≥		工作速度 v/(mm/s)
				机械传动	液压传动		机械传动	液压传动		机械传动	液压传动	机械传动（空载）	液压传动（空载）	液压传动
					活塞和滑块相对位置不可改变的	活塞和滑块相对位置同可改变的	活塞和滑块相对位置同可改变的	活塞和滑块相对位置可改变的	活塞和滑块相对位置同可改变的		活塞和滑块相对位置同可改变的			
1600	35	3200 4000 5000	320	70	150	200	450	450	450	125	125	15	6	7
2500		3200 4000 5000 6300	400		200	250		560	560		160		3	6
4000		4000 5000 6300	400		280	320		630	630		160		25	6

（续）

公称压力 p/kN	立柱间最大宽度 L/mm（机械传动）	喉口深度 C/mm	滑块行程 S/mm 机械传动（活塞和滑块相对位置不可改变的）	滑块行程 S/mm 液压传动（活塞和滑块相对位置不可改变的）	滑块行程 S/mm 液压传动（活塞和滑块相对位置可改变的）	最大开启高度 H/mm 机械传动（活塞和滑块相对位置不可改变的）	最大开启高度 H/mm 液压传动（活塞和滑块相对位置不可改变的）	最大开启高度 H/mm 液压传动（活塞和滑块相对位置可改变的）	滑块行程调节量 ΔH/mm 液压传动（活塞和滑块相对位置可改变的）	行程次数 n/(次/min)≥ 机械传动（空载）	行程次数 n/(次/min)≥ 液压传动（空载）	工作速度 v/(mm/s) 液压传动
6300		400	280		320	630		630	160	25		6
8000		500	320		360	800		710	200	20		5
10000		500	400		450	1000		800	250	15		5

注：立柱间的距离，公称压力 <6300kN，推荐取 $(0.6\sim0.65)L_0$；公称压力 ≥6300kN，推荐取 $(0.7\sim0.85)L_1$。

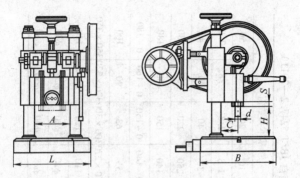

图 3-4　双柱组合台式压力机

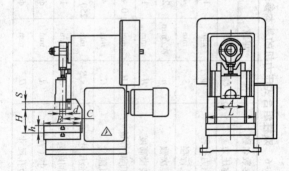

图 3-5　固定台式压力机

表 3-6 双柱组合式压力机的基本参数（摘自 JB/T 5247.2—2011）

基本参数名称	符号	单位	基本参数值				
公称压力	F_S	kN	5	10	20	30	50
公称压力行程	s_p	mm	1.8	1.8	2.8	2.8	2.8
滑块行程	S	mm	26	30	40	40	40
行程次数	n	次/min	260	250	220	200	180
最大装模高度	H	mm	115	140	150	160	180
装模高度调节量	ΔH	mm	0~115	0~140	0~150	0~160	0~180
喉口深度	C	mm	45	55	63	90	100
工作台尺寸	$L \times B$	mm	250×250	270×270	300×300	320×320	350×350
立柱间距离	A	mm	100	110	120	130	140
模柄孔尺寸（直径）	d	mm	φ16	φ20	φ20	φ25	φ30
工作台孔尺寸	D	mm	φ22	φ28	φ40	φ50	φ60

表 3-7　固定台式压力机的参数

基本参数名称	符号	单位	基本参数数值				
公称压力	F_s	kN	5	10	20	30	50
公称压力行程	s_P	mm	0.4~1.8	0.4~1.8	0.7~2.8	0.7~2.8	0.7~3.2
滑块行程　固定行程	S	mm	26	30	40	40	45
可调行程			6~26	6~30	8~40	10~40	10~40
行程次数	n	次/min	260	250	220	200	180
最大装模高度	H	mm	95	120	130	130	140
装模高度调节量	ΔH	mm	20	20	20	25	30
喉口深度	C	mm	45	55	80	100	125
工作台尺寸（长×宽）	$L \times B$	mm	200×120	220×140	250×160	280×180	320×230
立柱间距离	A	mm	100	110	120	130	140
模柄孔尺寸（直径）	d	mm	φ16	φ20	φ20	φ25	φ30
工作台孔尺寸	L_1	mm	60	80	100	120	120
（长×宽）	B_1	mm	40	40	50	60	80
工作台板厚度	h	mm	20	20	20	30	40

3. 四柱液压机

（1）四柱液压机的性能特点 经计算机优化设计，简单、经济、适用。液压控制系统采用插装阀集成系统，动作可靠，使用寿命长，液压冲击小，还减小了连接管路与泄漏点。独立的电气控制系统，工作可靠，动作直观，维修方便。采用按钮集中控制，设调整（点动），单次（半自动）两种操作方式。可实现定程，定压两种成形工艺，并具有保压延时等性能。工作压力、行程可根据工艺需要在规定的范围内进行调整。四柱万能液压机结构如图3-6所示。

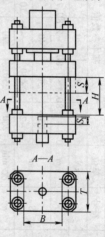

图3-6 四柱万能液压机

（2）四柱液压机适用范围 四柱万能液压机适用于金属材料的拉深、弯曲、翻边、冷挤、冲裁等工艺，还适用于矫正、压装、粉末制品、磨料制品、压制成形以及塑料制品、绝缘材料的压制成型。其主要基本参数见表3-8。

表3-8 四柱液压机的基本参数

项目		单位	400		630		1000		1600		2000		2500	
公称压力 F		kN	400		630		1000		1600		2000		2500	
滑块行程 S		mm	400		450		500		560		710		710	
开口高度 H		mm	600		710		800		900		1120		1120	
	速度分级	—	1	2	1	2	1	2	1	2	1	2	1	2
滑块速度 ≥	空程下行	mm/s	40	150	40	150	40	150	40	150	100	120	100	120
	工作 <30% F	mm/s	25	25	25	25	15	25	15	25	15	25	20	25
	工作 =100% F	mm/s	10	10	10	10	5	10	5	10	5	10	5	10
	回程	mm/s	60	120	60	120	60	120	60	120	80	120	80	120
工作台面有效尺寸 (B×T) 左右×前后	基型	mm	400×400		500×500		630×630		800×630		900×800		1000×1000	
	变型	mm	500×500		630×630		800×800		1000×1000		630×630×800 / 1120×1120		800×800 / 1250×1250	
有装顶	顶出力 F₁	kN	63		100		250		250		400		400	
置出型	顶出行程 s₁	mm	140		160		200		200		250		250	

（续）

		3150		4000		5000		6300		8000		10000	
公称压力 F	kN	3150		4000		5000		6300		8000		10000	
滑块行程 s	mm	800		800		900		900		1000		1000	
开口高度 H	mm	1250		1250		1500		1500		1800		1800	
速度分级		1	2	1	2	1	2	1	2	1	2	1	2
滑块速度 ≥ 空程下行	mm/s	100	150	120	150	120	200	120	200	120	250	120	250
工作 <30%F	mm/s	12	25	15	25	15	25	12	25	15	25	12	25
工作 =100%F	mm/s	5	10	5	10	5	10	5	10	5	10	5	10
回程	mm/s	60	120	80	120	80	120	60	120	80	150	60	150
工作台面有效尺寸 左右×前后/(B/mm×T/mm) 基型		1120×1120		1250×1250		1400×1400		1600×1600		2200×1600		2500×1800	
变型		900×900		1000×1000		1120×1120		1250×1250		1600×1600		2000×1400	
变型		1400×1400		1600×1600		2000×1400		2500×1600		3150×2000		3150×2000	
有装置顶出型 顶出力 F₁	kN	630		630		1000		1000		1250		1250	
顶出行程 s₁	mm	300		300		300		300		350		350	

注：1. 1型速度推荐用于矫正、压装、压制类的工艺要求，2型速度推荐用于钣金加工、冷挤压等工艺要求。

2. 工作速度仅为核定满载荷下的速度。

3.1.3 弯曲矫直机

弯曲矫直机，是采用小直径弯曲轴辊，使带材或者型材在拉伸、弯曲和矫直过程中弯曲矫直。弯曲矫直机的组、型（系列）代号由两位阿拉伯数字组成。

1. 板料矫直机（平板机） 用于矫直板料。其矫直原理是，当板料通过多对呈交叉布置的轴辊时，板料发生多次反复弯曲，使板料纤维在弯曲过程中趋于相等，从而达到矫正目的。矫直机的轴辊数越多矫正效果就越好，板料矫直机简图如图3-7所示，其主要技术参数见表3-9。

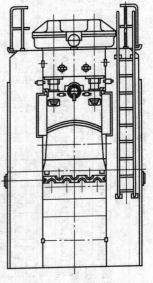

图3-7 板料矫直机

2. 型材矫直机 型材矫直机是对金属型材、板材、管材、线材等进行矫正的设备。图3-8为W51—63型多辊型材矫直机，其主要技术参数如下：

可矫直圆钢（直径） 20～63mm

表 3-9 板料矫直机的主要技术参数

辊轴身有效长度/mm（上行）与钢板宽度/mm（下行）对应，表中网格数值为钢板最大厚度/mm。

轴辊数	轴辊距/mm	轴辊直径/mm	钢板最小厚度/mm	1200 / 1000	1450 / 1250	1700 / 1500	2000 / 1800	2300 / 2000	2800 / 2500	3500 / 3200	4500 / 4000	最大矫直速度 /(m/s)	主电动机的最大功率 /kW
23	25	23	0.2	0.6								1	13
23	32	30	0.3	1.2	1							1	30
23	40	38	0.4	2	1.6	0.9						1	55
21	50	48	0.5	2.8	2.5	1.5	1.4					1	80
17	63	60	0.8	4	3.8	2.2	2	2				1	95
17	80	75	1	5.5	5	3.5	3.2	3					130
13	100	95	1.5	8	7	4.5	4	4					155
13	125	120	2		10	7	6	6					130
13	160	150	3		15	9	8	8				0.5	130
11	200	180	4			14	13	12	16			0.5	245
11	250	220	5			19	18	17	22	20		0.3	180
9	300	260	6						28	25		0.3	210
9	400	340	10						40	36	32	0.2	180
7	500	420	16						50	45	40	0.1	110

可矫直方钢（边长）	20～63mm
可矫直六角钢（内切圆直径）	25～63mm
可矫直扁钢（厚度×宽度）	16mm×63mm～
	20mm×63mm
矫直速度	38m/min
电动机功率	30kW

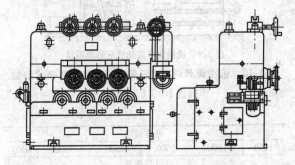

图 3-8　W51—63 型多辊型材矫直机

3. 中、小型三辊卷板机　卷板机是对板材进行连续点弯曲的塑形机床，具有卷制 O 形、U 形、多段 R 等不同形状板材的功能。三辊卷板机又分为对称式、非对称式和下调式三种。机械调节对称式三辊卷板机如图 3-9 所示，其主要技术参数和基本参数分别见表 3-10～表 3-13。大型对称式三辊卷板机的主要技术参数和基本参数见表 3-14～表 3-17。

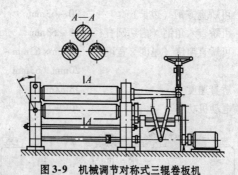

图 3-9　机械调节对称式三辊卷板机

表 3-10　机械调节对称式三辊卷板机的主要技术参数

（摘自 JB/T 8797—1998）

（单位：mm）

可卷板宽					
1250	1600	2000	2500	3200	4000
可卷板厚					
16	—	—	—	—	—
—	2	—	—	—	—
—	3	2	—	—	—
—	5	3	—	—	—
—	6	5	3	—	—
—	10	8	5	—	—
—	—	12	8	—	—
—	—	16	12	8	—
—	—	20	16	12	—
—	—	25	20	16	—
—	—	—	25	20	16
—	—	—	32	25	20

表3-11 机械调节对称式三辊卷板机的基本参数 （单位：mm）

基本参数 ＼ 卷板机规格	2×1600	3×1600	2×2000	3×2000	5×1600	6×1600	5×2000	3×2500	10×1600	8×2000	5×2500
可卷板厚 （$\sigma_s \le$ 245MPa）	2	3	2	3	5	6	5	3	10	8	5
可卷板宽	1600	1600	2000	2000	1600	1600	2000	2500	1600	2000	2500
最大规格时卷最小圆筒首径	220	250	250	320	320	360	360	360	400	400	400
上辊直径	90	100	100	125	125	140	140	140	160	160	160
下辊中心距	112	125	125	160	160	180	180	180	200	200	200
卷板速度/（m/min）	≥8	≥7	≥7	≥7	≥7	≥6.5	≥6.5	≥6.5	≥6	≥6	≥6

基本参数 ＼ 卷板机规格	12×2000	8×2500	16×2000	12×2500	8×3200	20×2000	16×2500	12×3200
可卷板厚 （$\sigma_s \le$ 245MPa）	12	8	16	12	8	20	16	12
可卷板宽	2000	2500	2000	2500	3200	2000	2500	3200
最大规格时卷最小圆筒首径	600	600	650	650	650	750	750	750
上辊直径	240	240	260	260	260	300	300	300
下辊中心距	280	280	320	320	320	360	360	360
卷板速度/（m/min）	≥5.5	≥5.5	≥5.5	≥5.5	≥5.5	≥5.5	≥5.5	≥5.5

（续）

基本参数 \ 卷板机规格	25×2000	20×2500	16×3200	25×2500	20×3200	16×4000	32×2500	20×3200	25×3200	20×4000
可卷板厚 $\sigma_s \leqslant$ 245MPa	25	20	16	25	20	16	32	20	25	20
可卷板宽	2000	2500	3200	2500	3200	4000	2500	3200	3200	4000
最大规格时卷最小圆筒直径	850			950			1050			
上辊直径	340			380			420			
下辊中心距	440			490			550			
卷板速度/（m/min）	≥5			≥5			≥4			

表 3-12 机械调节非对称式三辊卷板机的基本参数（摘自 JB/T 8797—1998）

（单位：mm）

基本参数 \ 卷板机规格	16×1250	2×1600	6×1600	5×2000	10×1600	8×2000	12×2000	8×2500
可卷板厚 $\sigma_s \leqslant$ 245MPa	1.6	2	6	5	10	8	12	8
可卷板宽	1250	1600	1600	2000	1600	2000	2000	2500
最大规格时卷最小圆筒直径	200	240	400		500		620	
上轴辊直径	75	120	150		220		280	
卷板速度/（m/min）	≥10	≥10	≥7		≥7		≥6	

表 3-13 机械调节下调式三辊卷板机的基本参数（摘自 JB/T 8797—1998）

（单位：mm）

基本参数 ＼ 卷板机规格	8×2000	12×2000	8×2500	16×2000	12×2500	20×2000	16×2500	12×3000
可卷板厚	8	12	8	16	12	20	16	控
卷头能力（预弯）	5	8	5	12	8	16	12	8
可卷板宽	2000	2000	2500	2000	2500	2000	2500	3000
最大规格时卷最小圆筒直径 $\sigma_s \leqslant$ 245MPa	550 220	600 240		650 260		750 300		
上辊直径	220	240		260		300		
卷板速度/(m/min)	≥6	≥5.5		≥5.5		≥5.5		

（续）

基本参数＼卷板机规格	25×2000	20×2500	16×3200	25×2500	20×3200	16×4000	16×2500	32×3200	12×3000
可卷板厚	25	20	16	25	20	16	32	25	20
卷头能力（预弯）$\sigma_s \leqslant$ 245MPa	20	16	12	20	16	12	25	20	16
可卷板宽	2000	2500	3200	2500	3200	4000	2500	3200	4000
最大规格时卷最小圆筒直径	850			950			750		
上辊直径	340			380			430		
卷板速度/(m/min)	≥5			≥5			≥4		

表 3-14 大型对称式三辊辊卷板机的主要技术参数

（单位：mm）

编组 \ 卷板机规格	卷板最大宽度				
	3200	4000	5000	6000	
	卷板最大厚度				
1	—	—	—	10	
2	30	25	18	16	
3	30	25	—	—	
4	50	40	—	—	
5	60	50	60	—	
6	80	70	60	—	
7	—	95	85	75	

表 3-15 上调式机械传动三辊卷板机的基本参数

型号	卷板最大厚度	卷板最大宽度	最小卷筒直径	上辊直径	下辊直径	下辊中心距离	卷板速度	上辊升降速度	主传动电动机功率	上辊升降电动机功率
			mm				m/min	mm/min	kW	
3WBJ—S10 ×6000	10	6000	650	400	330	420	5	100	22	11
3WBJ—S16 ×6000	16	6000	750	460	360	530	6	100	30	16
3WBJ—S18 ×5000	18	5000	750	480	400	600	6	80	40	22
3WBJ—S25 ×4000	25	4000	1000	480	400	600	5	80	40	22
3WBJ—S30 ×3200	30	3200	1000	480	400	600	5	80	40	22
3WBJ—S40 ×4000	40	4000	1500	600	500	750	4	60	80	45
3WBJ—S50 ×3200	50	3200	1800	600	500	750	4	60	80	45
3WBJ—S70 ×3200	70	3200	2500	670	560	800	3	60	100	60

注：卷板最大厚度以板材的屈服强度为 245MPa 设计，当卷曲板材的屈服强度大于该值时，应换算卷板机允许的最大卷板厚度。

165

表 3-16 下调式机械传动三辊卷板机的基本参数

型号	卷板最大厚度	卷板最大宽度	最小卷筒直径	上辊直径	下辊直径	下辊中心距离	卷板速度	上辊升降速度	主传动电动机功率	上辊升降电动机功率	上辊升降电动机功率
				mm			m/min	mm/min	kW	kW	kW
3WBJ—X50×3200	50	3200	2000	550	530	610	30	35.5	100	80	40×2
3WRI—X40×4000	40	4000					24				
3WBJ—X60×3200	60	3200		650	600	750	40	4		100	50×2
3Wal—X50×4000	50	4000					32				
3WRT—X80×3210	80	3200		700	660	800	64	3.45		125	65×2
3WBJ—X70×4000	70	4000					54				
3WBJ—X60×5000	60	5000					44				

注：卷板最大厚度以板材的屈服强度为 245MPa 设计，当卷曲板材的屈服强度大于该值时，应换算卷板机允许的最大卷板厚度。

表 3-17　下调式液压传动三辊卷板机的基本参数

型号	卷板最大厚度	卷板最大宽度	最小卷筒直径	上辊直径	下辊直径	下辊中心距离	卷头能力	卷头速度	下辊升降速度	主传动电动机功率	液压系统工作压力
			mm					m/min	mm/min	kW	MPa
3WBY—X95 ×4000	95	4000									
3WBY—X85 ×5000	85	5000	2000	900	850	1000	75 65 55	3.5, 5.6	100	80 ×2	12
3WBY—X75 ×6000	75	6000									

注：卷板最大厚度以板材的屈服强度为 245MPa 设计，当卷曲板材的屈服强度大于该值时，应换算卷板机允许的最大卷板厚度。

型号与标记示例:

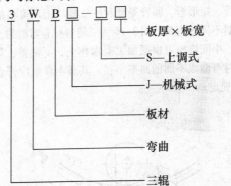

X—下调式

Y—液压式

标记示例:

例1　最大卷板厚度为30mm，最大卷板宽度为3200mm上调式机械传动三辊卷板机标记为:

3WBJ—S30×3200　30×3200 三辊卷板机（JB/T 2449—2001）

例2　最大卷板厚度为75mm，最大卷板宽度为6000mm下调式液压传动三辊卷板机标记为:

3WBY－X75×6000　75×6000 三辊卷板机（JB/T 2449—2001）

4. 型材卷弯机　型材弯曲机分为平弯和立弯两种，

它是弯曲扁钢、方钢、圆钢、角钢、I 型钢、H 型钢、方管、矩形管、圆管等型材的机器。用户可根据要求订制不同的模具。图 3-10 为三辊型材卷弯机的工作简图，中间辊轮可根据加工要求作上、下调整，即可将型材弯曲成不同的曲率半径。其基本参数应符合表 3-18 规定。

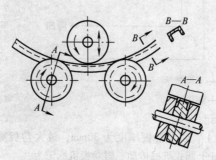

图 3-10　三辊型材卷弯机的工作简图

表 3-18 型材卷弯机的基本参数 （单位：mm）

型材最大抗弯截面模数/cm²		6	16	45	140	450
扁钢平弯	最大截面	100×18	150×25	200×36	320×50	400×80
	最小卷弯半径	200	280	340	500	750
扁钢的外弯	最大截面	50×12	75×16	100×25	150×30	200×50
	最小卷弯半径	250	380	500	750	1000
角钢外弯	最大截面	50×50×6	75×75×10	100×100×16	160×160×16	200×200×24
	最小卷弯半径	250	380	500	800	1000
	最小截面	20×20×3	30×30×3	40×40×4	50×50×5	75×75×8
	最小卷弯半径	150	260	400	500	630

型材的材料屈服强度 $\sigma_s \leqslant$ 245MPa

(续)

	型材最大抗弯截面模数/cm²	6	16	45	140	450
角钢内弯	最大截面	45×45×5	70×70×8	100×100×10	140×140×16	160×160×16
	最小卷弯半径	340	500	825	1120	1120
	最小截面	20×20×3	30×30×3	45×45×5	63×63×6	70×70×8
	最小卷弯半径	200	320	450	710	710
槽钢外弯	槽钢型号	8	14	22	36	40
	最小卷弯半径	250	380	560	900	1000
槽钢内弯	槽钢型号	8	14	18	30	36
	最小卷弯半径	280	400	560	900	1000
型材弯曲速度(v)/(m/min)		6		5	5	4

型材的材料屈服强度 $\sigma_s \leq$ 245MPa

3.2 常用焊接设备和气割设备

冷作、钣金工常用的焊、割设备有电弧焊机和气割机。

3.2.1 弧焊设备

弧焊设备（又称电弧焊机）虽然形式繁多，但基本结构可归结为弧焊电源、控制系统、机械系统以及供气、供水系统四部分，其中弧焊电源和控制系统是所有弧焊设备必不可少的。

1. 按焊接工艺方法分类

弧焊设备（电弧焊机）
- 焊条电弧焊机
- 熔化极气体保护焊机
  - 活性气体保护焊焊机（简称MAG焊机）
  - 熔化极惰性气体保护焊机（简称MIG焊机）
  - 二氧化碳气体保护焊机（CO_2弧焊机）
- 钨极氩弧焊机(简称TIG焊机)
- 埋弧焊机
- 等离子弧焊机(含微束和大电流)
- 等离子弧切割机
- 气电立焊机
- 旋转电弧焊机
- 带极堆焊机

2. 按弧焊电源结构分类

弧焊电源常用的是以输出电源种类进行分类，可分为交流弧焊电源、直流弧焊电源和脉冲弧焊电源三大类。

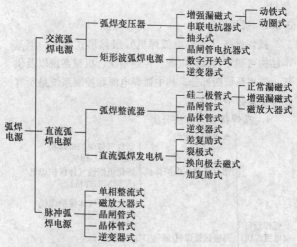

3.2.2 电渣焊设备

电渣焊设备有电渣焊机和钢筋电渣压力焊机。其中电渣焊机分为丝极、板极和熔嘴电渣焊机。

3.2.3 电阻焊机

电阻焊机有点焊机、凸焊机、缝焊机、电阻对焊机、闪光对焊机、电容储能电阻焊机（其中电容储能电阻焊机又包括：电容储能点焊机、电容储能凸焊机、电容储能缝焊机)、高频电阻焊机、三相低频电阻焊机、次级整流电阻焊机、逆变式电阻焊机、移动式点焊机。电阻焊设备中还有电阻焊枪、电阻焊钳和电阻焊机控制器。

3.2.4 螺柱焊机

螺柱焊机包括电弧螺柱焊机、埋伏螺柱焊机、电容储能螺柱焊机。

3.2.5 摩擦焊设备

摩擦焊设备包括摩擦焊机和搅拌摩擦焊机。

3.2.6 电子束焊机

3.2.7 光束焊设备

光束焊设备包括光束焊机、激光焊机（其中激光焊机包括连续激光焊机和脉冲激光焊机）。

3.2.8 超声波焊机

超声波焊机包括超声波点焊机和超声波缝焊机。

3.2.9 钎焊机

钎焊机包括电阻钎焊机和真空钎焊机。

3.2.10 焊接机器人

3.3 部分电焊机产品型号及编制原则

1. 产品型号由汉语拼音字母及阿拉伯数字组成。

2. 产品型号的编排秩序如下：

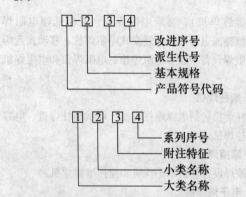

1）型号中2，4各项用阿伯数字表示。

2）型号中3项用汉语拼音字母表示。

3）型号中3，4项如不用时，可空缺。

4）改进序号按产品改进程序用阿拉伯数字连续编号。

3. 产品符号代码的编制原则

部分电焊机型号编制次序和产品符号代码的代表字母及含义，见表3-19。

表 3-19 部分电焊机型号编制次序和符号代码的代表字母含义（摘自 GB/T 10249—2010）

产品名称代表字母	第一字母		第二字母		第三字母		第四字母	
	大类名称	代表字母	小类名称	代表字母	附注特征	代表字母	数字序号	系列序号
电弧焊机	交流弧焊机（弧焊变压器）	B	下降特性	X	高空载电压	L	省略 1 2 3 4 5 6	磁放大器或饱和电抗器式 动铁式 串联电抗器式 动圈式 晶闸管式 变换抽头式
			平特性	P				
	机械驱动的弧焊机（弧焊发电机）	A	下降特性	X	电动机驱动 单纯弧焊发电机 汽油机驱动 柴油机驱动 拖拉机驱动 汽车驱动	省略 D Q C T H	省略 1 2	直流 交流发电机整流 交流
			平特性	P				
			多特性	D				

（续）

产品名称	第一字母 代表字母	第一字母 大类名称	第二字母 代表字母	第二字母 小类名称	第三字母 代表字母	第三字母 附注特征	数字序号	第四字母 系列序号
电弧焊机	Z	直流弧焊机（弧焊整流器）	X	下降特性	省略	一般电源	省略	磁放大器或饱和电抗器式
			P	平特性	M	脉冲电源	1	动铁芯式
			D	多特性	L	高空线电压	2	动圈式
					E	交直流两用电源	3	晶体管式
							4	晶闸管式
							5	
							6	变换抽头式
							7	逆变式
	M	埋弧焊机	Z	自动焊	省略	直流	省略	焊车式
			B	半自动焊	J	交流	1	横臂式
			U	堆焊	E	交直流	2	机床式
			D	多用	M	脉冲	3	
							9	焊头悬挂式

（续）

产品名称	第一字母		第二字母		第三字母		第四字母	
	代表字母	大类名称	代表字母	小类名称	代表字母	附注特征	数字序号	系列序号
电弧焊机	N	MIG/MAG焊机（熔化极惰性气体保护弧焊机/活性气体保护弧焊机）	Z	自动焊	省略	直流	省略	焊车式
			B	半自动焊	M	脉冲	1	全位置焊车式
			D	点焊	C	二氧化碳保护焊	2	横臂式
			U	堆焊			3	机床式
			G	切割			4	旋转焊头式
							5	台式
							6	焊接机器人
							7	变位式
	W	TIG焊机	Z	自动焊	省略	直流	省略	焊车式
			S	手工焊	J	交流	1	全位置焊车式
			D	点焊	E	交直流	2	横臂式
			Q	其他	M	脉冲	3	机床式
							4	旋转焊头式
							5	台式
							6	焊接机器人
							7	变位式
							8	真空充气式

（续）

第一字母		第二字母		第三字母		第四字母	
产品名称代表字母	大类名称	代表字母	小类名称	代表字母	附注特征	数字序号	系列序号
L	等离子弧焊机/等离子弧切割机	G	切割	省略	直流等离子	省略	焊车式
电弧焊机				R	熔化极等离子	1	全位置焊车式
		H	焊接	M	脉冲等离子	2	横臂式
				J	交流等离子	3	机床式
		U	堆焊	S	水下等离子	4	旋转焊头式
				F	粉末等离子	5	台式
		D	多用	E	热丝等离子	8	手工等离子弧
				K	空气等离子		

3.4 气割设备

气割设备包括小车式气割机、光电跟踪气割机、仿形气割机和数控气割机。

1. 小车式气割机 由主车体 1、驱动系统 2、割炬和气路系统 3、控制系统 4 和导轨 5 组成，如图 3-11 所示。其主要技术参数见表 3-20。

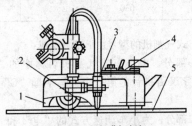

图 3-11 小车式气割机
1—主车体 2—驱动系统 3—割炬和
气路系统 4—控制系统 5—导轨

表 3-20 小车式气割机主要技术参数

气割厚度范围/mm		速度范围/ （mm/min）	
下限	上限	上限	下限
5	25 40 60 100	700	100

（续）

气割厚度范围/mm		速度范围/（mm/min）	
下限	上限	上限	下限
60	160 250	300	50
160	400 630	130	30

小车式气割机的型号由五部分组成：

第一部分，由小车式气割机名称中的"割"和"车"两字汉语拼音的第一个大写字母"G"或"C"组成。

第二部分，为小车调速方式的"电"和"机"两字汉语拼音的第一个大写字母"D"或"J"。

第三部分，为阿拉伯数字"1"或"2"，分别为配备射吸式割炬或等压式割炬的代号。

第四部分，用二位或三位阿拉伯数字表示最大气割厚度。

第五部分，为拉丁字母 A、B、C……，表示改型代号。

示例：

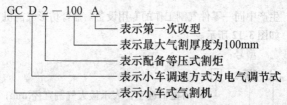

GCD2—100A

表示第一次改型
表示最大气割厚度为100mm
表示配备等压式割炬
表示小车调速方式为电气调节式
表示小车式气割机

2. 光电跟踪气割机 这是用光电平面轮廓仿形，通过自动跟踪系统驱动割嘴，然后用氧乙炔焰对金属板材进行切割的设备。在工艺上可省略实尺下料。

光电跟踪气割机由跟踪台和自动气割执行机构两部分组成，这两部分大多为分离式，实行遥控。

目前应用的 DE—2000 型光电跟踪气割机设备，装有 4 把割炬，可同时切割 3 个零件。优点：采用 1:1 跟踪比例，切割精度高，结构紧凑，运行平稳，操作方便，其技术特性如下：

气割范围	2000mm × 2000mm
气割钢板厚度	6 ~ 60mm
切割速度	50 ~ 1200mm/min
导轨长度	7800mm
切口补偿范围	±2mm
跟踪精度	<0.3mm
电源	AC 220V，50Hz

3. 摇臂仿形气割机 大多是轻便摇臂式仿形自动气割机，适用于低、中碳钢板的切割，也可作为大批量

生产中同一零件气割工作的专用设备。摇臂仿形气割机
如图 3-12 所示。

型号：

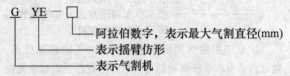

基本参数

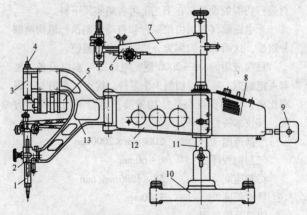

图 3-12 摇臂仿形气割机

1—割炬 2—割炬架 3—永久磁铁装置 4—磁铁滚轮
5—电动机 6—摇臂 7—样板紧定调节 8—速度控制箱
9—平衡锤 10—底座 11—主轴 12—基臂 13—主臂

基本参数

气割低碳钢、低碳合金钢板厚度为 5 ~ 100mm

气割速度为 50 ~ 750mm/min

气割最大直径系列见表 3-21。

表 3-21　摇臂仿形气割机的基本参数

气割最大直径系列/mm
400, 500, 630, 900, 1120, 1400, 2240, 3150, 5000

4. 数控气割机　数控气割机是随着电子计算机技术的发展，在气割工艺中使用的一项新技术。这种气割机可省掉放样等工序而直接进行切割，它标志着自动化气割进入了一个新时代。目前应用的数控气割机型号和主要技术参数见表 3-22。

表 3-22　数控气割机的型号和主要技术参数

型号	控制方式	主要技术参数	
CNC—2500	单板机控制	轨距	2500mm
		轨长	9205mm
		割炬数	2 个
		切割速度	250 ~ 750mm/min
		切割钢板厚度	8 ~ 50mm
		切割钢板宽度	2000mm
		切割钢板长度	6000mm
		最高定位速度	1500mm/min
		割炬升降形式	手动

（续）

型号	控制方式	主要技术参数	
CNC—4A	微机控制	轨距	4000mm
		轨长	16000mm
		割炬数	2个
		切割速度	50~1000mm/min
		切割钢板厚度	8~150mm
		机器精度、定位精度	<±1mm/10m
		椭圆度	<±0.5mm/1m
CNC—6000	微机控制	轨距	6000mm
		轨长	19200mm
		割炬数	单割炬4把，三割炬1组
		最高划线速度	6000mm/min
		切割钢板厚度	6~200mm
		割炬自动升降系统	5套
		钢板自动穿孔气路	1套
		喷粉划线装置	1套

3.5 起重设备

　　桥式起重机是冷作工最常用的起重设备，主要由桥架、运移机构和载重小车三个部分组成如图 3-13 所示，其基本参数见表 3-23。

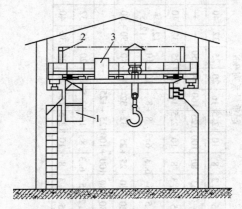

图 3-13 桥式起重机

1—桥架　2—运移机构　3—载重小车

表 3-23 起重机基本参数

取物装置		起重量系列/kN													工作级别
吊钩	双梁	5	6.3	8	10	12.5	16	20	25	32	40	50	—	—	A2 ~ A6
		—	63	80	100	125	160	200	250	—	—	—	—	—	
	单主梁	5	6.3	8	10	12.5	16	20	25	32	40	50	—	—	A2 ~ A5
	双小车	5+5	6.3+6.3	8+8	10+10	12.5+12.5	16+16								
		20+20	25+25	32+32	40+40	50+50	63+63								
		80+80	100+100	125+125	—										
抓斗		3.2	5	6.3	8	10	12.5	16	20	25	32	40	50		A4 ~ A7
电磁吸盘		5	6.3	8	10	12.5	16	20	25	32	40	50	—		

3.6 钻削加工中心（ZH5125立式钻削加工中心）

钻削加工中心如图3-14所示，它是以孔加工为主，因此在主轴设计时重点考虑轴向承载即可，通常径向承载能力都很弱，除了孔加工以外，只能进行少量很轻载的铣削。如果强行进行重载铣削或铣削工作量大，主轴精度就会很快失去。另外，由于此类产品大多数面对小型零件的中小孔加工，通常使用BT—30或相当规格的主轴，主轴功率也不是很大，机床也不大。也正是如此，机床的运动部件惯量小，因此可以实现更高的进给速度和换刀速度，对于小型的以孔类加工为主的零件，就可以得到很高的加工效率，ZH5125立式钻削加工中心的主要技术参数见表3-24。

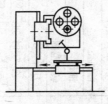

图3-14 钻削中心

表 3-24 ZH5125 立式钻削加工中心的主要技术参数

	项目		单位	参数
工作台	工作台尺寸/（长×宽）		mm×mm	630×400
	T 形槽/（个数/间距/宽度）		个/mm/mm	3/14/125
	允许最大载荷		kg	200
主轴	前轴径		mm	$\phi 60$
	锥孔			No. 40（7：24）
	转速范围		r/min	60～10000
	刀柄型号			BT40
自动换刀装置	换刀时间（T－T）	C1	s	<1.8
		C2	s	<2.0
	刀库容量	C1	Pcs	10
		C2	Pcs	14
	选刀方式			随机近选
	最大刀具重量		kg	3
	最大刀具尺寸		mm	$\phi 80 \times 200$

（续）

项目		单位	参数
行程	移动范围 X/Y/Z	mm	500/400/300
	主轴端面至工作台距离 最小	mm	160
	主轴端面至工作台距离 最大	mm	460
	主轴中心线至立柱防护罩距离	mm	250
进给	快速进给速度 X/Y/Z	m/min	36/36/36
	切削进给速度 X/Y/Z	m/min	24
定位精度	ISO	mm	0.03
	JIS	mm	0.01
重复定位精度	ISO	mm	0.016
	JIS	mm	0.005
电动机功率	主电动机（伺服）	kW	5.5/7.5
	进给电动机（伺服）X/Y/Z	W	1.0(6)/1.0(6)/2.0(14)
	刀库电动机	kW	0.2
	冷却泵电动机	kW	0.55
	电柜空调机	kW	0.28

（续）

项目		单位	参数
总耗电量		kVA	15
气源	压力	MPa	0.4~0.6
	用气量	L/min	240
冷却	水箱容量	L	150
	泵排出量	L/min	50
数控系统			三菱 E68
机床外形尺寸（长×宽×高）		mm	2200×1820×2500
机床占地面积（长×宽）		mm	3000×2000
机床总量		kg	2200

3.7 咬口机

多功能弯头咬口机主要用于方形、矩形通风管道的板料角接、方管弯头咬口和板料拼接，可咬出东洋骨、直角骨、勾骨和弯头直角骨四个口形，使用示意图（见图 3-15）如下：

注意：咬勾骨时，要将直角骨轧轮卸下并换上备用轮。

咬口机的主要技术参数如下：

1. 加工板材厚度　0.5～1.5mm。

2. 咬口形状　联合角、单平口、直角和弯头。

3. 电动机（功率）　2.2kW – 6 极；（转速）940r/min。

4. 外形尺寸（长/mm × 宽/mm × 高/mm）　1200 × 700 × 1050

5. 重量　250kg

型号为 TZY—AB—12Ⅲ、TZY—AB—16Ⅲ，加工板厚为 0.5～1.2mm、0.5～1.5mm，成形尺寸为 12　17～20mm，7～8mm　8～9mm　16　17～21mm，7～8mm　8.5～9.5mm，成形速度为 8.67mm/min、7m/min，外形尺寸（长/mm × 宽/mm × 高/mm）为 1100 × 580 × 1000、1100 × 580 × 1000，电动机功率为 1.5kW　2.2kW，整机重量为 185kg、220kg。

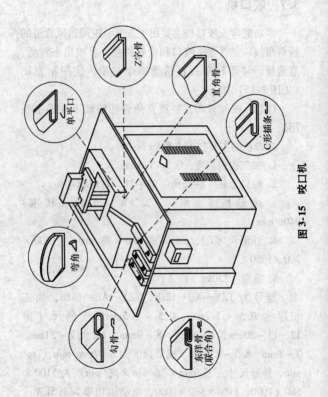

单平口

乙字骨

直角角骨┐

C形插条┐

弯角 △

勾骨┐

东洋骨┐
(联合角)

图 3-15 咬口机

第4章 实用几何作图

钣金、冷作产品是由很多零、部件（构件）组成的。钣金、冷作零件在展开放样以及下料等工序中常常离不开几何作图，几何作图的质量高低将直接影响产品质量，本章主要介绍常用的几种几何作图方法。

4.1 基本划线方法

任何一个复杂的图形，都是由直线段、曲线段和圆等基本线条组成，为提高划线的质量和效率，必须熟练地掌握基本划线方法。

4.1.1 直线段的划法

划直线段时，可根据直线段的长短选用划针、粉线或钢丝来完成，直线段的划法见表4-1。

4.1.2 平行线的划法

用到一直线的定距离或一直线外定点划与该直线平行的平行线，平行线的划法见表4-2。

4.1.3 垂直线的划法

划与一直线的垂直线的划法有四种方法，见表4-3。

4.1.4 线段的等分

线段的等分是基本划线方法中较简单的，线段的等分步骤见表4-4。

4.1.5 圆的等分

常用圆的等分有五等分、六等分、任意等分，圆的等分法见表4-5。

4.1.6 角度的等分

常用角度等分有二等分、三等分、五等分等，见表4-6。

4.1.7 作正多边形

常用的正多边形有正五边形、正六边形，已知边长，作正多边形见表4-7。

4.1.8 圆弧的画法

常用圆弧的画法有下面两种，见表4-8。

4.1.9 圆弧的连接

圆弧连接有直线之间用圆弧连接，曲线之间用圆弧或直线连接，直线和曲线间用圆弧连接，见表4-9。

4.1.10 椭圆的画法

工作中常用的椭圆画法有四心圆法和同心圆法两种，见表4-10。

4.1.11 抛物线、涡线的画法

工作中常用抛物线、涡线的画法见表4-11。

表 4-1 直线段的划法

工具	示意图	适用范围	操作要点
钢直尺、划针或划石笔		<2m	将划针或石笔紧靠钢直尺,并外倾 15°~20° 角,同时向划线方向适当倾斜
粉线		≤10m	将粉线两端点拉紧,使粉线处于自然平直状态,用母指和食指垂直拉起粉线中心 10~15mm 高,再轻放。注意粉线应一次弹出
钢丝		>10m	将 φ0.5~φ1.5mm 钢丝两端拉紧,两端用两垫铁垫起,然后用 90° 角尺在钢丝下定出数点,再用粉线以三点出点弹成直线

表 4-2 平行线的划法

作图条件	示意图	操作要点
作与直线段 ab 相距为 s 的平行线	$R=s$ $R=s$ c d a b	1. 在直线段 ab 上任取两点为圆心，以距 s 长为半径画两圆弧 2. 作两圆弧公切线段 cd
过直线段 ab 外一点 p 作平行线	R_2 R_1 p g d R_2 e f a b	1. 以点 p 为圆心，取大于 p 点到直线段 ab 的距离为半径画弧交 ab 于 e 2. 以 e 为圆心，相同半径画弧交 ab 于 f 3. 再以 e 点为圆心，取直线段 fp 为半径画弧，得交点 g 4. 连接 p、g 两点

表4-3 垂直线的四种划法

作图条件	示意图	操作要点
作过直线段 ab 上定点 p 的垂线		1. 以 p 点为圆心，取适当长 (R_1) 为半径画交 ab 于 c、d 两点 2. 分别以 c、d 为圆心，取 R_2 ($R_2 > R_1$) 长为半径画弧得交点 e 3. 连接 ep
作过直线段 ab 外任意点 p 的垂线		1. 以 p 点为圆心，取适当长画交 ab 于 c、d 两点 2. 分别以 c、d 点为圆心，以 R_2 ($R_2 > R_1$) 为半径画弧得交点 e 3. 连接 ep
作过直线段 ab 外定点 p 的垂线		1. 过 p 点作一倾斜于直线段 ab 于 c 点 2. 用线段等分法找出直线段中点 O 3. 以 O 点为圆心，以 O—c 长为半径画弧交 ab 于 d 点 4. 连接 pd

（续）

作图条件	示意图	操作要点
作过直线段 ab 的端点 b 的垂线		1. 任取直线段 ab 外一点 O，以 O 点为圆心，O—b 长为半径画圆交 ab 于 c 点，连接 cO 并延长之，交圆周于 d 点 2. 连接 cO 并延长之，交圆周于 d 点 3. 连接 bd
作过直线段 ab 的端点 b 的垂线		1. 取任意长为基本长度 L 2. 在直线段 ab 上，由 b 点向 a 点方向取线段 bd =4L 3. 以 d、b 为圆心，分别取 5L、3L 长作半径划弧得交点 c 4. 连接 dc

表 4-4　线段的等分

作图要求	示意图	操作要点
作线段 ab 的 2 等分		1. 分别以 a、b 为圆心，任取 R（大于 $ab/2$ 长）为半径画弧，得 c、d 两交点 2. 连接 c、d 两交点与直线段 ab 交于 e 点，则 $ae = be$
作线段 ab 的任意等分（例如六等分）		1. 过 a 点作一直线段 ac，并在 ac 线段上顺次序截取六等分得点 1、2、3、4、5、6 各等分点 2. 连接 b-6 两点 3. 通过 5、4、3、2、1 各点分别作直线 b-6 的平行线交直线段 ab 得 5'、4'、3'、2'、1'各点，即得 ab 线段的六等分

表 4-5 圆的等分法

作图要求	示意图	操作要点
作圆周的五等分，其半径为 R		1. 过圆心 O 和相互垂直的两直线段 ab、cd 2. 以 b 点为圆心，R 长为半径画弧交圆周于 e、f 两点，连接 ef 交 ab 于 g 点 3. 以 g 点为圆心，g~c 长为半径画弧，交 ab 于 h 点 4. 以 c 点为圆心，c~h 长为半径画弧，交圆周于 1 点 5. 以 1 点为起点，取 c~1 长画弧交圆周于 2 点，依次得 3、4、5 各点，即得圆周的五等分点
作圆周的六等分，其半径为 R		1. 过 a 点作直线 ab 2. 以 a 点为圆心，R 长为半径画弧，交圆周于 c、d 两点 3. 用同样方法，可得 e、f 两点，即得圆周的六等分

作图要求	示意图	操作要点
圆周的任意等分，其半径为 R（举例七等分）		1. 过圆心 O 点作相互垂直线段 ab、cd 2. 以 d 为圆心，$d-c$ 长为半径画弧交 ab 之延长线 e、f 两点 3. 将直线 cd 分为七等分，得 1、2、3、4、5、6、7 各点 4. 将 e 点与各奇数等分点相连并延长之，交圆周于 g、h、i 各点 5. 将 f 点与各偶数等分点相连并延长之，交圆周于 j、k、l 各点，即得圆周七等分点

表 4-6 角度的等分

作图要求	示意图	操作要点
作角 α 的三等分		1. 以顶点 O 为圆心，适当长 R_1 为半径，画弧交角两边于 1、2 两点 2. 分别以 1、2 两点为圆心，任意长 R_2 为半径，相交于 O' 点 3. 连接 O—O' 即为所求
作 90° 角三等分		1. 以 O 为圆心，任意长 R 为半径画弧，交两直角边于 1、2 两点 2. 分别以 1、2 点为圆心，用同样 R 为半径画弧得 3、4 两点 3. 连接 0—3、0—4 即为所求

（续）

作图要求	示意图	操作要点
作 90° 角的五等分		1. 以 O 点为圆心，适当 R 长为半径画弧交两直角边于 1、2 两点 2. 以 O 点为圆心，以 2R 长为半径交两直角边于 3、4 两点 3. 以 1 点为圆心，1—3 长为半径画弧交一直角边于 5 点 4. 以 3 点为圆心，3—5 长为半径画弧交 3—4 于 6 点 5. 取 4—6 长在 3—4 上截取，得 7、8、9 点 6. 连接 0—6、0—7、0—8、0—9 即为所求

表 4-7 已知边长，作正多边形

作图要求	示意图	操作要点
已知一边长 ab，作正五边形		1. 分别以 a，b 为圆心，取 R（R=ab）长为半径画圆相交于 c，d 两点 2. 以 c 为圆心，R 为半径画圆交两圆于 1，2 两点 3. 连接 cd 交 c 圆于 p 点，分别连接 1—p，2—p 并延长之交 a，b 圆于 3，4 两点 4. 分别以 3，4 两点为圆心，取 R 长为半径画弧交于 5 5. 连接各点即为所求
已知一边长 ab，作正六边形		1. 延长 a 到 c 点，取 bc=ab 2. 以 b 点为圆心，R 为半径（R=ab）画圆 3. 分别以 a，c 两点为圆心，取 R 长为半径画弧交圆于 1、2、3、4 点 4. 连接各点即为所求

表 4-8 圆弧的画法

作图条件	示意图	操作要点
已知弦长 ab 和弦高 cd，作圆弧	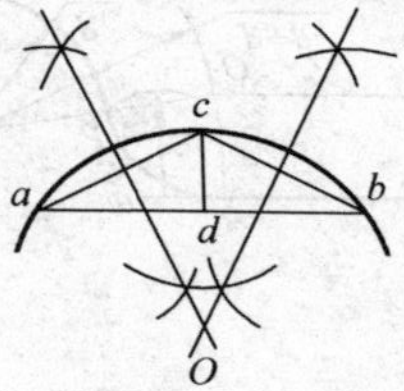	1. 以直线连接 a—c 和 b—c 两线，并作 a—c 和 b—c 两线的垂直平分线，两线延长相交于 O 点。 2. 以 O 为圆心，O—a 长为半径画圆弧，此弧同时通过 c、b 两点，即得所求圆弧
已知弦长 ab 和弦高 cd，作圆弧	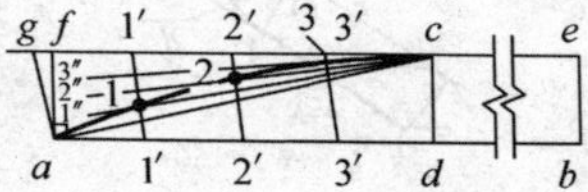	1. 以 a—b，c—d 为边长作长方形 abef。 2. 连接 a—c，过 a 点作 a—c 线的垂线，交 c—f 的延长线于 g 点。 3. 根据 c—g，a—d 和 a—f 线段示意图方法长短作相同等分，得 1、2、3 各点连接各点，然后再按图示方法连接各点，即为所画大圆弧 4. 用光滑曲线连接各点，即为所画大圆弧

表4-9 圆弧的连接

作图条件	示意图	操作要点
用半径 R 连接 α 角两边		1. 作角 α 两边相距 R 的平行线得交点 O 2. 过 O 点作角 α 两边的垂线得 1、2 两点 3. 以 O 点为圆心，R 长为半径画弧连接 1、2 两点，即为所求
用半径 R 连接半径 R_1 圆弧和 ab 直线段		1. 以 O_1 为圆心，$R_1 + R$ 长为半径画弧与距 ab 直线段为 R 的平行线相交于 O 点 2. 连接 O、O_1 两点 3. 过 O 点作 ab 直线段垂线得 c 点 4. 以 O 点为圆心，R 长为半径画弧连接 c、d 两点，即为所求

作图条件	示意图	操作要点
用半径 R 外切连接 R₁ 和外切连接 R₂ 两圆弧		1. 分别以 O_1 和 O_2 为圆心，以 R_1+R 和 R_2+R 长为半径画弧相交于 O 点 2. 连接 OO_1、OO_2 分别与两圆弧相交于 1、2 两点 3. 以 O 为圆心，R 长为半径画弧连接 1、2 两点，即为所求
用半径 R 内外切连接 R₁ 和 R₂ 两圆弧		1. 分别以 O_1 和 O_2 为圆心，以 $R+R_2$ 长为半径画弧相交于 O 点 2. 连接 OO_1、OO_2 并延长与两圆弧相交于 1、2 两点 3. 以 O 为圆心，R 长为半径画弧连接 1、2 两点，即为所求

（续）

作图条件	示意图	操作要点
用半径 R 内切连接 R_1，连接 R_2 两圆弧		1. 分别以 O_1 和 O_2 两点为圆心，以 $R-R_1$ 和 $R-R_2$ 长为半径画弧交于 O 点，以 2. 连接 $O\,O_1$、$O\,O_2$ 与两圆弧交 1、2 两点 3. 以 O 点为圆心，R 长为径画两弧连接 1、2 两点，即为内切连接两圆弧

表4-10 椭圆的画法

作图条件	示意图	操作要点
椭圆的长轴和短轴分别为 ab、cd		1. 用直线段 ab 垂直平分直线段 cd 得一交点 O 2. 连接 a、c 两点 3. 以 O 点为圆心，O—a 长为半径画弧交短轴延长线于 e 点 4. 以 c 点为圆心，c—e 长为半径画弧交 ac 于 f 点 5. 作 a—f 的垂直平分线交 ab、cd 于1、2两点，同样可求得3、4两点 6. 分别以1、2、3、4为圆心，以 a—1 和7、8、 7. 长为半径画弧，光滑连接5、6及5、6、7、8各点，即为所求椭圆

（续）

作图条件	示意图	操作要点
椭圆的长轴和短轴分别为 ab、cd		1. 用直线段 ab 垂直平分直线段 cd，得一交点 O 2. 以 O 点为圆心，O—a、O—c 长为半径画两个同心圆 3. 将大小圆十二等分，并按图作对称连接 4. 将大圆上各等分点向 a—b 作垂线与小圆上各等分点向 c—d 作平行线得一系列交点 5. 用光滑曲线连接各交点，即为所求椭圆

表4-11 抛物线、涡线的画法

作图条件	示意图	操作要点
抛物线跨度之一半为 *ad* 拱高 *cd*	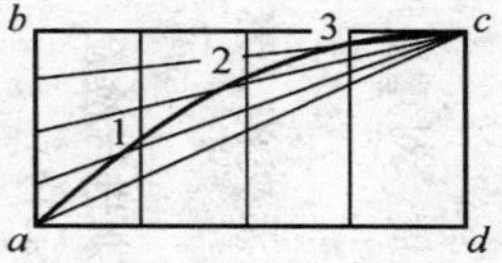	1. 分别以 *ad*、*cd* 为二边作矩形 *abcd* 2. 将 *ad* 适当等分（图中取四等分），过各等分点引垂线与 *cb* 相交 3. 将等分点 *ab* 线段也作相应等分点，将各等分点与 *c* 点相连，得一系列交点 4. 用光滑曲线连接各点，即为所求抛物线
用正直方形 *abcd* 作涡线	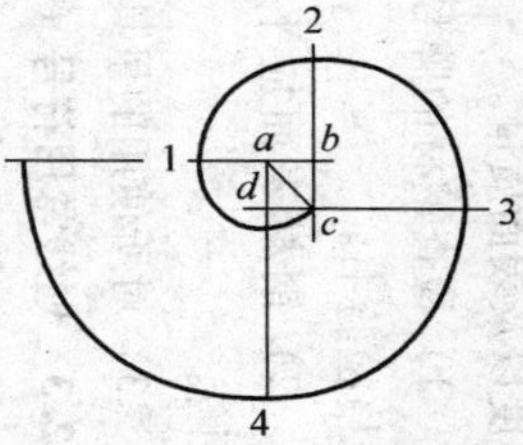	1. 分别作 *a—b*、*b—c*、*c—d*、*d—a* 的延长线 2. 以 *a* 点为圆心，*a—c* 长为半径画弧得交点 1 3. 以 *b* 点为圆心，*b—1* 长为半径画弧得交点 2 4. 同样以 *c*、*d* 点为圆心，取 *c—2*、*d—3* 长为半径画弧得得 3、4 两点 5. 依此类推即得所作涡线

4.2 划线

划线分为平面划线与立体划线两种。平面划线是在一个平面上所进行的划线；立体划线是同时在几个面上相关联的划线。

4.2.1 划线的基本规则

为了保证划线质量，应遵守下列规则：

1）垂直线的作图法，不能用量角器或90°角尺。

2）用划规划圆或圆弧时，在圆心先冲出样冲眼。

4.2.2 划线时的注意事项

划线时一定按图样的技术要求，选择钢材的牌号、厚度以及表面质量。

1）检查钢材的牌号、厚度。对重要产品，还应有合格检验书。

2）钢材表面应平整，无夹渣、麻点和裂纹等缺陷。

3）对所使用的量具应定期进行检验。

4.2.3 划线常用符号（见表4-12）

表4-12 划线常用符号

名称	符 号	说 明
切断线		在粉线上打上一定数量样冲眼，并注上符号标记

名称	符　　号	说　　明
中心线		在线的两端打上3个样冲眼，并作符号码标记，表示未展开零件的中心位置
对称线		在线的两端打上3个样冲眼，并注上符号标记，表示展开样板的左、右完全对称
压角线	正压 反压	在线的两端打上3个样冲眼，并注上符号，表示材料需弯成一定角度
滚圆线	反轧圈　　正轧圈	在板的两端标注符号，表示材料弯曲成圆筒形
加工线		在线上打一定数量的样冲眼，并用三角形符号标注，表示板边需刨边加工
割除线		在线上打上一定数量的样冲眼，并在线的一侧用斜线标注，表示一侧需割除加工

4.2.4 简体划线实例

封头的划线排孔见表 4-13。简体的划线排孔见表 4-14，梁柱的划线排孔见表 4-15。

表 4-13　封头的划线排孔

序号	名称	示意图	操作要点
1	划中心线		在平台上将两把 90° 角尺，分别放在 ab 中心线上，然后用粉线或直尺靠在 90° 角尺上，即可划出一条中心线。同样也能划出 cd 的中心线
2	排孔		以中心线向左划出 n 距离，以另一中心线向下划出 m 的距离，交于一点，则该交点即是孔的中心位置

表 4-14　筒体的划线排孔

序号	名称	示意图	操作要点
1	吊中心线		调整支架位置,使支架上的水平仪处于水平位置。使两线垂直与筒壁相切。用万能角尺在支架中点引垂线于筒壁上得一点。同样在此筒体另一端得点。然后用粉线弹出即得一中心线 I,以 I 中线为基准等分,即得出 II、III、IV 中心线
2	划环向基准线		先在 I 中心线上确定环向基准点 A,用划垂直线方法划出环向基准
3	排孔		根据注出的 α 角度,通过公式 $\overset{\frown}{l}=0.01745Ra$,求出弧长 $\overset{\frown}{l}$,然后用卷尺划出孔的位置

表 4-15　梁柱的划线排孔

序号	名称	示意图	操作要点
1	划孔的中心线		在梁柱的端面用 90°角尺，以上、下盖板为基准，划出 a、b、c、d 各点，即可划出中点 e、f 两点，同样在另一端求出对应点，用粉线通过 e、f 两点及对应点弹出中心线
2	划出横向中心线	表示孔的中心位置	先在中心线上确定横向基准点 A，再过 A 点用 90°角尺的一边重合于中心线，另一边划出 B（B'）点，同样用 90°角尺划出 C、D 点 分别连接 B'—B、C—D 即为所求中心线
3	排孔		按图样要求，用钢直尺便可排出各孔位置

第5章 正 投 影

通常把投影分为中心投影和平行投影两类，而平行投影又分为正投影和斜投影，见表5-1。本章只介绍有关正投影的一些知识。

表5-1 投影的种类

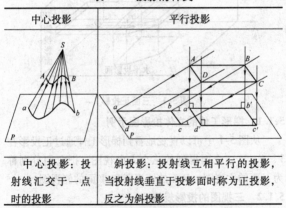

中心投影	平行投影
中心投影：投射线汇交于一点时的投影	斜投影：投射线互相平行的投影，当投射线垂直于投影面时称为正投影，反之为斜投影

5.1 三面正投影

一个物体一般有长、宽、高三个方面的基本尺寸，如图5-1所示的三个互相垂直的投影面，三个投影面中，正对着我们的称为正投影面（*V* 面），水平放置的称为水平投影面（*H* 面），侧立着的面称为侧投影面（*W* 面）。三个面的关系互相垂直，两个投影面的交线称为投影轴，*V* 面与 *H* 面的投影轴用 *OX* 表示，*V* 面与 *W* 面的投影轴用 *OZ* 表示，*W* 面与 *H* 面的投影轴用 *OY* 表示。

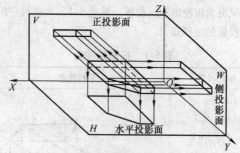

图 5-1　三面正投影

5.1.1　梯形工件的立体投影图示例

从图 5-1 中可以直观地看到梯形工件通过正投影在 *V*、*H*、*W* 三个面得到的三个方向视图。把它们分别称为 *V* 面的主视图、*H* 面的俯视图和 *W* 面的侧视图。

5.1.2　三视图的投影规律

从图 5-1 还可以看出，梯形工件的长度在主视图和俯视图的投影长度是相同的，梯形工件的高度在主视图和左视图投影高度是相同的，梯形工件的宽度在俯视图和侧视图的投影宽度是相等的。

由此可以总结出视图的投影规律：

主、俯视图长对正；主、左视图高平齐；俯、左视图宽相等。

简称"长对正、高平齐、宽相等"。这种投影规律不仅适用于三视图的整体，而且也适用于三视图中的任何部分。

为了便于识读，将三个视图画在同一平面上。方法是保持 V 面不动，H 面沿 OX 轴向下旋转 90°，同理 W 面沿 OZ 旋转 90°，这样 V、H、W 面在同一平面上，如图 5-2 所示。

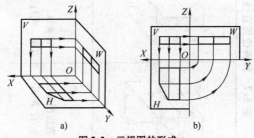

a)   b)

图 5-2　三视图的形成

5.2　直线在三面投影体系的投影特性

根据直线在空中相对与投影面位置的不同，可分成特殊位置直线和一般位置直线。

5.2.1 特殊位置直线的投影特性（见表 5-2）

表 5-2 特殊位置直线的投影特性

直线与投影面垂直直的空间位置图及投影图	正垂线：直线段垂直于 V 面，平行于 H，W 面	铅垂线：直线段垂直于 H 面，平行于 V 面，W 面	侧垂线：直线段垂直于 W 面，平行于 V 面，H 面

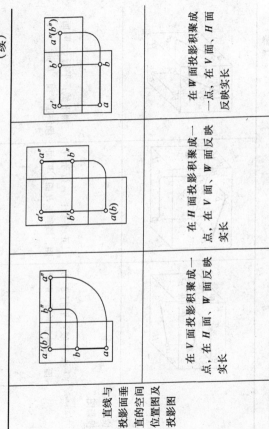

投影图及空间位置		
在 V 面投影积聚成一点，在 H 面、W 面反映实长	在 H 面投影积聚成一点，在 V 面、W 面反映实长	在 W 面投影积聚成一点，在 V 面、H 面反映实长

直线与投影面垂直的

（续）

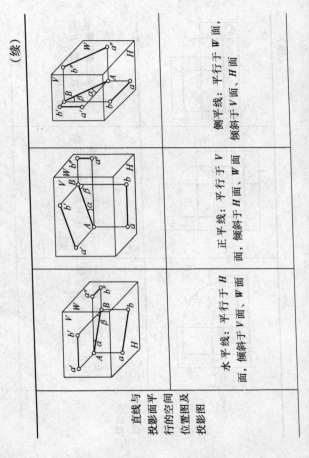

| 直线与投影面平行的空间图及投影图 | 水平线：平行于 H 面，倾斜于 V 面，W 面 | 正平线：平行于 V 面，倾斜于 H 面，W 面 | 侧平线：平行于 W 面，倾斜于 V 面，H 面 |

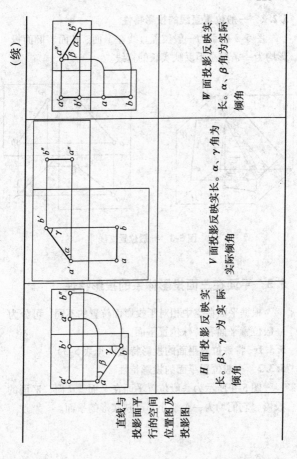

| 直线与投影面平行的位置 空间图及投影图 | H面投影反映实长。β、γ为实际倾角 | V面投影反映实长。α、γ角为实际倾角 | W面投影反映实长。α、β角为实际倾角 |

5.2.2 一般位置直线的投影特性

图 5-3 所示为一般位置直线在 *V* 面、*H* 面、*W* 面投影均为一条缩小不反映实长的直线。

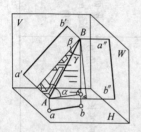
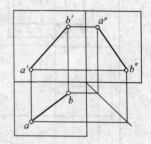

图 5-3 一般位置直线

5.3 平面在三面投影体系的投影特性

根据平面在空中相对于投影面位置的不同，可分为一般位置平面和特殊位置平面。

5.3.1 特殊位置平面的投影特性（见表 5-3）

5.3.2 一般位置平面的投影特性

图 5-4 所示为一般位置平面在 *V* 面、*H* 面、*W* 面的投影，它们均为一个缩小不反映实形的平面。

表 5-3 特殊位置平面的投影特性

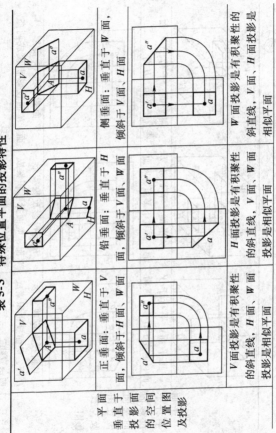

平面对投影面的空间位置及投影图	正垂面：垂直于 V 面，倾斜于 H 面、W 面	铅垂面：垂直于 H 面，倾斜于 V 面、W 面	侧垂面：垂直于 W 面，倾斜于 V 面、H 面
	V 面投影是有积聚性的斜直线，H 面、W 面投影是相似平面	H 面投影是有积聚性的斜直线，V 面、W 面投影是相似平面	W 面投影是有积聚性的斜直线，V 面、H 面投影是相似平面

226

（续）

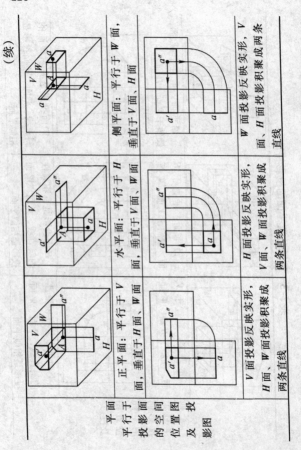

平行于投影面的空间位置及投影图	正平面：平行于 V 面，垂直于 H 面、W 面	水平面：平行于 H 面，垂直于 V 面、W 面	侧平面：平行于 W 面，垂直于 V 面、H 面
	V 面投影反映实形，H 面、W 面投影积聚成两条直线	H 面投影反映实形，V 面、W 面投影积聚成两条直线	W 面投影反映实形，V 面、H 面投影积聚成两条直线

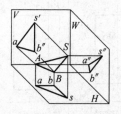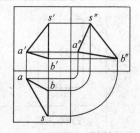

图 5-4　一般位置平面的三面投影

5.4　截交线

平面切割立体，表面产生的交线称为截交线。

在钣金、冷作工件中，除外形简单的几何形体外，还有截交体。何谓截交体？截交体是指简单形体通过平面截交而产生的形体。要想展开截交体表面，就要了解截交线的形成及特点。

5.4.1　平面与圆柱面的截交

平面与圆柱面截交时，根据截平面对圆柱轴线的位置或者角度不同，其截交线有三种形状，即圆、椭圆或两平行线，平面与圆柱面截交的各种情况见表 5-4。

表 5-4　平面与圆柱面截交的各种情形

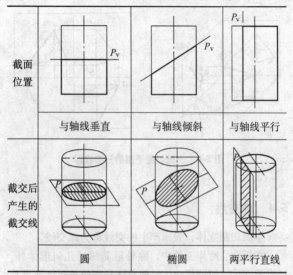

截面 位置		
与轴线垂直	与轴线倾斜	与轴线平行
截交后 产生的 截交线		
圆	椭圆	两平行直线

5.4.2　平面与圆锥面的截交

根据截平面对圆锥轴线的位置或者角度的不同，截交线有圆、椭圆、抛物线、双曲线和两相交直线五种，平面与圆锥面截交的各种情况见表 5-5。

5.4.3　平面与圆球面的截交

平面与圆球面的截交线均为圆，平面与圆球面截交的各种情况见表 5-6。

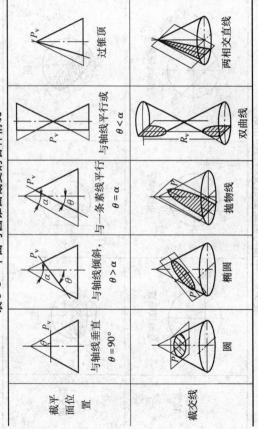

表 5-5　平面与圆锥面截交的各种情况

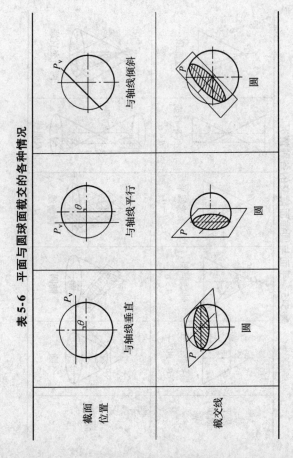

表 5-6 平面与圆球面截交的各种情况

截面位置	与轴线垂直	与轴线平行	与轴线倾斜
截交线	圆	圆	圆

5.5 相贯线

相贯体也是钣金冷作工件中较为常见的形体。当两个或两个以上的形体相互贯穿交接时，这种形体就称为相贯体。相贯体表面上所产生的交线称为相贯线（也称为结合线）如图5-5所示。由于组成相

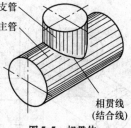

图5-5 相贯体

贯体的各基本形状的几何形状及其相互位置的不同，相贯线的形状也就各不相同。但是任何相贯体都具有如下两个特性：

1）相贯线是两形体表面共有线，也是相交两形体的分界线。

2）相贯线都是封闭的。

相贯体的相贯线在视图中常常是不规则的，这就需要我们根据点的投影规律求出相贯线上的一些特殊位置点和一般位置点。下面就介绍三种求相贯线的方法。

5.5.1 素线法求相贯线

素线法：素线法求相贯线适用于两回转轴线相互垂直或平行的情况。

实例1 求异径直交三通管的相贯线（轴线互相垂

直），如图5-6所示。

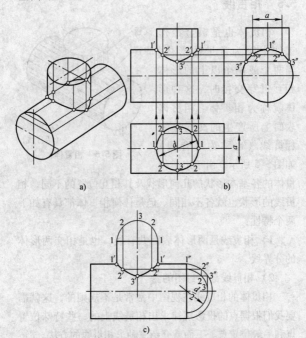

a)

b)

c)

图5-6 异径直交三通管相贯线的素线法求法

a）三通立体图 b）三通管的相贯线求法

c）相贯线的简化求法

（1）先求出相贯线的特殊点　即最高点（最左点和最右点）和最低点（最前和最后点）。从图 5-6 中可知，交点 1、1′为相贯线的最高点。根据"长对正、高平齐、宽相等"的投影规律，求出相贯线的最低点 3′点。

（2）求出几个一般位置点　根据圆筒直径大小，8 等分俯视图支管断面圆周，等分点为 1、2、3、…。将 2 点（为一般点，共 4 个），按投影规律"宽相等"求出其左视图、2″2″后，再根据"高平齐、长对正"求出 2′、2′两点。用光滑曲线连接各点，得出所求相贯线。

实例 2　求圆管与圆锥管轴线平行的相贯线，如图 5-7 所示。

（1）根据圆管直径 8 等分其断面圆周，等分点为 1、2、3、…、5、4、1。由各等分点向锥顶 O 连接素线，同时按"长对正"作出各素线正面投影。然后将等分点投影到对应的素线上，得出 1′、2′、3′、4′、5′点。

（2）用光滑曲线连接 1′、2′、3′、4′和 5′点即得正面投影相贯线，同理，再根据投影规律画出左视图的相贯线。

5.5.2　辅助平面法求相贯线

辅助平面法适用于棱柱与回转体、棱锥与回转体、圆柱与圆锥轴线的垂直相贯等相贯体。

实例 1　求长方管正交圆锥管的相贯线，如图 5-8 所示。

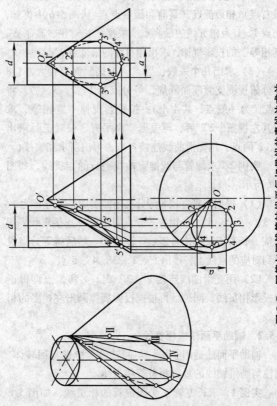

图 5-7 圆管与圆锥管轴线平行相贯线的素线法求法

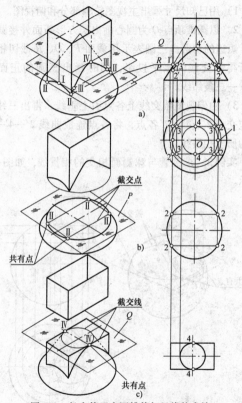

a)

b)

c)

图 5-8　长方管正交圆锥管相贯线的求法

a) 直观图和视图　b)、c) 求共有点

1）用已知尺寸画出主视图轮廓部分和俯视图。

2）以圆锥顶点 O 为圆心画出长方形断面外接圆和长、短边的切圆。三圆表示用截面 P、Q、R 截切相贯体所得截交线的水平投影，同时画出三圆的正面投影——三条纬线。

3）由俯视图截交线上各点引上垂线，得出三纬线对应交点 $2'$、$4'$、$2'$ 各点，将各点连成曲线 $2'$—$4'$—$2'$ 即为所求相贯线。

实例 2 求圆管与球侧面相交的相贯线，如图 5-9 所示。

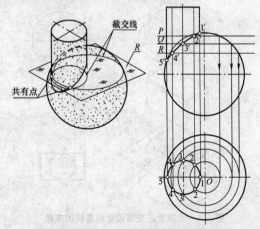

图 5-9 圆管与球侧面相交相贯线的求法

1）用已知尺寸画出主视图和俯视图轮廓线。根据圆管断面直径 8 等分圆管断面圆周，等分点分别为 1、2、3、4、5、4、3、2、1。

2）在俯视图以球心 O 点为圆心投影到 2、3、4 各点距离作半径，画出三个同心圆，按主、俯视图长对正投影关系，画出正投影——三条纬线。

3）由俯视图圆周等分点按长对正投影关系引上垂线，得与各纬线对应交点 2′、3′、4′。将各点用光滑曲线连成 1′—5′ 曲线，即得所求相贯线。

5.5.3 球面法求相贯线

球面法求相贯线的方法与辅助平面法基本相同，只是球面法所用的截平面是通过球内截切相贯体，以获共有点求出相贯线。球面法适用的相贯体必须是回转体，并且与回转体的轴线相交。

实例 1 求圆管斜交圆锥管的相贯线，如图 5-10 所示。

1）以两轴交点 O 为中心（球心），适当长为半径画两个同心圆弧（球）得与两回转体轮廓线交点。

2）在各回转体内连接各弧的弧长，得交点 2、3、4，通过各点用光滑曲线连成 1、5 曲线，即得所求相贯线。

238

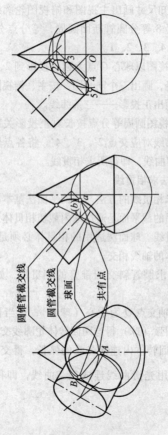

图 5-10　圆管斜交圆锥相贯线的求法

圆锥管截交线

圆管截交线

球面

共有点

实例2 求圆锥管斜交圆管的相贯线，如图 5-11 所示。

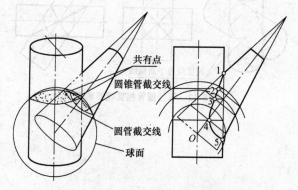

共有点
圆锥管截交线
圆管截交线
球面

图 5-11 圆锥管斜交圆管相贯线的求法

1）以两管轴线交点 O 为中心（球心），适当长为半径，在相交区域内画三个同心圆弧（球面），得与两回转体轮廓线及其延长线交点为2、3、4。

2）用光滑曲线连接对应交点2、3、4。得一曲线 $\overset{\frown}{1\text{—}3\text{—}5}$。即为所求相贯线。

5.5.4 相贯线的特殊情况

当两个回转体相贯时，如果两个回转体同时和一个球相内切，则相贯线为直线如图 5-12 所示。

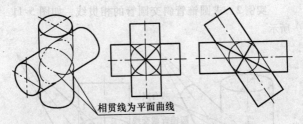

相贯线为平面曲线

图 5-12 等径圆管相贯线的求法

第6章 样板技术

钣金、冷作零件的下料、加工与机床类零件的下料、加工有着很大的区别，钣金、冷作零件的下料、加工有其特殊性，它在批量或者单件下料时，主要靠样板完成。有些部件的成形和装配也需要样板，为了在生产过程中更准确地使用样板，需对样板进行分类。

6.1 样板的分类

样板的分类、名称和基本用途见表6-1。

表6-1 样板的分类、名称和基本用途

样板分类	样板品种		基本用途
	样板名称	简称	
基本样板	外形检验样板	外检	1. 绘制结构模线 2. 制造样板 3. 保证产品外形的几何协调
	反外形检验样板	反外检	保证外形检验样板的几何协调

242

（续）

样板分类	样板品种		基本用途
	样板名称	简称	
生产样板	外形样板	外形	制造检验零件，制造模具
	内形样板	内形	制造零件成形模具（一般用外形样板代替）
	展开样板	展开	零件的下料及制造落料冲模
	切面样板 · 切面外样板	切外	制造、检验各种模具或零件
	切面样板 · 反切面外样板	反切外	
	切面样板 · 切面内样板	切内	
	切面样板 · 反切面内样板	反切内	
	毛料样板	毛料	零件的下料
	铣切样板	铣切	钣金铣床下料
	钻孔样板	钻孔	钻（或冲）零件上的孔
	夹具样板	夹具	制造安装标准样件或装配检验夹具
	表面标准样件样板	样件	制造表面标准样件
	机加样板	机加	加工或检验零件与理论外形或结构协调
	专用样板	专用	按工艺要求确定
标准样板	与生产样板相同选用，由工厂按需要确定		制造和检验生产样件

6.2 常用生产样板的基本特征

1. 外形样板长度的确定 外形样板的长度是指弯边轮廓或者弯边相切线到弯边底部的距离（这个概念来源于 UG 软件，在这里提出以便与软件结合）。外形样板的长度如图 6-1 所示。

几种典型零件外形样板长度的确定：

（1）Z 形零件 如图 6-2 所示。

（2）腹板面有下陷的零件 如图 6-3 所示。

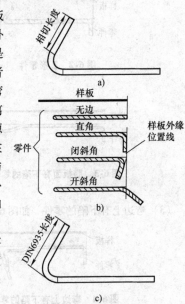

图 6-1 外形样板的长度

a）相切长度 b）轮廓长度

c）DIN6935 长度

注：DIN6935 是德国折弯半径长度标准。

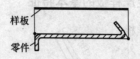

图 6-2　Z 形零件

图 6-3　腹板面有下陷的零件

（3）弯边上有下陷的零件　如图 6-4 所示。

图 6-4　弯边上有下陷的零件

（4）标准挤压型材零件　如图 6-5 所示。

（5）卷边零件　如图 6-6 所示。

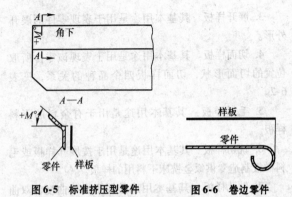

图 6-5 标准挤压型零件　　　　**图 6-6 卷边零件**

2. 内形样板　内形样板是用于表现有弯边零件结构平面的形状。无弯边部分样板外缘取零件的外廓形状，有弯边部分外缘取内形交叉线所形成的轮廓形状，如图 6-7 所示。

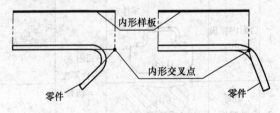

图 6-7 内形样板长度

3. 展开样板　其基本用途是用于表现零件的展开外形。

4. 切面样板　其基本用途是用于表现该零件所取位置的切面形状，切面样板四个品种的关系，见表6-2。

5. 毛料样板　其基本用途是用于有余料的下料样板。

6. 铣切样板　其基本用途是用于按展开样板或毛料样板制造专供钣金铣床下料用的样板。

7. 钻孔样板　其基本用途是用于在单曲度、双曲度、变角度弯边零件上制孔用的样板。

表6-2　切面样板

序号	名称（简称）	图例	相互关系	用途
1	切面内样板（切内）	零件　切内	切内 + 零件厚度 = 切外	检验零件
2	切面外样板（切外）	阴谋　切外		检验模具

序号	名称（简称）	图例	相互关系	用途
3	反切面内样板（反切内）	反切内 阳模	反切内 - 零件厚度 = 反切外	检验模具
4	反切面外样板（反切外）	反切外 零件		检验构件

6.3 样板的基本标记

样板、样杆标记见表6-3。

表6-3 样板、样杆标记

序号	名称	标记示例	说明	应用范围
1	产品	××	样板用于××型产品	各种样板
2	产品图号	×× -0266 -260	本样板用于该图号	各种样板

（续）

序号	名称	标记示例	说明	应用范围
3	样板名称	外形样板	本样板是外形样板	各种样板
4	切面编号	切面3	表示本样板取制和使用的位置	切面样板
5	成套样板数量编号	2/5 2－2/5	分母"5"表示样板总块数，分子"2"表示该样板是第2块；分子"2－2"的前一个"2"表示该样板是第2块，后一个"2"表示该样板是由2块样板对合而成	外形样板、内形样板、切面样板
6	零件材料牌号和规格	Q235—厚1.5	零件的材料牌号和规格	外形样板、内形样板、切面样板、毛料样板、展开样板

（续）

序号	名称	标记示例	说明	应用范围
7	左、右件	右正、左反	零件左、右对称，样板正面所示为右件，其左件相反	各种样板
		左件、（右件）	本样板为左件（或右件）	各种样板
8	工号日期检印	P-26 2000.12.23 26	本样板由"P-26"号工人于2000年12月23日制造，并经26号检验员检验合格	各种样板

6.4 样板的专用标记

1. 表示零件几何形状的标记　其标记为"汉字+数字+上+度数+R+数字"。

实例1　弯边32上+5°R3，如图6-8所示。

弯边内半径为3mm，弯边开斜角5°，弯边在样板正面一方，弯边高度为32mm。

实例2　弯边16上+8下R3，如图6-9所示。

实例3　弯边19上+6°+6上6°R3，如图6-10所示。

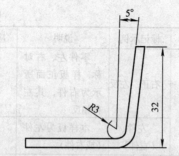

图 6-8　弯边 32 上 +5° R3

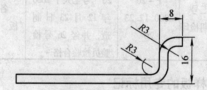

图 6-9　弯边 16 上 +8 下 R3

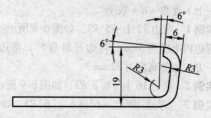

图 6-10　弯边 19 上 +6° +6 上 6° R3

2. 表示零件使用关系的标记　有基准线、定位线、中心线等，表示方法：名称＋数字。

实例说明：距中心线 500：表示基准线距中心线距离为 500mm，如图 6-11 所示。

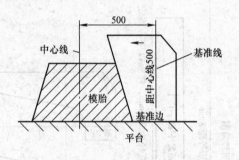

图 6-11　标记

3. 特种说明标记　特种说明标记见表 6-4。

4. 样板上的工艺孔　样板上工艺孔的名称、标记和用途见表 6-5。

有关样板的标记目前我国还没有统一的标准，通常，每个企业在样板上的标记是根据自己的产品特点来标记。

表6-4 特种说明标记

特种说明示例	说明和简图	应用范围
距外形 8	该样板的工作边与零件外形等距 8mm 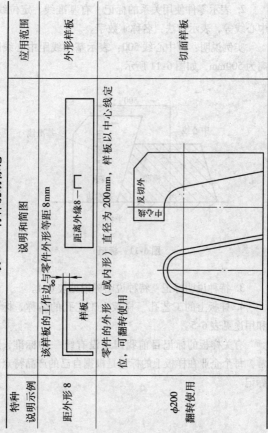	外形样板
φ200 翻转使用	零件的外形（或内形）直径为 200mm，样板以中心线定位，可翻转使用	切面样板

表 6-5 样板上工艺孔的名称、标记和用途

工艺孔名称	标记	用　　途
定位孔	定位	1. 制造装配夹具时，用于确定装配定位销的位置 2. 装配组合件或部件时，作为零件或组合件在装配夹具上的定位基准 3. 制造零件时，作为零件在机床夹具上的定位基准
销钉孔	销钉	1. 制造成形模时，用于确定样板与模具的相对位置 2. 制造零件时，用于确定零件展开毛料与模具的相对位置
工具孔	工具	1. 制造模具时，用于确定样板与模具的相对位置 2. 制造零件时，用于确定零件在冲切模上的相对位置
装配孔	装配	装配组合件时，用于确定零件的相互装配位置
导孔		装配组合件、部件时，作为零件之间导制各种连接孔（铆钉孔、螺栓孔、托板螺母孔等）的依据
工序孔	工序	制造成套样板时，用于协调定位

6.5　号料

根据图样或利用样板、样杆等直接在材料上划出零

件形状和加工界线的过程称为号料。

6.5.1　号料时的注意事项

号料工序虽没有放样工序复杂，但号料工序与放样工序同等重要。所以在号料时要认真对待，要注意以下几个方面：

1）号料前应检查材料的牌号、规格。

2）重要结构件、钢材的表面要光洁、平整，无损伤，以及无麻点、裂纹等缺陷。

3）号料时要节约原材料，做到合理排料，尽量提高材料的利用率。

4）弯曲零件号料时，应考虑材料轧制的纤维方向，如图 6-12 所示。

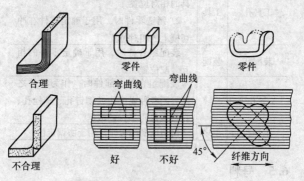

图 6-12　材料轧制的纤维方向

5）剪切零件号料时，应注意剪切线的合理性，如图 6-13 所示。

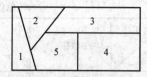

图6-13　剪切线的合理性
1~5—剪切顺序

6）号料时，应根据材料的不同厚度考虑用不同气割方法的切口间隙，见表6-6。

表6-6　不同气割方法的切口间隙

（单位：mm）

切割方法 材料厚度	气割方式		等离子弧切割	
	手工	自动、半自动	手工	半自动
<10	3	2	9	6
12~30	4	3	11	8
32~50	5	4	14	10
52~65	6	4	16	12
70~130	8	5	20	14
135~200	10	6	24	16

6.5.2 一般放样、样板和号料的偏差（见表6-7）

表6-7 一般放样、样板和号料的偏差

（单位：mm）

偏差名称 \ 工序	放样	号料
十字线	±0.25	±0.25
直线	±0.25	±0.25
曲线	±0.5	±0.5
平行线与基准线	±0.25	±0.25
对角线差	±1.0	±1.0

6.5.3 合理用料方法

合理用料方法有集中号料法、长短搭配法、零料拼整法和排样套料法。

（1）集中号料法 集中号料法就是将相同厚度的零件集中在一起进行号料，如图6-14所示。

（2）长短搭配法 长短搭配法是指型钢号料时，先将较长的料排出来，再排短。

（3）零料拼整法 零料拼整法是指在技术要求允许的条件下，常常有意地采用以小排整的方法，零件的拼整如图6-15所示。

（4）排样套料法 排样套料法是指当零件号料的数量较多时，为使板料得到充分的利用，必需精心安排

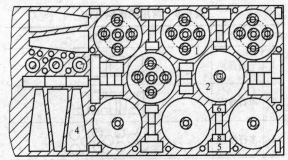

图 6-14　零件的集中号料

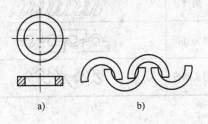

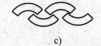

c)

图 6-15　零料的拼整

零件的图形位置，对同一形状的零件或各种不同形状的
零件可进行排样套料，常用的排料方法见表6-8。

表 6-8　常用的排料方法

序号	排料类型	排料简图
1	直排	
2	单行排列	
3	多行排列	
4	斜排	
5	对头直排	
6	对头斜排	

第7章 放样技术

放样就是根据钣金、冷作构件图样，用1∶1的比例（或一定的比例）在放样台（或平台）上画出其所需图形的过程。

放样多采用实尺放样，则下面就介绍实尺放样。

7.1 实尺放样

实尺放样就是采用1∶1的比例进行放样。它包括线型放样、结构放样和展开放样。

7.1.1 线型放样

线型放样就是根据加工或展开需要，绘制构件整体或局部轮廓投影的基本线型。

1. 放样画线基准　放样画线基准可按下面三种方式选择：

1）以两个互相垂直的线或面作为基准，如图7-1a所示。

2）以两条中心线作为基准，如图7-1b所示。

3）以一个平面和一条中心线作为基准，如图7-1c所示。

2. 画出设计要求必须保证的轮廓线型　若因工艺

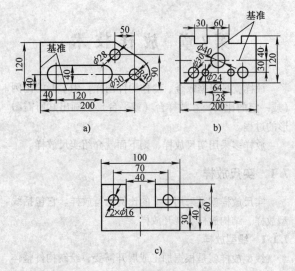

图 7-1　放样画线基准选择实例

要求而可能变动的线型，则暂时不画。

7.1.2　结构放样

结构放样就是在线型放样基础上，按工艺要求进行工艺性处理过程。其具体内容如下：

1) 确定关键结构处的连接形式及接口位置。

2) 制作下料样板、样杆等。

3) 设计装配胎具或胎架，制作各类加工、装配样板。

7.1.3 展开放样

展开放样就是在构件放样的基础上，对于视图中不反映实形需展开之部件，进行展开以求取实形的过程。其具体内容如下：

1. 板厚处理　　不同形状构件的板厚处理各不相同，具体处理方法如下：

（1）弯曲件的板厚处理　　以中性层为依据，如图7-2 所示。当板料弯曲时，其外表面受拉而伸长（$c'd' > cd$）。内表面受压而缩短（$a'b' < ab$）。那么在伸长与缩短之间总有一层既不伸长又不缩短，称这一层为

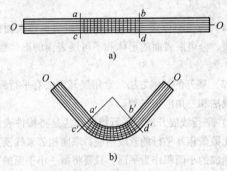

图 7-2　弯曲件板厚处理

a) 弯曲前　b) 弯曲后

中性层。一般钣金件当板
厚小于 1mm 时，可不进
行板厚处理。

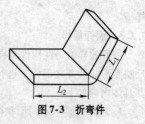

图7-3 折弯件

　（2）折弯件的板厚处
理　以里皮为准计算，如
图7-3 所示；其展开长度
为 $L = L_1 + L_2$。

　（3）常见构件的板厚处理　见表7-1。

　2. 展开　作展开图的方法通常有作图法和计算法
两种。对于形状复杂的构件，广泛采用作图法，而对于
形状简单的构件，可以通过计算求得展开尺寸，再展开
作图。

　（1）常见形体表面分析　根据组成构件表面的展
开性质，分可展表面的形体和不可展表面的形体两种，
见表7-2。

　（2）展开的基本方法　常用展开方法有平行线法、
放射线法和三角形法三种。

　1）平行线展开法。平行线展开法是将构件表面看
作由无数条相互平行的素线组成，取两相邻素线及其两
端线围成的小面积作为平面，只要将每一小平面的真实
大小，依次顺序地画在平面上，就得到构件表面的展开
图。平行线法展开适用棱柱体、圆柱体和圆柱曲面的
展开。

表 7-1　常见构件的板厚处理

名称	示意图		板厚处理方法
	构件图（尺寸）	放样图（尺寸）	
圆筒类			1. 断面为曲线形状，其展开长度应以中性层为准计算，如 $R/\delta \geq 4$ 时，以中性层为基准展开计算 2. 高度 H 不变 3. 展开长度 $L = \pi d_1$ δ—板厚，R—半径
折弯类			1. 断面为 90°折线形状，其展开长度以里皮为准计算 2. 高度 H 不变 3. 展开长度 $L = 4a$

（续）

名称	示意图		板厚处理方法
	构件图（尺寸）	放样图（尺寸）	
圆锥类			1. 上、下口断面均为曲线状，其放样图上、下口以中径（d_1）为基准计算展开 2. 因侧表面倾斜，构件高度以 h_1 为准计算 3. 下口展开圆周长度 $L = \pi D_1$ 上口展开圆周长度 $L = \pi d_1$
棱锥类			1. 上、下口断面均为 90°折线状，其放样图上、下口均应以里皮（a_1，b_1）为准计算展开 2. 侧表面高度以 h_1 为准，作为放样的基准线 3. 上口展开长度 $L = 4b_1$

（续）

名称	示意图		板厚处理方法
	构件图（尺寸）	放样图（尺寸）	
圆方过渡类			1. 上口断面为曲线状，放样图取中径（d_1），下口断面为90°折线状，放样图取里皮尺寸（a_1）计算。 2. 构件高度取 h_1 为放样基准线。 3. 上口展开长度 $L=\pi d_1$，下口展开长度 $L=4a_1$

表 7-2　常见可展表面与不可展表面的形体

表面性质	示意图
可展表面	
不可展表面	

2）放射线展开法。放射线展开法是将锥体表面用放射线分割成共顶的若干三角形小平面，求出每个小平面的真实大小，然后依次将各三角形小平面实形画到同一平面上，就得所求锥体构件表面的展开图。放射线展开法适用圆锥体、椭圆锥体、棱锥体表面的展开。

3）三角形展开法：三角形展开法（又称为三角线法）是将构件表面分割成一定数量的三角形平面，然后求出每个三角形各边实长，并把它的实形依次画在平面上，从而得到整个构件表面的展开图。

7.2 展开方法的应用

展开方法可应用平行线展开法、放射线展开法和三角形展开法。下面通过对典型构件的展开，熟练地掌握这三种展开法的原理，进而用到实际生产中。

7.2.1 棱柱管的展开 （见图 7-4）

1. 形体分析　由图 7-4 分析可知，棱柱管的主视图投影集聚成一个平面，俯视图投影集聚成矩形，由此可断定棱柱管为直棱柱管，故展开方法应采用平行线法展开。

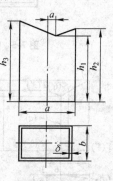

图 7-4　棱柱管

2. 线型放样　棱柱管视图尺寸标注是以底平面 (A) 和一条中心线 (a) 为基准给出的。所以我们在线型放样时就选择底平面和一条中心线为放样基准绘制视图，棱柱管件属折弯件类，故应按折弯件类件将棱柱管进行板厚处理，并画出放样图，如图 7-6b 所示的尺寸。

说明：本章图中平面基准用 (A) 表示，中心线基准用 (a) 表示。

3. 结构放样　棱锥管的接口形式有两种，如图

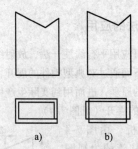

图 7-5 棱柱管的接口形式

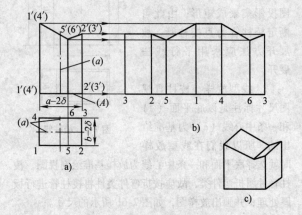

图 7-6 棱柱管的放样和展开图

a) 放样图 b) 展开图 c) 样板图

7-5a、b 所示。可根据技术要求和工厂的实际生产水平选择接口形式，这里为展开方便我们选择图 7-5a 所示的形式。

4. 展开放样　下面介绍展开作图过程。

1）在俯视图（见图 7-6a）上取棱柱管四个折点分别为 1、2、3、4 点，则主视图各点对应投影点为 1′、2′、3′、4′点。

2）在主视图上取棱柱管上口折点为 5′（6′）点，则俯视图各对应点为 5 和 6 点。

3）在主视图上底面，延长 1′—2′线段，在延长线上分别取棱柱管下口长，得 3、2、5、1、4、6、3 各点，并通过以上各点作垂线。

4）过主视图棱柱上口 1′、(4′)、(5′)、(6′)、2′、(3′) 各点作平行于 1′—2′线段延长线的平行线与对应的各垂线相交，得若干交点。

5）用直线段连接各交点，即得棱柱表面展开图，如图 7-6b 所示。

7.2.2　上口倾斜圆柱管的展开（如图 7-7）

1. 形体分析　上口倾斜圆柱管的形体分析与棱柱管相同，因其表面素线相互平行，故适合用平行线法展开。

2. 线型放样　上口倾斜圆柱管线型放样图的基准选择与棱柱管相同，可选择圆管底面和中心线做放样基准；

将上口倾斜圆柱管展开长度按照中性层进行板厚处理后，画出放样图，如图7-8a所示的半径尺寸。

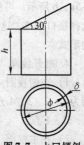

图 7-7　上口倾斜圆柱管

3. 结构放样　上口倾斜圆柱管的接口位置可有多种选择，圆柱管表面任一素线位置都可进行放样展开，这里按图7-8b所示的选择，再制作一个圆柱管的成形样板，如图7-8c所示。

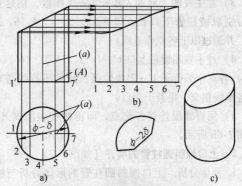

图 7-8　上口倾斜圆柱管的展开图

a) 放样图　b) 展开图　c) 样板图

4. 展开放样　下面介绍上口倾斜圆柱管的展开作图过程。

1）将俯视图圆周根据圆直径的大小作适当等分，这里作 12 等分。

2）将各等分点向主视图作投射线，则在主视图的相邻两投射线与上、下口组成 1 个小梯形，把每一小梯形看作一个平面。

3）延长主视图中底面 1′—7′线段作为展开基准线，将圆周展开在延长线上取得 1、2、3、…、7 点。

4）过 1、2、3、…、7 各点作垂直线并在主视图上截取各素线实长或将各素线实长水平投影到各对应垂线上，得一系列交点。

5）用光滑曲线连接各点，即得半个斜圆管的展开图，如图 7-8b 所示。

7.2.3 叶片的展开（见图 7-9）

1. 形体分析　由图 7-9 分析可知，叶片主视图的投影，一段为曲线，另一段为直线，而俯视图的投影为平面图形，显然叶片在主视图投影具有集聚性。可以确定叶片表面一部分为平面，另一部分为圆柱曲面。故叶片的展开可选择平行线法展开。

2. 线型放样　这个叶片的放样基准选择比较特殊，它是用一个侧边（圆弧素线）与同一个圆心作基准，叶片表面由一段圆弧面和一段平面组成，故板厚处理应按圆筒类件的中性层进行处理见图 7-11a 所示的半径尺寸。

3. 结构放样　叶片的成形是由成形模具加工而成，其成形模具简图如图 7-10 所示。

4. 展开放样　下面介绍叶片的展开作图过程。

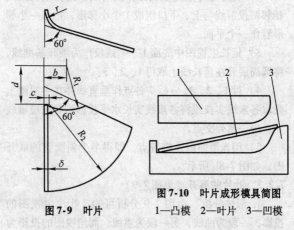

图 7-10　叶片成形模具简图
1—凸模　2—叶片　3—凹模

图 7-9　叶片

1）将叶片主视图的投影部分 1′—10′线段分成若干小段，得 1′、2′、3′、…、10′各点，通过各点向俯视图作投射线，得到各素线的实长。例如，图 7-11a 俯视图中 1—1 线段即为圆弧面素线（反映实长）线中的一条。

2）在俯视图中作展开基准线，通过 1 点作垂直于素线 1—1 的延长线段，以此线作为展开作图的基准线。

3）将主视图投射线上的各点截取在基准线上，得

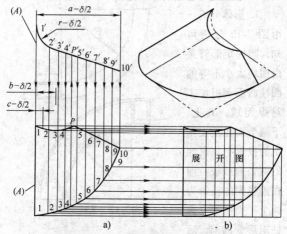

图 7-11　叶片放样图与展开图

a）放样图　b）展开图

1′、2′、3′、…、10′各点。

4）通过以上各点作 1′—10′线段的垂线，并将俯视图中各素线实长对应截取到各垂线上，得到各交点。

5）由图 7-11a 俯视图可知，在 4、5 两点间有一过渡点 P，过 P 点向主视图作投射线，得 P′点。P′点在展开图的位置与 1′、2′、3′、…、10′各点确定方法相同。

6）用光滑曲线连接各点，即得叶片展开图，如图 7-11b 所示。

7.2.4 圆柱矩形管的展开（见图7-12）

1. 形体分析

由图7-12分析可知，圆柱矩形管是由四块大小不等的圆柱曲面钢板加工对焊而成，其上、下两个面在主视图上的投影有集聚性的两条曲线段，而在俯视图的投影为两个平面图形。圆柱矩形管的前、后

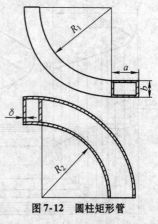

图7-12　圆柱矩形管

两个面在俯视图上的投影是有集聚性的两条曲线段，在主视图的投影为两个平面投影。从以上四个面投影分析得知，四个面均可以看成是圆柱面的一部分，故圆柱矩形管选用平行线法展开。

2. 线型放样　圆柱矩形管主、俯视图放样基准线均由两条中心线组成。圆柱矩形管属圆柱类件，所以板厚处理按圆柱类件进行，图7-13a 中 $a-2\delta$、$R_1 + \delta/2$ 就是板厚处理后的尺寸。

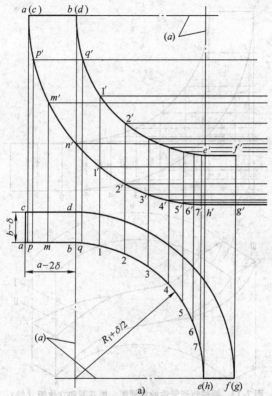

图 7-13　圆柱矩形管件的放样图、展开图和立体图

a) 放样图

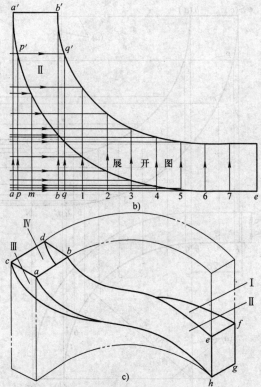

图 7-13 圆柱矩形管件的放样图、展开图和立体图（续）

b）展开图 c）立体图

3. 结构放样 圆柱矩形管件的结构放样，要解决各围板之间连接形式，以及各围板的成形样板。为保证围板之间装配质量和焊缝位置，可将管围板之间的连接形式按图 7-14a 所示装配。各围板的成形样板按围板弯曲后里皮尺寸制作如图 7-14b 所示。

4. 展开放样 下面介绍圆柱矩形管件结构的放样展开作图过程。

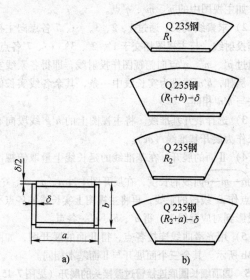

图 7-14 圆柱矩形管件结构的放样展开图

1）适当等分俯视图上的$\overparen{b—e}$曲线段。在$\overparen{b—e}$曲线段上作取 1、2、3、…、7 各点，曲线$\overparen{a—h}$段可借用$\overparen{b—e}$曲线段的等分点，等分后各点向主视图投影，投影后，主视图有一段曲线段之间的间距太大，如线段$a'n'$和$b'—1'$，此时若将曲线段$\overparen{a'n'}$和$\overparen{b'—1'}$展开，其圆弧形状不能完全按实际形状确定，所以应再增设一些辅助点，如主视图中的p'、m'、q'点。

2）求素线实长。通过 1、2、3、…、7 各点向主视图作投射线，与主视图相交于 1′、2′、3′、…、7′各点，再通过p'、m'、q'点向俯视图作投射线，即得各素线实长。例如，$b'n'$线段为实长线中一条，其余各线实长的作法与$b'n'$相同。

3）选择展开基准线。将主视图上的$h'g'$线段向右延长作为展开基准线（ae）。

4）Ⅱ面的展开。在基准线的延长线上量取俯视图中的$\overparen{a—m—e}$曲线的长度，在展开图中过a、p、m、…、e各点作ae线段的垂线，再将主视图上实长线的各点平行投影到对应垂线上，得a'、b'、p'…各点。

5）用光滑曲线连接各点，得Ⅱ面的展开图，如图7-13b 所示。其余三个面展开与Ⅱ面基本相同。

7.2.5 圆顶细长圆底连接管过渡接头的展开（见图7-15）

1. 形体分析　由图7-15 分析可知，圆顶细长圆底过渡连接管表面是由一个半圆柱管表面、两个三角形平面和一个半斜圆柱面组合而成的。圆柱面属于圆筒类件，所以采用平行线法展开，三角形平面在主视图中反映实形。

2. 线型放样　主视图放样基准是以一底平面和一中心线为基准。圆顶细长圆底连接管属圆筒类件，所以板厚处理按圆筒类件进行，图 7-16a 中 $(\phi - \delta)/2$ 就是板厚处理后的尺寸。

3. 结构放样　由图 7-15 分析，为便于加工，可将零件表面分成两部分下料，如图 7-16b 所示。需制作正圆柱面和斜圆柱面成形样板，如图 7-16c 所示。

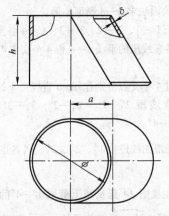

图 7-15　圆顶细长圆底连接管过渡接头

4. 展开放样　下面介绍圆顶细长圆底连接管过渡接头的展开作图过程。

1）根据圆的直径大小，适当等分圆周。如图7-16a所示。首先 3 等分顶端断面的 1/4 圆周，等分点为 $1_1'$、$2_1'$、$3_1'$ 和 $4_1'$。由等分点引下垂线与顶口线得交点 $1'$、$2'$、$3'$、和 $4'$，再由顶口交点引与 $1'$—1 线段平行的素线交底口于 1、2、3、4 各点，这样便将斜圆柱的表面用素线分为 6 个（前后对称各三个）平行四边形小平面。

2）选取展开基准线。作 $1'$—1 线段垂面 A—A，并向右延长作为展开基准线。

3）用换面法求 A—A 断面实形。

① 延长 $1'$—1、$2'$—2、$3'$—3、$4'$—4 各素线段。

② 作各素线段的垂线 a—a 得 4 个交点 $4''$、$3''$、$2''$、$1''$点。

③ 通过 4 个交点分别作 a—a 直线的垂线，再在各垂线上截取线段 $2_1'$—$2' = 2_1''$—$2''$，$3_1'$—$3' = 3_1''$—$3''$，$4_1'$—$4' = 4_1''$—$4''$。

④ 用光滑曲线连接 $1''$、$2''$、$3''$、$4''$各点，得 $\frac{1}{2}AA$ 断面实形。

4）在主视图 AA 延长线上截取 $1''$—$4''$的直线段长等于断面实形上 $\widehat{1_1''—4_1''}$ 曲线段长，再由所得的各素线

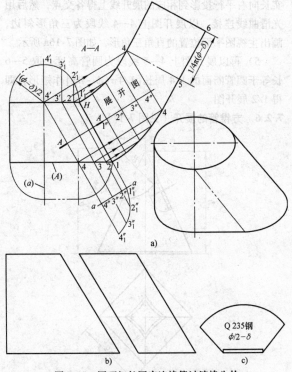

图 7-16　圆顶细长圆底连接管过渡接头的

结构放样图、展开图和立体图

a) 放样图　b) 展开图　c) 成形样板图

实长向右平行投影到相应的展开线上得各交点，然后用光滑曲线连接，以展开图上4—4线段为三角形斜边，画出主视图平面位置的直角三角形，如图7-16a所示。

5）再以展开图上4—5线段为圆管高度，取5—6长等于圆管断面的1/4周长[1/4π(φ−δ)]作矩形，即得1/2展开图。

7.2.6　方锥管的展开（见图7-17）

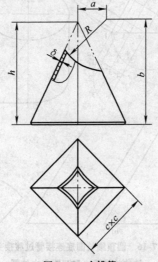

图7-17　方锥管

1. 形体分析　由图7-17分析可知，延长棱锥各素线，得知各素线相交于一点，故属棱锥类件，方锥管为圆柱面截切方锥管，所以应采用放射线法展开。

2. 线型放样　方锥管的主视图选择一底平面和一中心线为放样基准。俯视图选择两条中心线为放样基准。如图 7-18 所示的 $h-\delta$ 和 $c-2\delta$ 尺寸。

3. 结构放样　为便于方锥管的加工，节省材料，一般选择四块侧板对焊装配。各侧板之间的连接形式及成形样板如图 7-19 所示。这里我们选择各侧板的里皮相接触，主要考虑便于焊接。方锥管属折弯件类，所以应按零件表面成形后的里皮尺寸计算，图 7-18 中 $c-2\delta$ 为板厚处理后的底边长尺寸。

4. 展开放样　下面介绍方锥管的展开作图过程。

求截交线：圆柱面截切方锥管后，方锥管在俯视图形成的截交线应由作图法求出。

1）先找特殊点，在图 7-18 中，首先应确定 e、g 两个特殊点。将主视图中 e'、g' 两点投射至俯视图的 sa、sc 棱边上，便求得 e、g 两点。然后确定 f' 点，在俯视图上，过 f 点作 $a'c'$ 线的平行线交棱边 $s'c'$ 于 f' 点，将 f' 点投影到俯视图的 sc 线上得一交点，过此点作 dc 的平行线交于 sd 于 f 点。

2）增设辅助点。先在主视图的 $e'f'$ 和 $f'g'$ 曲线上增设 $1'$ 和 $2'$ 点，连接 $s'—1'$、$s'—2'$ 并延长交 $a'd'$、$d'c'$ 于 $3'$、$4'$ 点，再将 $3'$、$4'$ 点投影到俯视图的 ad、dc、上得

3、4 两点，连接 s—3、s—4，将主视图的1'、2'点投至俯视图的 s—3、s—4 线段上，然后用光滑曲线连接即得俯视图上的截交线。

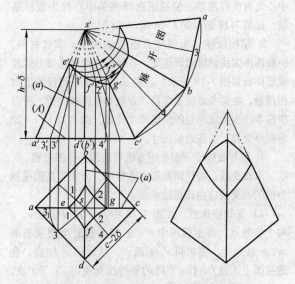

图7-18 方锥管的结构放样图与展开放样图

3）在图7-18中，首先求出展开过程中必须使用的实长线，$e'a'$ 线段反映实长线。求 $f'd'$ 实长线，因 $s'a' = s'd'$，过 f' 点作 $d'c'$ 线段的平行线与 $s'c'$ 相交于点 f''，则

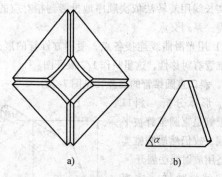

图 7-19　方锥管的结构放样图和成形样板图

a) 放样图　b) 成形样板图

$f''c'$ 线段为 $f'd'$ 线段的实长线。求 1'—3' 线段的实长线。首先以俯视图的 s 点为圆心，s—3 为半径画弧交 sa 于 3_1，然后将俯视图的 3_1 点投影至 $a'd'$ 线段上，得 $3_1'$ 点，连接 s'—$3_1'$ 线段，过 1' 点作 $a'd'$ 线段的平行线，得一交点，则交点至 $3_1'$ 点的距离，即为 1'—3' 线段所求实长。2'—4' 线段实长的确定与 1'—3' 线段实长线的确定相同。

4) 以 s' 为圆心，侧棱 $s'c'$ 实长为半径画圆弧 $\overset{\frown}{c'a}$，在 $\overset{\frown}{c'a}$ 圆弧上顺次截取 $\overset{\frown}{ab}$、$\overset{\frown}{bc'}$ 等于 ab、bc' 线段长，将 a、b、c' 各点直线连接，在展开图中，通过俯视图确定 3、4 点在 ab、bc' 边的位置，并与锥顶相连接。再将求出的

每段实长线用旋转法依次顺序地投影到相对应的素线上，得一系列交点。

5）用光滑曲线连接各点，便得方锥管的展开图，因方锥管有对称性，这里只作 1/2 展开图。

7.2.7 斜口直圆锥管的展开（见图 7-20）

1. 形体分析 斜口直圆锥管是直圆锥管被平面斜截，故仍然属圆锥类件，适用放射线法展开。

2. 线性放样 主视图选用底平面和一中心线为基准。斜口直圆锥管属圆锥类件，其上、下圆周展开长度均以中性层为基

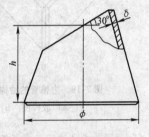

图 7-20 斜口直圆锥管

准计算展开。图 7-21a 中 $(\phi - \delta)/2$ 为板厚处理后的尺寸。

3. 结构放样 斜口直圆锥管的接口位置在素线哪个位置都相同，这里选择 $a'-1'$ 位置，并制作两个不同直径的成形样板，如图 7-21b 所示。

4. 展开放样 下面介绍斜口直圆锥管的展开作图过程。

1）将俯视图上的半圆周作适当等分，这里作 6 等分，等分点为 1、2、3、…、6 各点。

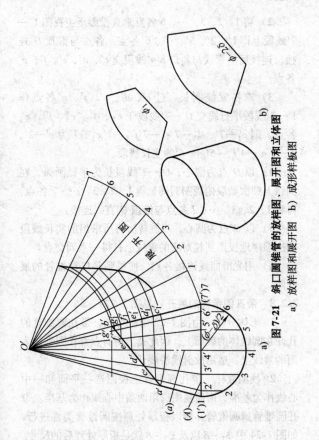

287

图 7-21 斜口圆锥管的放样图、展开图和立体图
a) 放样图和展开图 b) 成形样板图

2）将1、2、3、…、6各点垂直投影至主视图1′—7′线段上得1′、2′、3′、…、6′各点。各点与锥顶 O' 连接，连接后的素线与斜口 $a'b'$ 线段交 c'、d'、e'、f'、g' 各点。

3）求各素线实长。过 c'、d'、e'、f'、g' 各点作 1′—7′线段平行线交 O'—7′线段于 c_1'、d_1'、e_1'、f_1'、g_1' 各点，则 c_1'—7′、d_1'—7′e_1'—7′f_1'—7′g_1'—7′为 c'—2′、d'—3′e'—4′f'—5′g'—6′的实长线段。

4）以 O' 点为圆心，O'—7′线段长为半径画弧，在圆弧上顺次截取俯视图圆周长得1、2、3、…、7各点，再将1、2、3、…、7各点与锥顶 O' 直线连接。

5）以 O' 点为圆心，用旋转法将所求出的实长线段依次顺序地投影到相对应的素线上，得一系列交点。

6）用光滑曲线连接各点，便得到斜口直锥管的展开图。

7.2.8 带孔圆锥管的展开（见图7-22）

1. 形体分析 由图7-22分析可知，带孔圆锥管的孔开在圆锥体的表面上，因此孔上所有点都在圆锥体表面的素线上，适用放射线法展开。

2. 线型放样 带孔圆锥管主视图选一平面和一中心线作为基准，而俯视图选用两条中心线作为基准。带孔圆锥管属圆锥管，所以板厚处理按圆锥管类件进行，如图7-24中 $\phi_1 - \delta$ 以及 $\phi_2 - \delta$ 就是板厚处理后的尺寸。

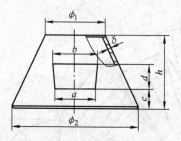

图 7-22 带孔圆锥管

3. 结构放样 因圆锥管带孔,接口应选择离孔口较远一些的位置,不能选择孔口的位置,并制作上、下口两个成形样板如图 7-23 所示。

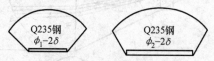

图 7-23 带孔圆锥管的成形样板

4. 展开放样 下面介绍带孔圆锥管的展开作图过程。

1)先找特殊点。在图 7-24 中,由锥管顶点 O' 引与孔相切的 O'—$1'$ 与 O'—$2'$ 两线,并延长之与主视图 $m'n'$ 线段交于 a'、b' 两点,用同样方法作出孔的 $3'$、$4'$ 两点。

2)增设一般点。显然仅上述 4 个点不能准确地描述孔的展开形状,故应增设辅助点,如图 7-24 中 $5'$、$6'$ 两点。

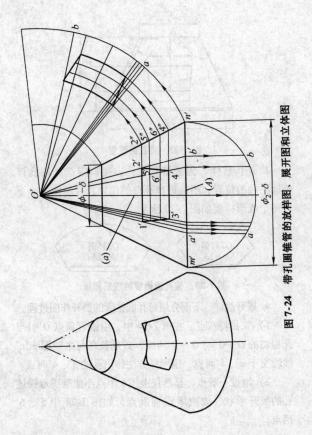

图 7-24 带孔圆锥管的放样图、展开图和立体图

3）求素线实长。过孔口的各点作平行于锥底的平行线，交 $O'n'$ 于 $2''$、$5''$、$6''$、$4''$，则 $O'—2''$ 线段为 $O'—2'$ 线段的实长。

4）孔的展开。以 O' 为圆心，各实线长为半径画同心圆弧，将俯视图圆周长依次顺序截取在展开线上，再将孔上各点投影到对应素线上，得一系列交点。

5）用光滑曲线连接各点，即得孔的展开图。

7.2.9 斜圆锥管的展开（见图7-25）

1. 形体分析 由图 7-25 分析可知，斜圆锥管两母线及中心线相交于一点，所以斜圆锥管仍属圆锥类件，展开时选用放射线法展开。

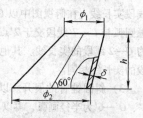

图7-25 斜圆锥管

2. 线型放样 选择斜圆锥管主视图的底平面和一条中心线作为放样基准。俯视图选两条中心线作基准。斜圆锥管属圆锥管类件，板厚处理按中径尺寸，如图7-27中 $\phi_1 - \delta$ 和 $\phi_2 - \delta$ 均是板厚处理后的放样尺寸。

3. 结构放样 斜圆锥管接口位置，需考虑容易加工成形，应选择接口最短距离位置，并制作上、下口两个成形样板，如图7-26所示。

4. 展开放样 下面介绍斜圆锥管的展开作图过程。

1）将斜圆锥管的俯视图的半圆周按直径大小作适当等分，这里取 6 等分，各等分点 1、2、3、…、7 与顶点 O 连接。

图 7-26　成形样板图

2）用旋转法求出各条素线的实长。例如，求 O—2 线段实长线，在俯视图中以 O 点为圆心，O—2 为半径画圆弧与 1′—7′线段交于 2′点，2′点与顶点 O' 的连线即为 O—2 线段的实长线。其他线段实长求法与 O—2 线段的实长线相同。

3）斜圆锥管的展开。以 O' 为圆心，分别以 O'—7′、O'—6′为半径画弧，再以 7″点为圆心，以俯视图等分弧$\overparen{12}$为半径画弧，交以 O'—6′线段长画弧于 6″点，用同样方法依次顺序求出 5″、4″、…、1″各点。

4）用光滑曲线连接，即得斜圆锥管的展开图。

7.2.10　直角圆锥台的展开（见图 7-28）

1. 形体分析　由图 7-28 分析可知，直角圆锥台的表面素线及中心线延长线交于一点，可以选择放射线法展开。

2. 线型放样　选择直角圆锥台主视图的一底平面和一中心线作为线型放样基准。俯视图选择两条中心线

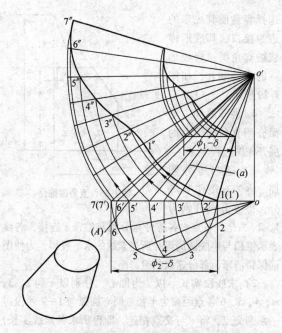

图 7-27 斜圆锥管的放样图、展开图和立体图

为线型放样基准。直角圆锥管属圆锥类件，板厚处理应以中性层尺寸为准计算。图 7-30 中，$\phi_1 - \delta$、$\phi_2 - \delta$ 为板厚处理后的尺寸。

3. 结构放样 为便于加工，直角圆锥台的接口宜选择容易使其成形的边为接口，其成形样板按直角圆锥台成形后的内径制作，如图7-29所示。

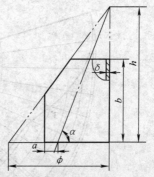

图7-28　直角圆锥台

4. 展开放样　下面介绍直角圆锥台的展开作图过程。

1）适当等分圆周。将俯视图作6等分，得等分点分别为1、2、…、7各点。各等分点分别与锥顶 s 连接，各线表示锥顶与锥底圆周等分所连素线的水平投影，为使图面保持清晰，部分素线的投影略。

2）求线段实长。以 s 为圆心，分别以 s 到2、3、m、4、5、6各点距离为半径画同心圆弧与1—7线段得一系列交点，将 s′ 与交点相连，即得所求各素线实长，再将 s′—2′、s′—3′、s′—4′线段与截交线交点水平投至相对应实长素线上，即得出线段实长。K′点投影方法，如图7-30所示。

3）展开放样。以 s′ 为圆心，各实长线为半径画同心圆弧，然后再以展开图中1点为圆心，以1⌒2弧长为半径画弧交于2点，用同样方法便可求出展开图中3、4、

5、6、7点，再将所得各点用光滑曲线连接，即得此构件展开图。因构件有对称性，这里只作 1/2 展开图。

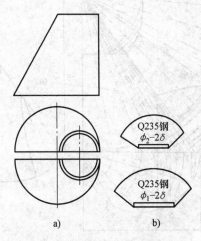

a)   b)

图 7-29　直角圆锥台的结构放样图

7.2.11　圆变径连接管的展开（见图 7-31）

1. **形体分析**　由图 7-31 分析可知，圆变径连接管的形状很接近圆锥管，但通过延长主视图中的中心线和主视图两边素线，结果三条线并不相交于一点，所以不能采用放射线方法展开，而只能采用三角形方法展开。

2. **线型放样**　圆变径连接管的主视图以一底平面和一中心线为线型放样基准，俯视图是以两条中心线为

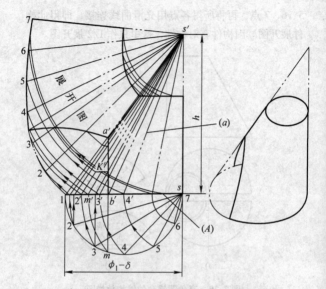

图 7-30 直角圆锥台的展开放样图、展开图和立体图

线性放样基准。圆变径连接管类似圆锥弯曲类件，板厚处理应以中性层尺寸为准计算，图 7-32 中 $\phi_1 - \delta$、$\phi_2 - \delta$ 为板厚处理后的尺寸。

3. 结构放样　圆变径连接管的接口位置放到任何位置都可以，最好将接口位置放置到素线最短的位置，并制作两个内卡成形样板，如图 7-33 所示。

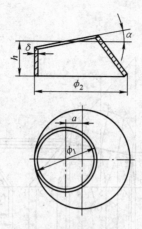

图 7-31　圆变径连接管

4. 展开放样　下面介绍圆变径连接管的展开作图过程。

1) 求顶圆在俯视图的投影。将顶圆 12 等分，半周即为 6 等分，得等分点 1″、2″、3″、…、7″各点向主视图 1′—7′线段作垂直投影，得 1′、2′、3′、…、7′各点向俯视图 1—7 线段作垂直投影得 1_1、2_1、3_1、…、7_1 各点，截取 2_1—2 = 2′—2″、3_1—3 = 3′—3″、4_1—4 = 4′—4″，将俯视图所得各点用光滑曲线连接，得顶圆在俯视图中的投影。

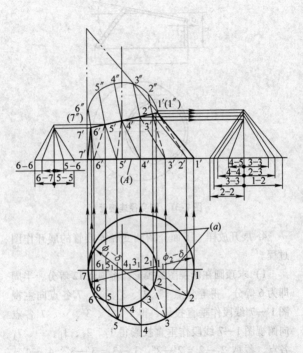

图 7-32 圆变径连接

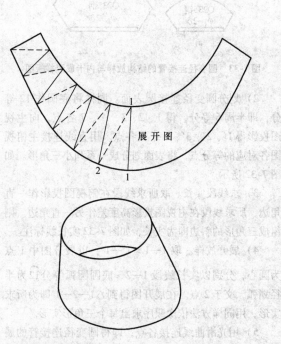

展 开 图

1

2 1

管的放样图与展开图

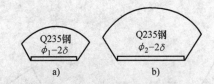

图 7-33　圆变径连接管的结构放样与内卡成形样板图

2）划分圆变径连接圆表面。同样将底圆作 12 等分，即半周 6 等分，得 1、2、3、…、7 各点，向主视图投影得 1′、2′、3′、…、7′各点。用直线连接主俯视图各对应的等分点，将表面划分成一系列小三角形。如图 7-32 所示。

3）求线段实长。取所求线段在俯视图投影作一直角边，所求线段在主视图投影高度差作另一直角边。则组成三角形的斜边即为实长，如图 7-32 实长线标注。

4）展开放样。取 1—1 = 1′—1′，以展开图中 1 点为圆心，分别以实长线段 1—2、底圆圆弧等分 $\overset{\frown}{12}$ 为半径划弧，交于 2 点。在展开图得到 △1—2—1 即为所求实形，用同样方法依次顺序求出每个三角形实形。

5）用光滑曲线连接各点，即得圆变径连接管的展开图。

7.2.12　圆方过渡接管的展开（见图 7-34）

1. 形体分析　圆方过渡接管又称为天圆地方，由

图7-34 分析可知，圆方过渡接管表面不属柱面，又不属锥面，所以只能选用三角形法展开。

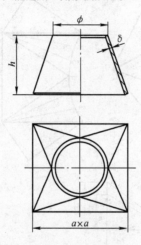

图7-34　圆方过渡接管

2. 线型放样　圆方过渡接管的主视图以一底平面和一条中心线为线型放样基准。俯视图以两条中心线为线型放样基准。圆方过渡接头上口类似圆锥弯曲类，下口类似折弯类，所以上口板厚处理以中性层为准，下口板厚处理以里皮尺寸为准。图7-35 中 $\phi - \delta$、$a - 2\delta$ 均为板厚处理后的尺寸。

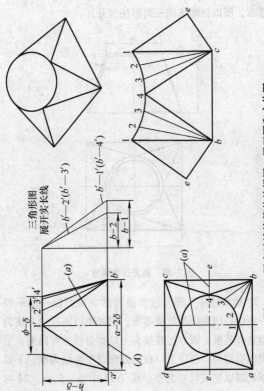

图 7-35 圆方过渡接管的放样图、展开图和立体图

3. 结构放样　确定零件接口形式，为使零件加工成形方便，圆方过渡接管的接口形式按图 7-36a 所示的方案。并制作一上口成形样板，如图 7-36b 所示。

4. 展开放样　下面介绍圆方过渡接管的展开作图过程。

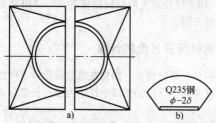

Q235钢
$\phi-2\delta$

a)　　　b)

图 7-36　圆方过渡接管的结构放样图与成形样板图

1) 形体表面划分。在图 7-35 中，3 等分俯视图的 1/4 圆周，得等分点分别为 1、2、3、4 点。各点与 b 点连接，将 b 角曲面分成 3 个小三角形平面，其线段为 b—1 = b—4，b—2 = b—3。

2) 求线段实长。用直角三角形法求出各线段实长，如图 7-35 所示的求实长线图。

3) 展开放样。作一直线，截取 bc 等于俯视图下口边长，分别以 b、c 为圆心，实长线 b'—1' (b'—4') 为半径分别画弧交于 4 点。

再以 b、c 为圆心，以实长线 b—2' (b'—3')、b'—1' (b'—4') 为半径分别画弧，与以 4 点为圆心，以顶

圆等分弧长为半径向两侧依次所画弧交于点 3。用同样
方法即可求出展开图中 2、1 两点。

4）以 1 点为圆心，以实长线 $4'$—b' 为半径画圆弧，
再以 b 为圆心，以$(a-2\delta)/2$ 为半径画弧交于点 e。用
同样方法可求出其他三角形平面实形。

5）用直线段和光滑曲线连接各点。即得圆方过渡
接管的展开图。

7.3　钢材展开长度的计算

在本章板厚处理中，钢材在弯曲前后只有中性层的
长度没有变化，所以仍然以中性层为展开长度作为计算
依据。

7.3.1　圆钢展开长度的计算公式（见表 7-3）

表 7-3　圆钢展开长度的计算公式

名称	图形	计算公式
弯 90°		I 段长度：$l_1 =$ $B - R$ II 段长度：$l_2 =$ $(\pi\alpha Z)/180° = [\pi \times (R + d/2)] \times 2$ III 段长度：$l_3 =$ $A - R$ 展开长度： $L = l_1 + l_2 + l_3$

（续）

名称	图形	计算公式
正三角形		I、II、III段长度: $l_1 = A - 2 \times (R + d/2)$ IV、V、VI段长度: $l_2 = (\pi \times 60° \times R)/180°$ $= (\pi \times R)/3$ 展开长度: $L = 3(l_1 + l_2)$
双弯90°		I 段长度: $l_1 = A$ II 段长度: $l_2 = B$ III 段长度: $l_3 = 2 \times \pi \times 90° \times (R + d/2)/180° = \pi \times (R + d/2)$ 展开长度: $L = l_1 + l_2 + l_3$

7.3.2 扁钢展开长度的计算公式（见表7-4）

表7-4 扁钢展开长度计算公式

名称	图形	计算公式
扁钢圈		展开长度：$L = \pi \times (D + b)$
椭圆扁钢圈		展开长度：$L = \pi \times \left(\dfrac{D_1 + D_2}{2} - b \right)$

7.3.3 角钢展开长度的计算公式（见表7-5）

表7-5 角钢展开长度计算公式

名称	图形	计算公式
角钢内弯任意角		Ⅰ段长度：$l_1 = A$ Ⅱ段长度：$l_2 = \dfrac{\pi\alpha(R - z_0)}{180°}$ Ⅲ段长度：$l_3 = B$ 展开长度：$L = l_1 + l_2 + l_3$

（续）

名称	图形	计算公式
角钢外弯任意角		Ⅰ段长度：$l_1 = A$ Ⅱ段长度：$l_2 = B$ Ⅲ段长度：$l_3 = \dfrac{\pi\alpha(R + z_0)}{180°}$ 展开长度：$L = l_1 + l_2 + l_3$
角钢内弯90°框架		展开长度：$L = A + B + C - 4d$
角钢内弯五边形框架		展开长度：$L = 5 \times (A - 2d)$ 切角尺寸：$\alpha = 0.72654 \times (b - d)$

第8章 落料技术

钣金、冷作工件经放样、划线后，还需要将这些工件从钢材上进行落料，根据工件的材质、大小、形状选择落料方法。常用的落料方法有锯削、切割、剪切和冲压等。

锯削是指通过锯齿与工件的切削运动，把钢材分离。锯削分为手工锯削和机械锯削两种。

8.1 手工锯削

1. 手锯的结构 手锯是由钢锯架、锯条、活动夹头、固定夹头和翼形螺母组成。钢锯架有固定式和可调式两种，如图8-1所示。锯齿的切削部分及其几何角度见表8-1。

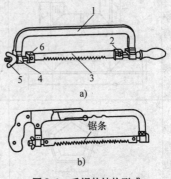

a)

b)

图8-1 手锯的结构形式

a) 固定式 b) 可调节式

1—锯架 2—固定夹头 3—锯条
4—方孔导管 5—翼形螺母 6—活动夹头

2. 锯条 锯条上有很多锯齿，锯齿的角度如图 8-2 所示。当锯条向前推进时，与工件接触的锯齿就进行锯削工作。

3. 锯削的方法

1）锯条的安装时松紧应适当，且锯齿向前。

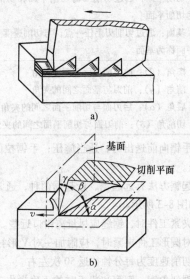

a)

b)

图 8-2 锯齿的角度

a）锯齿切削 b）锯齿角度

表 8-1　锯齿各部分名称及其几何角度

切削部分	前刀面：与切削接触的表面
	后刀面：对着切削表面的刀面
	切削刃：前刀面与后刀面的交线
坐标平面	切削平面：通过切削刃与切削平面相切的平面称为切削平面
	基面：通过切削刃上任一点，与切削速度 v 垂直的平面称为基面
锯齿几何角度	楔角（β）：前刀面与后刀面的夹角
	前角（γ）：前刀与基面之间的夹角
	后角（α）：后刀面与切削平面之间的夹角
	切削角（δ）：前刀面与切削平面之间的夹角

2）手锯向前送出时，适当施压；手锯拉回时，不向下施压。

3）起锯方法有远起锯、近起锯两种，通常选用远起锯，如图 8-3 所示。

4）夹紧工件时，锯缝应尽量离钳口近些。

5）对圆形工件夹紧时，应附加一对 V 形衬铁。

6）切削速度为每分钟往返 50 次左右。

7）锯削角钢、钢管和薄板时的正确操作方法如图 8-4 所示。

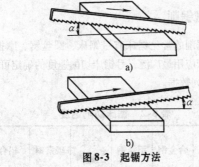

图 8-3 起锯方法

a) 远起锯　b) 近起锯

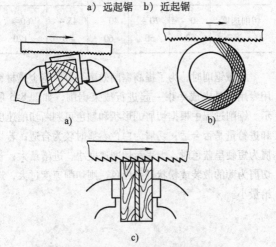

图 8-4 锯削角钢、圆钢和薄板时的正确操作方法

8.2　机械锯削

　　机械锯削的常见锯床有弓锯床、圆盘锯、摩擦锯。其中弓锯床应用最广泛，弓锯床切削速度的确定可参照表8-2中所列数据。

表 8-2　锯床切削速度

材料 种类	合金钢	不锈钢	合金 工具钢	碳素钢	铝合金
切削速度 /(m/min)	30 ~ 50	20 ~ 50	40 ~ 60	45 ~ 90	60 ~ 120

　　机械锯削时，为了提高锯削效率，可以将金属材料用专用夹具夹成一束一起进行成束锯削，如图 8-5 所示。锯削过程中根据切屑的形状和颜色可判断切削速度和进给量是否合适；切屑为白色卷屑时较为合适；若切屑为短硬呈蓝色时，则表示切削速度小，进给量大；若切屑为薄的散装或粉状且呈白色，则切削速度过大，进给量小。

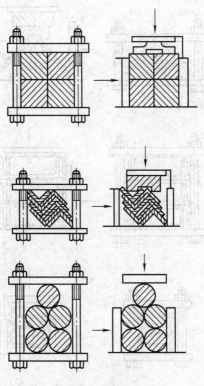

图 8-5　成束切割

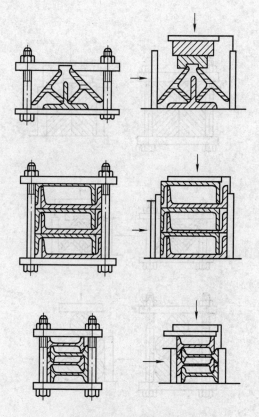

图 8-5　成束切割（续）

8.3 砂轮切割

砂轮切割是利用砂轮片的高速旋转时与工件摩擦产生热量，使之熔化而形成割缝。

砂轮切割不但能切割圆钢、异形钢管、角钢和扁钢等各种型钢，尤其适宜于切割不锈钢、轴承钢以及各种合金钢和淬火钢等材料。目前应用最广泛的切割设备是砂轮切割机。

8.4 剪切

剪切是利用上下两剪刀的相对运动来切断钢材。剪切生产效率高，切口光洁，能切割厚度小于 30mm 的钢板。

8.4.1 剪床的剪料过程

钢材的剪断面可分为成四个区域，其剪切过程如图 8-6 所示。当上剪刀开始向下运动时，便压紧钢材，由于钢材受上、下剪刀的压力，剪刀压入钢材而造成圆角，形成圆角带 1 和揉压带 4，当剪刀继续压下时，剪刀压力大于钢材的抗剪力而开始被剪切，这时剪切所得的表面称为切断带 2，这一表面最光滑。当剪刀继续向下时，钢材内部的压力迅速达到钢材的最大抗剪力，使钢材突然断了，形成一个粗糙不平的拉断带 3，所以剪刀在钢材的剪切面上形成了四个区域。

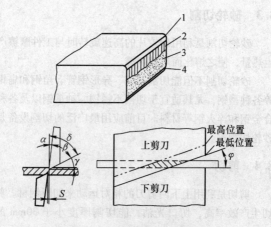

图 8-6　剪切钢材断面的过程
1—圆角带　2—切断带　3—拉断带　4—揉压带

8.4.2　剪切工艺

由于剪切钢材时所选择的剪切机类型不同，剪切工艺也有差异，在此仅介绍手工剪切工艺和在剪床上的剪切工艺。

1. 手工剪切工艺　手工剪切是利用手工剪刀等工具进行剪切，其剪切方法如图 8-7 所示，通常按划好的剪切线进行剪切。剪短直线时，被剪去的部分一般都放在剪刀的右面，如图 8-7a 所示。

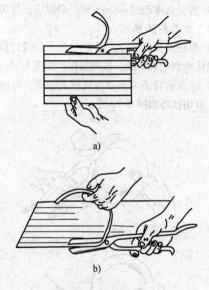

图 8-7 手剪直料

a) 剪短料 b) 剪长料

剪切时的注意事项:

1) 剪切时,剪刀要张开大约 2/3 的刀刃长。

2) 如果上、下剪刀刃之间的间隙较大,剪切时应把手柄往右拉,使上刀片往左移,则上、下刀片之间的间隙就能消除。

3）剪切长度超过 400mm 时，必须将被剪切部分放到左边，如图 8-7b 所示。

4）剪切圆弧时，应按图 8-8a 所示的进行剪切，否则会遮住所划的剪切线，影响操作，如图 8-8b 所示。

5）手工剪切还可夹在台虎钳上使用，可减轻劳动强度，剪切技巧如图 8-9a 所示。

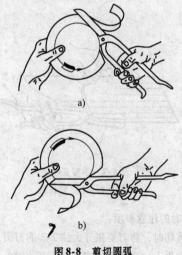

a)

b)

图 8-8　剪切圆弧

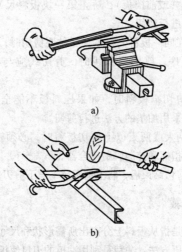

a)

b)

图8-9 剪切技巧

2. 龙门剪床上的剪切工艺

1）在起动剪切机前，首先根据板料的厚度调整上、下刀片之间的间隙（按设备使用方法调整）。

2）剪切前将板料清除干净，放置在工作台上，把剪切线的两端对准下剪刀口，起动压料装置，压紧板料，检查剪切线对正无差错后，脚踏离合器，刀架托板上行，上剪刀片下降，则板料被剪断。

3）剪切同一尺寸板料零件时，可按所需尺寸固定好后挡板（或前挡板），矫正第一块板料尺寸准确后，方可继续进行剪切。

4）在同一板料上有多块零件要剪切时，应事先考虑剪切顺序，剪切圆弧线时，剪切线应与板料圆弧相切。

5）剪切窄板料时，如果压料板不能全部压住板料，必须采用加垫的方法进行剪切。

6）两人或两人以上剪切板料时，必须密切配合，听从一人指挥和控制脚踏离合器。

7）剪切结束后，将上剪刃落下与下剪刃重合。

8.5 冲裁

冲裁是指从板料上分离出所需形状和尺寸的零件或毛坯的冲压方法。冲裁是利用冲模的刃口使板料沿一定的轮廓线产生剪切变形并分离。冲裁在冲压生产中所占的比例最大。在冲裁过程中，除剪切轮廓线附近的板料外，板料本身并不产生塑性变形，所以由平板冲裁加工的零件仍然是一平面形状。

冲裁用的设备有曲柄压力机和摩擦压力机等。

8.5.1 冲裁的基本原理

冲裁的基本原理与剪切相同。冲裁时，只不过是将剪切的直线刀刃，改变成封闭的圆形或其他形式的刀刃而已。冲裁时材料分离的变形过程分为弹性变形阶段、塑性变形阶段和剪裂阶段，冲裁件断面如图8-10所示。

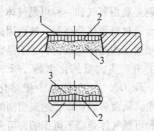

图8-10 冲裁件断面
1—弹性变形区 2—塑性变形区 3—剪裂阶段

8.5.2 冲裁模的调试安装

1）将模具吊至设备的工作台面上。

2）手摇上模座至工作台面最大行程处，夹紧上模。

3）上、下模间隙调整均匀后，夹紧下模。

4）点动压力设备，试运行压力设备，观察上、下模相对位置无误后，试压。

8.6 气割

手工剪切、机械剪切对于厚度大于30mm的钢材是无法进行切割的，而用气割方法即可以完成。

8.6.1 气割的原理

氧气切割是利用氧气和一种可燃气体混合而产生预热火焰，使金属材料预热至高温，然后用高纯度、高速度的氧气流喷射至预热的金属材料，于是金属材料开始燃烧（氧化）并产生大量的化学热，所产生的液态熔渣（如 FeO、Fe_2O_3、Fe_3O_4）及少量熔化了的铁，被高速气流吹走，从而形成切口，达到切割的目的。氧气切割中氧气和可燃气体是必不可少的，可燃气体中广泛应用的是乙炔气体。

1. 气割的过程　其切割过程是由金属材料的预热、金属材料的燃烧和氧化物被吹出三个阶段组成。

2. 气割的条件

1）金属材料在氧气中的燃点必须低于金属材料的熔点，否则金属材料在未燃烧之前熔化，就不能实现切割过程。

2）金属材料在燃烧时产生的氧化物（熔渣）的熔点应低于金属材料本身的熔点。

3）金属材料在氧气中燃烧时应放出较多的热量，用此热量来维持切割过程的持续进行。

4）金属的导热性不能太好，否则若导热过快，切口处金属材料的温度很难达到燃点，切割过程就不能进行。常用金属材料及其氧化物的熔点见表8-3。常用金属材料的气割性见表8-4。

表8-3 常用金属材料及其氧化物的熔点

(单位:℃)

金属	金属熔点	氧化物熔点
纯铁	1585	1300 ~ 1500
低碳钢	1500	1300 ~ 1500
高碳钢	1300 ~ 1400	1300 ~ 1500
灰铸铁	1200	1300 ~ 1500
铜	1084	1230 ~ 1336
铝	658	2050
铬	1550	1990
镍	1450	1990

表8-4 不同金属材料的气割性能

金属材料	气割性能
钢，$w(C)$在0.5%以下	气割性良好
钢，$w(C)$为0.5% ~ 1%	气割性尚可
钢，$w(C) > 1\%$时	不能气割
铸铁	不能气割
高锰钢	气割性良好，预热更好
硅钢	气割性不良
高铬钢	不能气割

（续）

金属材料	气割性能
低铬钼合金钢	气割性良好
低铬及低铬镍合金钢	气割性良好
18-8型铬镍不锈钢	气割性尚可，但要求有特别的作业要求
铜及铜合金	不能气割
铝	不能气割

8.6.2 气割设备

气割的设备包括氧气瓶、乙炔瓶、割炬和减压表。

1. 氧气瓶 使用时必须注意下列安全技术：

1）氧气瓶不能与乙炔瓶以及其他易燃品放在一起或同车运输。

2）氧气瓶不得在烈日下曝晒或用火烤，以免气体膨胀而引起爆炸。冬季使用氧气瓶时，若瓶阀已冻结，可用热水或水蒸气加热解冻。

3）氧气瓶使用时，尽可能垂直放置并设有支架，氧气瓶应装有防振橡胶圈，万一跌倒时不致受振过猛而引起爆炸。

4）开启氧气阀时，应慢慢打开，操作者不能面对气口，以免氧气冲击，万一减压器弹脱时也不致受伤。

5) 氧气瓶中的氧气不允许全部用完，应至少剩余0.1MPa 压力的氧气，以防氧气混入乙炔气或其他可燃气体而引起爆炸，混入空气而降低纯度。

2. 橡胶软管　氧气和乙炔气软管分别是蓝色和红色。

3. 割炬　割炬又称割刀，其任务是使可燃气体与氧气构成预热火焰，并在割炬中心喷出高压氧气流，使预热的金属燃烧切断。割炬的种类很多，按预热部分的构造，可分为射吸式和等压式两种。按用途不同又可分为普通割炬，重型割炬及焊割两用炬。其中，最常用的为射吸式割炬（又称低压式），它由预热和切割两部分组成，工作原理图及其主要技术参数见本章表 2-36、表2-37。

8.6.3　气割工艺

1. 气割前的准备　气割前首先将被切割的钢板垫起，其下面要留出一定的空间并使气流畅通，保证切口熔渣向下顺利排出，钢板下面的空间不能密封，否则有爆炸的危险。为保证气割质量，钢板表面的油污和铁锈要加以清理干净；然后在被切割钢板上划出工件的切割线。

2. 气割参数的选择　气割时，正确地选择气割参数，对保证气割质量有很大影响，见表 8-5。

表 8-5　气割参数

项目	内　　容
割炬功率	根据被切割工件的厚度选择割炬功率（见表 8-5），割炬功率是保证切割前把工件迅速加热至燃点，并在切割过程维持切口有足够热量。功率过大会使切口上部熔化，过小会使预热温度不够，使工件割不透。功率的大小由割嘴大小决定
氧气压力	氧气压力是根据工件厚度、割嘴孔径和氧气纯度选定的。氧气压力过低时，氧气供应不足，会使切割过程氧化反应减慢，使切割速度减慢，同时氧化物渣除不干净，切口面有粘渣现象，甚至不能割透。氧气压力过高时，过剩的氧气反而起了冷却作用，同样使切割速度减慢，切口表面粗糙，切口宽度加大，氧气压力的选择可参考表 2-36
气割速度	气割速度与工件厚度和使用的割嘴形状有关，工件越厚，气割速度越慢，但太慢会使切口边缘熔化，切口过宽；相反工件越薄，则切割速度越快。但速度过快，由于切口下部燃烧比上部慢，使后拖量增大甚至割不透
预热火焰能率	预热火焰能率是以可燃气体（乙炔）每小时消耗量（L/h）表示。预热火焰的能率由工件厚度而定。一般工件越厚火焰能率应越大，但不是成正比关系。如果预热火焰能率过大，使切口边缘产生连续珠状钢粒，甚至边缘熔化成圆角，同时在工件背面有粘附熔渣。如果预热火焰能率过小，使工件得不到足够的热量，使切割速度减慢，甚至造成气割中断

气割薄板工件时，因切割速度快，可采用较大的火焰能率，但割嘴应离工件远些。气割厚板工件时，由于切割速度较慢，为防治切口上缘熔化，可采用相对较弱些的火焰能率。

3. 气割操作技术　射吸式割炬的点燃方法是先微量打开氧气阀，再少量打开乙炔阀，使可燃混合气体从割炬中喷出，然后引火点燃，调节氧气与乙炔阀门，使氧乙炔预热火焰构成适当比例。即氧乙炔焰由碳化焰、氧化焰和中性焰组成。氧乙炔焰的构造和形状见表8-6，在实际工作中，通常使用中性火焰。

表8-6　氧乙炔焰的构造和形状

名称	火焰形状	温度/℃	颜色
碳化焰	焰芯 内焰 外焰 碳化焰	2700 ~ 3000	呈现两层白的焰芯
中性焰	焰芯 外焰 中性焰	3053 ~ 3150	呈现光彩的蓝白色焰芯
氧化焰	焰芯 外焰 氧化焰	3100 ~ 3300	呈现圆柱形蓝白焰芯

气割时，割嘴与工件表面应保持 2～4mm 的距离，以防治因铁渣飞溅使割嘴口堵塞。气割临近终点时，割嘴应向切割反方向倾斜些，并适当放慢切割速度，使收尾平直。

4. 回火实质　氧气、乙炔混合气体从割炬内流出速度小于混合气体燃烧速度。乙炔的燃烧速度一般为 14.5m/s，当混合气体的温度升高或含氧量增高时，燃烧速度增加，混合气体从喷嘴向外的喷射速度应不小于 50～60m/s。由于以下几点原因，使混合气体流出速度降低时会发生回火。发生回火后易引起发生器爆炸，造成严重事故。为此，必须在乙炔软管与乙炔发生器的中间装置专门的防止回火的设备，即回火防止器。

1）输送气体的软管太长、太细，接头太多或被重物压住，使气体在软管内流动时受阻，降低了流速。

2）割炬连续工作时间过长，或割嘴过于靠近工件，使割嘴温度升高，内部气体压力增加，影响气体流速，甚至混合气体在割嘴内自燃。

3）割嘴出口通道被铁屑阻塞，氧气可能倒流入乙炔管道，使割炬点火时就回火。

4）输送气体的软管或割炬内部管道被杂物堵塞，增加流动阻力，降低了气体的流速。

5）割嘴的环形孔道间隙太大，当混合气体压力较小时，流速过低也易造成回火。

如果发生回火，采取将乙炔软管折拢并捏紧，或者关闭乙炔气阀。

8.6.4 特殊气割实例

1. 钢板的穿孔　当遇到气割必须从板中间开始时，则首先要在钢板上切孔，再按切割线进行切割，其具体方法如下：

首先用割炬预热穿孔的地方，如图 8-11a 所示，然后将割嘴提起与钢板保持约为 15mm 距离，如图 8-12b 所示，再慢慢开放切割氧气阀，并将割嘴稍向旁移并稍侧倾，如图 8-12c 所示，使熔渣喷出，这样一直将钢板割通为止。

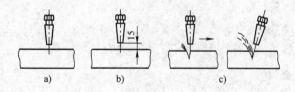

图　8-11

2. 圆钢的气割　圆钢切割时，割嘴应按图 8-12a 中 1 的位置进行（即先从一侧开始预热）。开始切割时，再慢慢打开切割氧气阀，同时将割嘴转为与地面相垂直的方向，这时适当加大氧气流使圆钢割透，其切割次序按图 8-12b 中 1—2—3 位置进行。

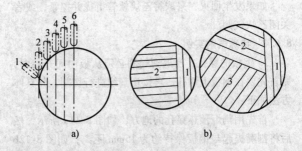

a)   b)

图 8-12　圆钢气割

第9章 矫 正

钢材表面上若有不平、弯曲、扭曲、波浪等变形，用其制造零件后，其尺寸的准确性是不能保证的，从而影响整个产品质量。为此必须对变形的钢材进行矫正。

钢材沿厚度方向，可以看作由很多层纤维组成，若各层纤维长度在任何一段距离内都相等，则钢材必然是平直的。若各层纤维长度在某一段距离内不等，则钢材必然是弯曲的。矫正就是使变形的板料、型材和管料变为平直状态的塑性加工方法。

钢材矫正的方法很多，根据矫正时钢材的温度不同，可分为冷矫正和热矫正。

冷矫正是在常温下进行的矫正，冷矫正有时会产生冷硬现象，适用于矫正塑性较好的钢材。对变形十分严重或脆性很大的钢材，若合金钢及长时间放在露天中生锈的钢材，因塑性较差不能用冷矫正。

热矫正是在钢材加热至 700~1000℃ 时进行的矫正。在钢材变形较大、塑性较差，或在缺少足够动力的情况下应用热矫正。

另外，根据矫正时外力的来源与性质不同，可分为手工矫正、机械矫正和火焰矫正。钢材矫正后允许的偏差值见表9-1。

表9-1 钢材矫正后允许的偏差值

（单位：mm）

钢材名称	示意图	允许偏差值
钢板、扁钢的局部挠度		$\delta \geqslant 14, f \leqslant 1$ $\delta < 14, f \leqslant 5$
角钢、槽钢工字钢的直线度		$F \leqslant L/1000$， 且≮5

（续）

钢材名称	示意图	允许偏差值
角钢两边的垂直度		$\Delta \leqslant b/100$
工字钢、槽钢翼缘的倾斜度		$\Delta \leqslant b/80$

9.1　手工矫正

　　手工矫正多是采用锤击法进行的矫正。由于手工矫正操作灵活简便，适于尺寸不大钢材的变形或在缺乏矫正设备的场合下可应用手工矫正。手工矫正各种变形的方法见表9-2。

　　如果薄板有综合变形时，可选用100mm×1200mm×3mm的钢板条，用于均匀地打击综合变形的薄钢板，再按表9-2中所列的方法矫正。

　　若角钢有综合变形时，要先矫正弯曲变形，然后矫正扭曲变形，最后矫正角变形，有时要反复进行矫正，才能达到要求。

表 9-2　手工矫正各种变形的方法

钢材变形名称		示意图	矫正方法
薄板	中间凸起	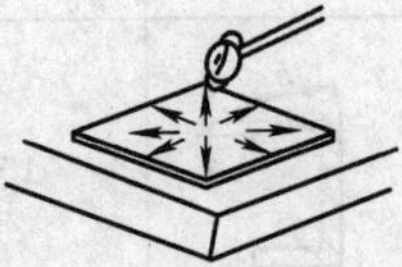	薄板中间凸起时，说明中间的纤维比四周长。矫正时由凸起的周围开始逐渐向四周锤击，图中箭头表示锤击位置及方向，越往边缘锤击密度越大，同时锤击力度也越大
	边缘成波浪形		薄板边缘成波浪形时，说明中间的纤维比四周短。锤击时，应从四周向中间逐步锤击，图中箭头表示锤击位置及方向，且锤击点的密度向中间应逐渐增加，锤击力度也越大

（续）

钢材变形名称		示意图	矫正方法
薄板	对角翘起		薄板对角翘起时，说明对角翘起方向纤维长。锤击时，则应沿另一没有翘起的对角线进行锤击，使其延伸而矫正
扁钢	厚度方向弯曲变形		当扁钢在厚度方向弯曲时，应将扁钢凸处向上，锤击凸处就可以矫正
	宽度方向弯曲变形		当扁钢在宽度方向弯曲时，说明扁钢的内层纤维比外层短，所以用锤子依次锤击扁钢的内层，或在三角形区域内进行锤击，使其延伸而矫正，对较厚的扁钢不宜使用锤击法，而是选用火焰矫正

（续）

钢材变形名称		示意图	矫正方法
扁钢	扭曲		矫正扭曲的扁钢时，最好是将扁钢的一端用台虎钳夹住，用叉形扳手夹持扁钢的另一端，进行反方向的扭曲，直至扭曲变形消除
角钢	外弯		矫正角钢外弯时，应将角钢平放在钢圈上，锤击时为了不使角钢翻转，锤柄应稍微抬高，或放低一 α 角度（约5°），并在锤击的一瞬间，除用力打击外，还稍带有向内拉或向外推的力

钢材变形名称		示意图	矫正方法
角钢	内弯		矫正角钢内弯时，应将角钢背面朝上立放，然后锤击矫正。同样，为了不使角钢打翻，锤击时锤柄后手高度也应略作调整（α约5°），并在打击瞬间稍带拉或推
	扭曲		矫正扭曲的角钢时，可将角钢的一端用台虎钳夹持，用扳手夹持角钢的另一端并作反方向扭转，直至扭曲变形消除

（续）

钢材变形名称		示意图	矫正方法
角钢	角变形		如果角钢的角变形角度大于90°，则矫正时将角钢置于V形槽内或平台上，用大锤锤击，使其夹角变小 如果角钢的角变形角度小于90°时，则将角钢仰放于平台上，然后在角钢的内侧垫上型锤再锤击，使其角度扩大
槽钢	弯曲变形		矫正槽钢的立弯时，可将槽钢置于用两根平行圆钢组成的简易矫正台上，并使槽钢凸部朝上，用大锤锤击 矫正槽钢的旁弯时，也可用类似方法，用大锤锤击槽钢的翼板处

（续）

钢材变形名称		示意图	矫正方法
槽钢	扭曲变形		矫正略有扭曲的槽钢时，将槽钢斜置在平台上，使扭曲翘起的部分伸出平台外，一侧用羊角卡将槽钢压住。另外，锤击伸出平台翘起部分的槽钢，直至矫正
	翼板局部变形		用大锤抵住槽钢凸起附近平的部分，然后用另一大锤锤击槽钢另一面的凸起处

（续）

钢材变形名称		示意图	矫正方法
圆钢	弯曲变形		圆钢的弯曲矫正时，将凸起处向上，用锤子锤击凸起处，使其反向弯曲矫正，对于外形要求较高的圆钢，为避免直接锤击而损伤其表面，可用合适型锤置于圆钢的凸起处，然后锤击型锤顶部
焊接钢板	综合变形		用锤子直接锤击焊缝处

9.2 机械矫正

机械矫正是在专用矫正机上进行矫正钢材的变形。钢材机械矫正方法见表9-3，钢材各种变形的机械矫正方法见表9-4。钢材上有特殊变形情况时，应采取一定措施才能矫正，钢材上特殊变形情况的几种矫正方法见表9-5。

表 9-3 机械矫正

钢材变形名称	示意图	矫正方法及设备
钢板弯曲、波浪变形和起翘等		设备：钢板矫正机。 方法：先根据钢板厚度以及钢板变形程度确定压下量，当钢板通过上、下辊轴时，可进行强行矫正

钢材变形名称	示意图	矫正方法及设备
型钢弯曲、扭曲和局部变形		设备：型钢矫正机 方法：与上述钢板矫正机矫正时相同，对变形较严重的型钢应先手工矫正，然后进行机械矫正
圆钢弯曲		设备：圆钢、管子矫正机 方法：与上述矫正方法相同

表 9-4　钢材各种变形的机械矫正方法

钢材变形名称		示意图	矫正方法及设备
厚钢板（尺寸较小）	弯曲		设备：压力机 方法：将钢板的凸起处向上，上、下用三块垫铁垫放，然后用压力机施压
	扭曲变形		设备：压力机 方法：将扭曲钢板分别用三块垫铁垫放在扭曲的最高点和最低点，然后用压力机施压
槽钢（尺寸较小）	弯曲变形		设备：压力机 方法：在槽钢弯曲处垫放适当厚度的垫铁，然后用压力机向凸起处施压
	扭曲变形		设备：压力机 方法：将扭曲槽钢分别用三块垫铁垫放在扭曲的最高、最低点，然后用压力机施压

表9-5 钢板上特殊变形情况的几种矫正方法

钢板的变形名称	示意图	矫正方法
松边钢板（中部较直，而两侧纵向呈波浪形）	钢材 垫板　钢材	在钢板的中部加垫板（软铁皮或橡胶板）
紧边钢板（中间纵向呈波浪形，两侧较直）	钢材 垫板　钢材	在钢板的两侧加垫板
单边钢板（一侧纵向呈波浪变形，而另一侧较直）	钢材 垫板　钢材	在紧边的一侧加垫板

9.3 火焰矫正

火焰矫正是在钢材变形处用火焰局部加热的方法进

行的矫正。火焰矫正是根据金属材料有热胀冷缩的特性。当局部加热时，被加热处金属材料受热而膨胀，但由于周围温度低，因此膨胀受到阻碍，此时加热处的金属材料受到压应力，当加热温度为 600～700℃ 时，压应力超过金属材料的屈服强度，产生压缩塑性变形。停止加热后，金属材料冷却缩短，结果加热处金属纤维要比原先短，因而产生了新的变形。火焰矫正就是利用金属材料局部受热后所引起的变形去矫正原先的变形。图9-1 所示为钢板、角钢和 T 形钢加热前、加热中、加热后的变形情况。

9.3.1 火焰矫正的方法

火焰矫正有点状加热、线状加热和三角形加热三种，其加热方式及方法见表9-6。

9.3.2 影响火焰矫正的因素

影响火焰矫正的因素有加热位置、加热方式和加热温度。

1. 加热位置　应选择在金属材料纤维较长的部位。如果加热位置选择错误，非但不能起到应有矫正效果，而且还会产生新的变形。

2. 加热方式　加热方式有点状加热、线状加热和三角形加热。

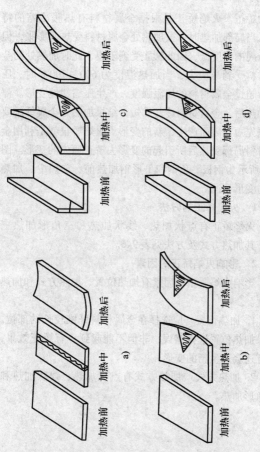

图 9-1 钢板加热前、加热中、加热后的变化情况

加热前　加热中　加热后　a)

加热前　加热中　加热后　b)

加热前　加热中　加热后　c)

加热前　加热中　加热后　d)

表9-6 火焰加热方式及方法

加热方式	示意图	概念及适用范围
点状加热		加热区域为一定直径的圆圈状点，称为点状加热。点状加热适用薄板的凹、凸不平以及钢管弯曲的矫正 点状加热可加热一点或多点，多点加热常用梅花式。变形大的薄板，加热点距 a 要小些，加热点直径 d 适当增大，变形小的薄板，加热点距 a 要适当大些，加热点直径 d 适当减小，但不小于15mm，且对薄板加热温度要低些
线状加热		加热时，火焰沿直线方向移动或同时在宽度方向作一定的横向摆动，称为线状加热。适用变形较大的厚钢板的矫正

（续）

加热方式	示意图	概念及适用范围
三角形加热		加热区域呈三角形状称为三角形加热。常用于矫正刚度较大构件的弯曲变形，如角钢、槽钢、工字钢等的弯曲变形

3. 加热温度　一般不宜超过850℃，以免金属材料加热时过热。但也不能过低，因温度过低时矫正效率不高，最佳加热温度为600~800℃，加热中钢材的颜色变化见表9-7。

9.3.3　火焰矫正实例

钢材的火焰矫正实例见表9-8。

表9-7　钢材表面颜色及其相应温度（在暗处观察）

（单位：℃）

颜色	温度	颜色	温度
深褐红色	550~580	亮樱红色	830~900
褐红色	580~650	橘黄色	900~1050
暗樱红色	650~730	暗黄色	1150~1250
深樱红色	730~770	亮黄色	1250~1300
樱红色	770~800	白黄色	
淡樱红色	800~830		

表9-8 钢材的火焰矫正实例

钢材变形名称		示意图	矫正方法
薄钢板	中央凸起		将薄钢板凸起处向上置于平台上,用羊角卡将薄钢板四周压紧,然后用点状或线状加热
	边缘呈波浪变形		将薄钢板置于平台上,用羊角卡压紧三条边,用线状加热从凸起处的两侧向中间围拢
	弯曲变形		在槽钢腹板两边同时向一个方向进行线段摆动式加热,加热宽度视变形大小而定

（续）

钢材变形名称		示意图	矫正方法
型钢	工字钢旁弯		在两翼板凸起处，同时进行三角形加热
	T形钢弯曲		在凸起处，进行三角形加热
	钢管局部弯曲		采用点状加热管子的凸面，加热速度要快，加热一点后迅速移到另一点，一排一排地加热

第10章 预加工技术

经剪切或气割后的工件，有的需要进行预加工。零件的预加工包括边缘加工、孔加工、攻螺纹与套螺纹和零件的修整等。

10.1 边缘加工

冷作产品的边缘加工中，最常见的是加工坡口。加工坡口的方法有手工錾削、机械錾削、气割、机械加工和碳弧气刨等。

10.1.1 手工錾削

手工錾削是指利用锤子敲击錾子对金属工件进行切削加工的方法。主要应用于其他方法不便加工的场合。

1. 錾子 錾子的种类很多，常用的有扁錾和狭錾两种，如图10-1所示。錾子楔角（β）是指前面与后面的夹角，选取方法是錾削硬钢或铸铁等硬材料时，楔角取60°~70°；錾削中等硬度材料时，楔角取50°~60°；錾削铜或铝等软料时，楔角取30°~50°。

2. 錾子的刃磨 刃磨时应使錾子的刃口略高于砂轮的中心，以免刃口扎入，击碎砂轮，造成事故。为了使刀刃磨得平整和砂轮磨损均匀，錾子的刃口应沿砂轮

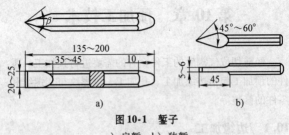

图 10-1　錾子

a) 扁錾　b) 狭錾

的轴心线方向来回平稳地移动，如图 10-2 所示。

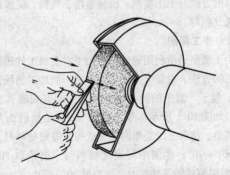

图 10-2　錾子的刃磨

3. 錾子刃口的热处理　錾子刃口的热处理包括淬
火和回火两个过程。錾子淬火时，把刀刃部分约 20mm

长的部分加热到 750 ~ 780℃ （此过程到刃口呈樱红色），然后将錾子的刃口迅速垂直浸入冷水中冷却；浸入水深度为 5 ~ 6mm，以保证刃口上部有足够回火温度。为了加速冷却，錾子可在水中作水平移动。当刃口水波又消失时，迅速从水中提起錾子刃口，使錾子刃口上部热量传给刃口，使刃口温度再一次升高，这一过程就是回火。錾子的回火温度与氧化色的关系见表 10-1。回火后刃口区域为蓝色，说明刃口硬度比较适当，这种强度的刃口用得最多。

表 10-1　錾子的回火温度与氧化色的关系

（单位：℃）

回火后的氧化色	温度	回火后的氧化色	温度
亮黄色	220	紫色	285
麦草黄色	240	青蓝色	295
黄褐色	255	亮蓝色	315
红褐色	265	灰色	330
紫红色	275	—	—

4. 錾子的握法　錾子主要用大拇指、食指和中指握住，无名指、小指自然地接触，手心向上（或手心

向下），如图 10-3 所示。

5. **錾削平面的方法** 当錾削不大的平面时，可直接用扁錾，每次錾削量为 0.5 ~ 2.0mm。当錾削平面较大时，可先用狭錾在平面上开出几条平行的槽，然后用扁錾把槽间凸起部分錾去。

图 10-3 錾子的握法

当錾削脆性材料（如铸铁）时，要防止工件边缘材料的崩裂。在一般情况下，錾削到离尽头约 10mm 处，必须从边缘向中间錾削。

10.1.2 机械錾削

机械錾削的工作效率高，可减轻劳动强度。机械錾削使錾子产生往复运动。

10.1.3 坡口的气割

气割除了能切割金属外，还能加工焊接坡口。加工时只要改变割炬的倾斜度，即可进行焊接坡口的加工。

1. **单面坡口的半自动气割** 利用 CG1—30 型半自动气割机，可进行无钝边和有钝边的 V 形坡口两种方法的气割，如图 10-4 所示。割嘴间距离与工件厚度的关系见表 10-2。

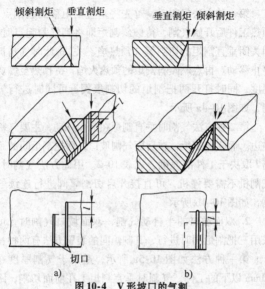

图 10-4　V形坡口的气割

a) 第一种方法　b) 第二种方法

表 10-2　割嘴间距离与工件厚度的关系

工件厚度/mm		5~20	20~40	40~60
割嘴号码		1	2	3
割嘴间距离 l/mm	第一种方法	35~30	30~25	25~15
	第二种方法	20~15	15~10	10~7

第一种方法气割时，首先将垂直割炬移到起割点，预热工件后开始气割，待倾斜割炬即将到气割起点时，即关闭垂直割炬的切割氧（预热焰不关），此时气割机停止移动。再点燃倾斜割炬的预热火焰，待预热至燃烧温度，同时打开两把割炬的切割氧阀，可同时进行气割，如图 10-4a 所示。

第二种方法气割时垂直割炬在前面移动，主要气割钝边。而倾斜割炬，在后面气割坡口，两把割炬间的距离 l 取决于工件的厚度，见表 10-2。用此方法气割时，气割机不需要停机，可直接开启切割氧阀进行连续气割，如图 10-4b 所示。

2. 双面坡口的半自动气割 双面坡口气割时，可采用三把割炬同时进行，其割炬间的装置方法有两种：

第一种方法如图 10-5a 所示，适用于气割厚度在 50mm 以下的工件。气割时垂直割炬 1 在前面切割，距离 a 处的倾斜割炬 2 气割下斜边，距离 b 处的倾斜割炬 3 气割上斜边。

第二种方法如图 10-5b 所示，适用于气割厚度在 50mm 以上的工件。气割时，割炬 1 与工件表面保持垂直；割炬 2 放置在与割炬 1 相同的位置，即与气割方向垂直的直线上，这样可用两把割炬同时加热。为了防止切割氧射流的相互影响和干扰而将割炬 2 安装成与气割方向后倾 12°~15° 的角度。割炬 3 与割炬 1 的距离为 b。

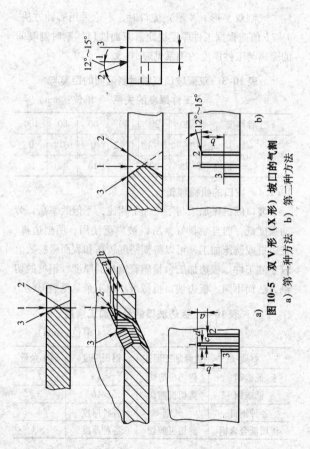

图 10-5 双 V 形（X 形）坡口的气割

a) 第一种方法　b) 第二种方法

气割双 V 形（X 形）坡口时，不论采用哪种方法，a 与 b 值应根据工件厚度决定。双面坡口气割时割嘴间的距离与工件厚度的关系见表 10-3。

表 10-3　双面坡口气割时割嘴间的距离与

工件厚度的关系　（单位：mm）

工件厚度		20	30	40	60	80	100
割嘴间距离	a	10 ~ 12	8 ~ 10	0 ~ 2	0	0	0
	b	25	22	20	18	16	16

10.1.4　坡口的机械加工

坡口的机械加工与手工加工相比，不但效率高，劳动强度低，而且质量好，所以被广泛使用。用刨边机、铣边机或铣床加工，可以得到精度较高和表面粗糙数值较小的工件。板边加工余量随着钢材的厚度、钢材的切割方法而不同，板边坡口机械最小加工余量见表 10-4。

表 10-4　板边坡口的最小加工余量

（单位：mm）

材质	边缘加工形式	钢板厚度	最小余量
低碳钢	剪切机剪切	≤16	2
低碳钢	剪切机剪切	>16	3
各种钢材	气割	各种厚度	4
优质低合金钢	剪切机剪切	各种厚度	>3

10.1.5　碳弧气刨

1. **碳弧气刨的原理**　碳弧气刨就是利用石墨棒或碳棒作为电极，与金属工件间产生的电弧热将金属熔化，并用压缩空气气流把这些熔化的金属吹掉，从而实现在金属表面上刨削沟槽的一种热加工工艺，如图10-6所示。碳弧气刨除手工碳弧气刨外，还有半自动和自动碳弧气刨，但以手工碳弧气刨应用最为广泛。

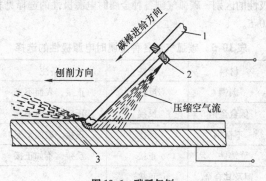

图 10-6　碳弧气刨
1—碳棒　2—刨钳　3—工件

2. **碳弧气刨的适用范围**　用碳弧气刨挑焊根，比采用风錾效率高，特别适用于仰位、立位的刨切，噪声比风錾小，并能减轻工人的劳动强度，采用碳弧气刨可返修有焊接缺陷的焊缝，还可以用来开坡口，以及清除铸件上的毛边、浇冒口和铸件中缺陷等，同时还可用来切割金属，如铸铁、不锈钢、铜、铝及其合金等。其缺点是产生较大烟雾。

3. 碳弧气刨参数　碳弧气刨参数主要有电源极性、刨削电流、碳棒直径、刨削速度、压塑空气压力、电弧长度、碳棒倾角和碳棒伸出长度。

（1）电源极性　碳弧气刨采用直流电源，所以有极性的区别，碳弧气刨各种金属时电源极性的选择见表10-5。

表 10-5　碳弧气刨各种金属时电源极性的选择

材料	极性	备注
碳钢	反接	正接，表面不光
低合金钢	反接	正接，表面不光
不锈钢	反接	正接，表面不光
铸铁	正接	反接，不如正接
铜及其合金	正接	
铝及其合金	正接或反接	

（2）电源与碳棒直径　刨削电流对刨槽的尺寸影响较大。刨削电流大，则槽宽增大，同时槽深增加。采用大的刨削电流可提高刨削速度，获得较光滑的刨槽质量。一般在返修焊缝时，刨削电流可小些，便于发现缺

陷、对于不同直径的碳棒所采用的刨削电流可参考表 10-6，也可以根据下面的经验公式选取刨削电流：

$$I = (30 \sim 50)d$$

式中　　I——刨削电流（A）；

　　　　d——碳棒直径（mm）。

刨削电流选择过小，容易产生夹碳现象。选择碳棒直径时应考虑钢板厚度和刨槽宽度，碳棒直径与钢板厚度的关系见表 10-7，一般选取碳棒直径应比要求的刨槽宽度小 2~4mm。

表 10-6　碳棒规格及适用的刨削电流

截面形状	圆形碳棒（直径/mm×长/mm）	刨削电流/A	断面形状	矩形碳棒规格（长/mm×宽/mm×高/mm）	刨削电流/A
圆形	3×355	150~180	矩形	3×12×355	200~300
	4×355	150~200		4×8×355	180~370
	5×355	150~250		4×12×355	200~400
	6×355	180~300		5×10×355	300~400
	7×355	200~350		5×12×355	350~450
	8×355	250~400		5×15×355	400~500
	9×355	350~500		5×18×355	450~550
	10×355	400~550		5×20×355	500~600

表 10-7　碳棒直径与钢板厚度的关系

(单位：mm)

钢板厚度	3	4 ~ 6	6 ~ 8	8 ~ 12	>10	>16
碳棒直径	不刨	4	5 ~ 6	6 ~ 7	7 ~ 10	10

（3）刨削速度　刨削速度对刨槽尺寸和表面质量都有一定影响，刨削速度过快、过慢都不能最有效地利用电弧能量。刨削速度一般以 0.5 ~ 1.2m/min 较为合适。刨削速度太快会使碳棒与工件接触相碰，引起夹碳缺陷。

（4）压缩空气压力　压缩空气压力高些，能迅速吹走熔化金属，刨削顺利。常用的压缩空气压力为 0.4 ~ 0.6MPa（4 ~ 6at）。刨削电流与压缩空气压力之间的关系见表 10-8。

表 10-8　刨削电流与压缩空气压力之间的关系

刨削电流/A	140 ~ 190	190 ~ 270	270 ~ 340	340 ~ 470	470 ~ 550
压缩空气压力 /MPa	0.35 ~ 0.4	0.4 ~ 0.5	0.5 ~ 0.55	0.5 ~ 0.55	0.5 ~ 0.6

（5）电弧长度　碳刨时，电弧的长度以 1 ~ 2mm 为宜。

（6）碳棒倾角　碳棒与工件沿刨槽方向的夹角称

为碳棒倾角。碳棒的倾角一般为 25°~40°

(7) 碳棒的伸出长度　碳棒从钳口到电弧端的长度称为伸出长度。一般伸出长度为 80~100mm。当烧损到 20~30mm 时，需要进行调整，但不必中断压缩空气气流。

4. 碳弧气刨的操作及安全技术

(1) 操作技术　当电弧引燃后，开始的刨削速度应慢一点。因为此时钢板温度低，作用在钢板上的电弧热量很快散失，钢板不能很快熔化；刨削速度太快容易产生夹碳。当钢板熔化而被压缩空气吹走时，应适当加快刨削速度。在刨削中，碳棒不能横向摆动，也不能前后移动，碳棒中心应与刨槽中心重合在一个平面内，只能沿刨槽方向作直线运动。刨削结束时应先断弧，过几秒中在关闭风门使碳棒冷却。

(2) 安全技术　工人操作时应尽可能地顺风操作，以防止液态金属及熔渣烧坏其工作服及烫伤皮肤，并注意场地防火。

在容器或舱室内部操作时，操作位置不能过于狭小，还要加强抽风及排除烟尘措施。碳刨时刨削电流较大，应该注意防止焊机的过载和连续使用而发热。

(3) 碳弧气刨常见缺陷及预防措施 (见表 10-9)

表 10-9　碳刨常见缺陷及预防措施

缺陷	产生原因
夹碳	碳棒送进过猛或刨削速度太快
粘渣	压缩空气压力过小，碳棒与工件间倾角过小或碳棒伸出过长
铜斑	碳棒质量有问题
操作不当	操作不熟练

10.2　钻削

　　用钻头或扩孔钻在工件上加工孔的过程称为钻削。各种工件的孔加工，除去一部分由车、镗、铣等机床完成外，很大一部分是由钳工利用钻床和钻孔工具（钻头、扩孔钻、铰刀等）完成的。在钻床上钻孔时，一般情况下，钻头应同时完成主运动和辅助运动两个运动。主运动，即为钻头绕轴线的旋转运动（切削运动）；辅助运动、即为钻头沿着轴线方向对着工件的直线运动（进给运动）。钻孔时，主要由于钻头结构上存在的缺点，影响加工质量，加工公差等级一般在 IT10 级以下，表面粗糙度值为 $Ra12.5\mu m$ 左右，属粗加工。

　　操作特点：

　　1) 钻头转速高。

　　2) 摩擦严重、散热困难、热量多和切削温度高。

3）切削量大、排屑困难和易产生振动。

4）钻头的刚度和精度都较差，因此钻削的加工精度低，一般尺寸精度为 IT11～IT10，表面粗糙度值为 $Ra50～Ra12.5\mu m$。

10.2.1 钻头

钻头是用以在工件上钻削出通孔或不通孔，并能对已有的孔扩孔的刀具。常用的钻头主要有麻花钻、扁钻、中心钻、深孔钻和套料钻。扩孔钻和锪钻虽不能在实体材料上钻孔，但习惯上也将它们归入钻头一类。钻头一般用碳素工具钢或高速钢制成，并经淬火与回火处理，如图 10-7 所示。

1. 麻花钻角度　麻花钻是通过其相对固定轴线的旋转切削以钻削工件的圆孔的工具。因其容屑槽成螺旋状而形似麻花而得名。螺旋槽有 2 槽、3 槽或多槽，但以 2 槽最为常见。麻花钻可被夹持在手动、电动的手持

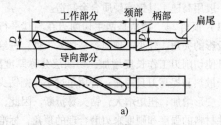

a)

图 10-7　钻头

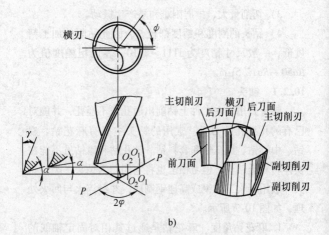

图 10-7 钻头（续）

式钻孔工具或钻床、铣床、车床乃至加工中心上使用。钻头一般用高速工具钢或硬质合金制造。

（1）顶角 2ϕ 顶角是两主切削刃在与其平行的平面上投影的夹角。较小的顶角容易切入工件，进给力较小，且使切削刃工作长度增加，切削层公称厚度减小，有利于散热和提高刀具寿命；若顶角过小，则钻头强度减弱，变形增加，扭矩增大，钻头易折断。因此，应根据工件材料的强度和硬度来刃磨合理的顶角，标准麻花钻的顶角 2ϕ 为 $118°$ 见表 10-10。

表 10-10　各种材料加工时顶角的选择

加工材料	顶角（2φ）	加工材料	顶角（2φ）
普通钢和铸钢	116°～118°	纯铜	125°～135°
合金钢和钢铸件	120°～125°	硬铝合金和铝硅合金	90°～100°
不锈钢	110°～120°	胶木，电木，赛璐珞	80°～90°
黄铜和青铜	130°～140°	及其他脆性材料	

（2）前角 γ　由于麻花钻的前刀面是螺旋面，主切削刃上各点的前角是不同的。从外圆到中心，前角逐渐减小。刀尖处前角约为 30°，靠近横刃处则为 -30°左右。横刃上的前角为 -50°～-60°。

（3）后角 α　麻花钻主切削刃上选定点的后角，是通过该点柱剖面中的进给后角 α 来表示的。柱剖面是过主切削刃选定点，作与钻头轴线平行的直线，该直线绕钻头轴旋转所形成的圆柱面。α 沿主切削刃也是变化的，越接近中心 α 越大。麻花钻外圆处的后角通常取 8°～10°，横刃处后角取 20°～25°。这样能弥补由于钻头轴向进给运动而使主切削刃上各点实际工作后角减小所产生的影响，并能与前角变化相适应。

（4）横刃斜角 ψ　横刃斜角是主切削刃与横刃在垂直于钻头轴线的平面上投影的夹角。当麻花钻后刀面磨出后，ψ 自然形成。由图 10-7 可知，横刃斜角 ψ 增大，则横刃长度和进给力减小。标准麻花钻的横刃斜角约为

50°~55°。

2. 钻头刃磨操作如下：

（1）磨主切削刃　将主切削刃置于水平状态，大致在砂轮的中心平面上，使钻头轴线与砂轮圆柱面母线呈所需要的 58°~59°（顶角 2ϕ 的一半），并使钻身向下倾斜 8°~15°，如图 10-8a 所示。

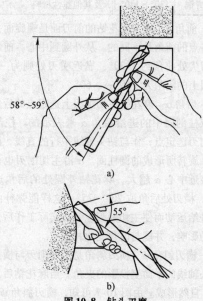

a)

b)

图 10-8　钻头刃磨

a）磨主切削刃　b）修磨横刃

刃磨主切削面时，右手握住钻头的前部作为定位支点，并掌握好钻头绕轴线的转动和施加在砂轮上的压力（根据钻头的直径确定用力大小）；左手握住钻头的柄部，作上下摆动。转动的目的是使整个后刀面都均匀磨削；而上下摆动的目的是磨出一定后角。两手的动作必须很好地配合。由于钻头的后角在钻头的不同半径处是不相同的，所以摆动角度的大小要随后角大小而定。

如果钻头的切削刃先接触砂轮，则一面转动，一面向下摆动；如果钻头的后刀面下部先接触砂轮，则一面转动，一面向上摆动。这两种方法均可，但精磨阶段最好用前一种方法。

一条主切削刃磨好后，翻转180°刃磨另一条切削刃。此时应保证钻头只绕其轴线作转动，而空间位置不变。这样才能使磨出的顶角2ϕ与轴线保持对称。

（2）修磨横刃　如图10-8b所示为修磨横刃时钻头与砂轮的相对位置。修磨时，要先对刀背接触砂轮，然后转动钻头磨主切削刃的前面再把横刃磨短。修磨横刃的砂轮圆角半径要小，砂轮直径也最好小些，否则修磨困难。

（3）防止刃磨退火　刃磨中应随时进行水冷。

3. 薄板钻　薄板钻是用麻花钻修磨得到的，如图10-9所示。钻头头端由三个顶尖，中间刃比两侧尖刃高出 1～2mm。

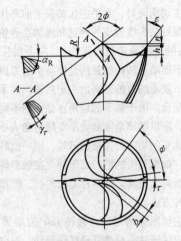

图 10-9　薄板钻

10.2.2　钻孔的设备和工具

冷作工常用的钻孔设备有台钻和摇臂钻，常用工具有手电钻和风钻等。

10.3　攻螺纹和套螺纹

攻螺纹是指用丝锥在工件的孔壁上切削出内螺纹的方法。套螺纹是指用圆板牙在圆杆或棒材（或管料）工件上套出外螺纹的方法。

10.3.1 攻螺纹

1. 丝锥　丝锥是加工内螺纹的工具。有手用丝锥和机用丝锥两种。又有粗牙和细牙丝锥之分。手用丝锥一般用合金工具钢（如9SiCr）或轴承钢（如GCr9）制造；机用丝锥用高速钢制造。丝锥是由工作部分和柄部组成，如图10-10a所示。攻螺纹时，为了减少手用丝锥的切削力和提高其耐用度，可将整个切削工作量分配给几只丝锥来承担，通常M6～M24的丝锥一套有两支，分为头锥（头攻）和二锥（二攻）；M24以上的丝锥一套有三支，分为头锥、二锥和三锥；M6以下的丝锥容易折断，故也是一套有三支。细牙丝锥不论大小均为两支一套。在成套丝锥中，分为两种方式来分配每支丝锥的切削量，即锥形分配和柱形分配。近几年来，人们又开发研制了多种新型结构的丝锥产品。

（1）锥形分配　如图10-10b所示。这种丝锥每套的大径、中径和小径都相等，只是切削部分的长短及锥角不同。

（2）柱形分配　如图10-10c所示。这种丝锥的头锥、二锥的大径、中径、小径都比三锥小。头锥、二锥的螺纹中径一样，而头锥的大径不一样，头锥的大径小，二锥的大径大。柱形分配丝锥的切削量分配较理想，使用寿命长，攻螺纹时省力。

目前工具厂出品的手用丝锥，等于或大于M12的采用柱形分配，而 M12 以下的丝锥采用锥形分配。所以攻 M12 以上的通用螺纹时一定要用最末一支丝锥攻过，才能得到正确的螺纹直径。

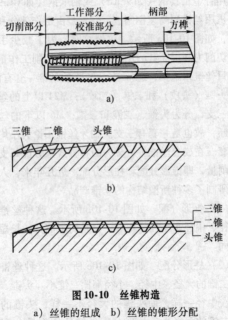

a)

b)

c)

图 10-10　丝锥构造

a）丝锥的组成　b）丝锥的锥形分配

c）丝锥的柱形分配

（3）新型结构的丝锥　为了提高丝锥的切削效率、

改善容屑和排屑状况，减少崩齿和折断，现代丝锥有多种新型结构：

1）螺尖丝锥。这种丝锥的切削部分磨有斜槽，形成负的刃倾角（见刀具）。切削时切屑向前排出，适用于加工丝锥的通孔。

2）螺旋槽丝锥。这种丝锥的容屑槽为螺旋形。在加工不通孔右旋螺纹时，丝锥要制出右螺旋容屑槽，使切屑向前排出，不刮伤螺纹。

3）无槽挤压丝锥。无槽挤压丝锥是依靠挤压孔壁时金属的塑性变形形成螺纹，主要用于加工铜、铝及其合金等有色金属材料的螺纹，也可加工低碳钢和不锈钢工件的螺纹。其前端的挤压锥部是锥形螺纹。为了减少摩擦力、降低挤压力，丝锥截面做成多边形。挤压丝锥强度高，特别适于加工大径在6mm以下的小规格螺孔。

4）跳牙丝锥。沿刀齿螺旋线方向相间磨去一齿，因而增大了切屑厚度，有利于断屑和排屑，用于加工不锈钢等工件的螺纹。

5）内容屑丝锥。切屑从丝锥的内孔中排出，用于加工大规格螺孔。

6）自动收缩丝锥。螺纹攻完后，其丝锥刀齿能自动向内收缩，以便快速退出。

7）拉削丝锥。这种丝锥是将一把刀齿分布在螺旋线上的拉刀，常用于加工梯形和方牙螺纹。

8）硬质合金丝锥。这种丝锥主要用于加工铸铁和有色金属工件的螺纹，切削效率和刀具的使用寿命较高。

2. 铰杠 铰杠用来夹持丝锥柄部的方榫，带动丝锥旋转切削的工具，也可加工内螺纹或安装手用铰刃作铰孔用。最常用的是活动式铰杠，它是由固定钳牙 1、活动钳牙 2、方框 3、可调节手柄 4 和固定手柄 5 组成，如图 10-11 所示。

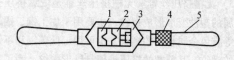

图 10-11　活动式铰杠

1—固定钳牙　2—活动钳牙　3—方框

4—可调节手柄　5—固定手柄

3. 攻螺纹的方法：

1）攻螺纹前，应先用钻头在工件上钻削出底孔，然后再进行倒角。钻头的直径可根据螺纹的大径和螺距确定，攻普通螺纹前钻底孔的钻头直径见表 10-11。

表 10-11 攻普通螺纹前钻底孔的钻头直径

（单位：mm）

螺纹大径 d	螺距 P	钻头直径 D	
		铸铁、青铜、黄铜	钢、可锻铸铁、纯铜、层压板
5	0.8	4.1	4.2
	0.5	4.5	4.5
6	1	4.9	5
	0.75	5.2	5.2
8	1.25	6.6	6.7
	1	6.9	7
	0.75	7.1	7.2
10	1.5	8.4	8.5
	1.25	8.6	8.7
	1	8.9	9
	0.75	9.1	9.2
12	1.75	10.1	10.2
	1.5	10.4	10.5
	1.25	10.6	10.7
	1	10.9	11
14	2	11.8	12
	1.5	12.4	12.5
	1	12.9	13

（续）

螺纹大径 d	螺距 P	钻头直径 D	
		铸铁、青铜、黄铜	钢、可锻铸铁、纯铜、层压板
16	2	13.8	14
	1.5	14.4	14.5
	1	14.9	15
18	2.5	15.3	15.5
	2	15.8	16
	1.5	16.4	16.5
	1	16.9	17
20	2.5	17.3	17.5
	2	17.8	18
	1.5	18.4	18.5
	1	18.9	19

钻削普通螺纹底孔时还可以用下列经验公式计算：

加工钢材（韧性钢材）：

$$D = d - P$$

加工铸钢（脆性钢材）：

$$D = d - (1.05 \sim 1.19)P$$

式中　D——底孔直径（mm）；

　　　d——内螺纹大径（mm）；

P——螺纹螺距（mm）。

2）攻螺纹时，将工件夹持固定后，把丝锥插入孔内，必须把丝锥放正，先用头锥切削，然后对丝锥施加压力并转动铰杠。当切入丝锥 1～2 圈时，再仔细地观察和矫正丝锥的位置，必须使丝锥与工件保持垂直，垂直度可用90°角尺检查。否则攻出的螺纹轴心线会发生偏斜，甚至攻不到底。为了避免切屑过长而卡住丝锥，丝锥每转动 1～2 圈后，便要反转 1/4～1/2 圈，以便断屑。

3）在攻螺纹过程中，如果换用最后一支丝锥时，应先用手将丝锥旋至不能旋进时，再用铰杠转动，以防螺纹乱牙。

4）攻塑性材料时要加切削液，以增加润滑，减少阻力以及提高螺纹的表面质量。

10.3.2 套螺纹

套螺纹是用圆板牙在圆柱表面或圆杆上加工外螺纹的过程。

1. 圆板牙　圆板牙是加工外螺纹的工具，有固定式和可调式两种。

2. 圆板牙铰杠　圆板牙铰杠是用来安装圆板牙，并带动圆板牙旋转进行套螺纹。圆板牙放入铰杠后用螺钉紧固。

3. 套螺纹前圆杆直径的确定　圆杆直径 D 可用下

列公式计算：

$$D = d - 0.13P$$

式中　　d——外螺纹大径（mm）；

　　　　P——螺距（mm）；

　　　　D——圆杆直径（mm）。

　　4. 套螺纹的方法　套螺纹前，将圆板牙安装在合适的圆板牙铰杠中，对被套螺纹的圆杆头部必须进行倒角，15°～20°以便起削，并将其夹紧在台虎钳上，夹紧时可用 V 形衬架。套螺纹时，圆板牙端面应与圆杆中心线垂直，两手按顺时针方向均匀地旋转圆板牙，并施加适当压力，当圆板牙切出几牙螺纹后就不再施加压力，每旋转圆板牙 1～2 圈后，再回转 1/4 圈，以便断屑。套螺纹过程中可加切削液润滑。

10.4　工件的修整

　　工件经加工后，常用锉削或磨削修整。

10.4.1　锉削

　　用锉刀对工件表面进行切削加工，使工件达到所要求的尺寸、形状和表面粗糙度的操作称为锉削。锉削加工的公差等级可以达到 0.01mm，表面粗糙度值可达 $Ra0.8\mu m$。

　　锉削的应用范围很广，可以锉削平面、曲面、外表面、内孔、沟槽和各种形状复杂的表面。还可以配键、做样板、修整个别零件的几何形状等。

1. 锉刀　锉刀表面上有许多细密刀齿、条形，用于锉光工件的手工工具。还可用于对金属、木料、皮革等表层做微量加工。

锉刀是用高碳工具钢 T12 或 T13 制成，并经过热处理，硬度为 62 ~ 64HRC。锉刀的形状和各部分的名称如图 10-12 所示。锉齿有粗、中、细三种。

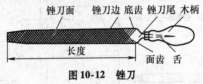

图 10-12　锉刀

2. 锉刀的种类和选择　锉刀按其断面形状的不同，可分为扁锉（板锉）、方锉、三角锉、半圆锉和圆锉五种。根据被加工工件外形特征，选择不同断面形状的锉刀，如图 10-13 所示。

3. 锉削方法　如图 10-14 所示为锉刀的握法。用右手握准锉刀柄，柄部顶住掌心，大拇指放在手柄的上部，其余手指满握手柄。左手握住锉刀的刀头部位。锉削时，右手推锉刀前进并向下压，左手只压锉刀向下，左、右手前进锉削时，保持水平并用力，返程时右手取消向下压力退回，左手放松。另外，锉削时两腿弓步站稳，便于施力。

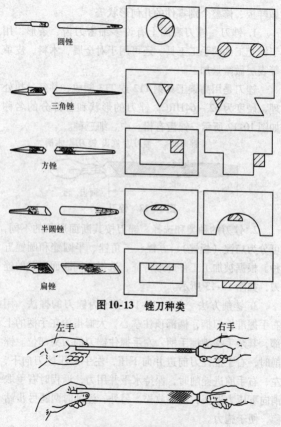

圆锉

三角锉

方锉

半圆锉

扁锉

图 10-13 锉刀种类

左手　　　　　　　　　　　右手

图 10-14 锉刀握法

（1）平面的锉削方法　有顺向锉、交叉锉和推锉法，分别如图 10-15a、b、c 所示。

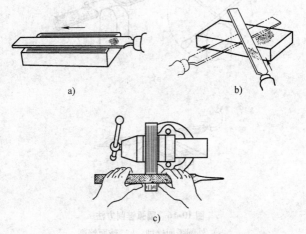

图 10-15　平面锉削方法
a）顺向锉　b）交叉锉　c）推锉法

（2）圆弧和球面锉削方法　锉削内圆弧面可选有半圆锉或圆锉。锉削时，锉刀除了作前进切削运动外，还要作圆弧摆动。

锉削外圆弧面和外球面时，可选用扁锉。锉刀除了作前进运动外，还要不断地作圆弧运动，如图 10-16 所示。

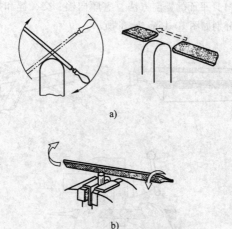

图 10-16 圆弧锉削方法

a）外圆弧面锉削 b）球面锉削

4. 工件的夹持 工件夹持得正确与否直接影响锉削的质量。工件夹持要符合下列要求：

1）工件最好夹持在台虎钳的中间。

2）工件伸出钳口不要太长，从免锉削时工件产生振动，如图 10-17a 所示。

3）表面形状特殊的工件，夹持要加衬垫，如图 10-17c～e 及 g 所示。

4）型钢工件的夹持要牢固，并防止其夹持变形，如图 10-17e~h 所示。

10.4.2 磨削

钣金、冷作工的磨削是用砂轮对工件表面进行切削加工的方法称为磨削。

磨削用于消除钢板边缘的毛刺、铁锈;装配过程中,修整零件间的相对位置;碳弧气刨挑焊根后,焊接坡口处表面的磨光;以及受压容器的焊缝,在无损检测之前,也要进行打磨处理。

钣金冷作操作中广泛应用的磨削工具有携带式手提风动砂轮机或电动砂轮机。

384

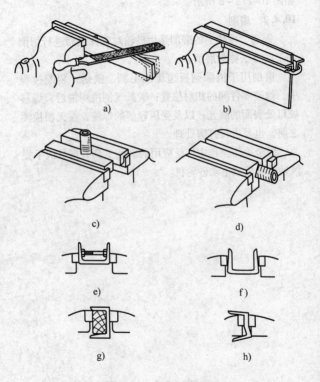

a)

b)

c)

d)

e)

f)

g)

h)

图 10-17　工件的正确夹持

第11章 成形技术

工件预加工后，利用通用的工、夹具或简单模具进行工件成形，有些工件采用机械加工成形，但有些工件离不开手工的补充加工修整等工作，如汽车开模前也要进行手工成形。因此，薄板手工成形在钣金工中仍得到广泛的应用。

11.1 手工弯曲

采用一定的工、模具将坯料弯成所规定外形的锻造工艺称为弯曲。

11.1.1 薄板的角弯曲（见表 11-1）

表 11-1 薄板的角弯曲方法

使用工具	图形	弯曲方法
角钢、台虎钳、木锤		先在板料的弯曲处划出弯曲线，将板料的弯曲线对齐角钢平面，然后用木锤敲弯
弓形夹、方铁、木锤		

（续）

使用工具	图形	弯曲方法
台虎钳、方木、锤子		将板料划好的弯曲线与台虎钳的钳口平齐夹紧，先手工弯曲，然后用木锤沿板料根部敲弯 若板料端部伸出较短，可用木块垫打

11.1.2 角形工件的弯曲（见表 11-2）

表 11-2 角形零件的弯曲方法

弯曲步骤	图形	弯曲方法
第一步		在板料上划出弯曲线，每面对称有两条弯曲线，用台虎钳夹紧，先弯角 1
第二步		在台虎钳上用垫铁夹紧板料，弯角 2

（续）

弯曲步骤	图形	弯曲方法
第三步		选择尺寸相当的垫铁在台虎钳上夹紧板料，弯角3

11.1.3 圆柱面的弯曲（见表11-3）

表11-3 圆柱面的弯曲方法

弯曲步骤	图形	弯曲方法
第一步		先在待弯的板料上划出与弯曲轴线平行的等分线，作为敲击时的敲击基准，在圆铁棒料上预弯板料两端，再用内卡样板随时检查板料的预弯曲曲率
第二步		将两端预弯好的板料放置在槽钢或侧放在钢轨上，用型锤锤击，由板料两端向中间逐步锤击，同样用内卡样板检查弯曲曲率

（续）

弯曲步骤	图形	弯曲方法
第三步		把圆筒套在铁砧上进行矫圆，同样用内卡样板检查弯曲曲率

11.1.4　圆锥面的弯曲

将板料放在两根成锥形的自制胎具上，用型锤沿板料的素线方向逐步锤击，如图 11-1 所示，并用成形样板检查弯曲曲率。

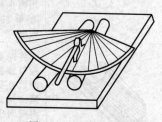

图 11-1　圆锥面的弯曲

11.2 手工卷边

使坯料的凸缘或口部边缘产生局部卷曲的一种普通旋压方法称为卷边。卷边能增加工件边缘的刚度和强度。如日常生活中所用的盆、锅等，其边缘都需卷边。

11.2.1 卷边的种类

卷边可分为夹丝卷边、空心卷边、单叠边和双叠边四种类型，如图 11-2 所示。

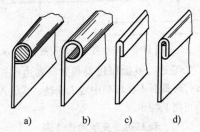

图 11-2 卷边的种类

a) 夹丝卷边 b) 空心卷边 c) 单叠边 d) 双叠边

11.2.2 卷边的方法

1. 夹丝卷边 夹丝卷边是将铁丝卷在被卷边的板料中，以增加其边缘的刚度。卷边时取适当直径的铁丝，其直径为板厚 δ 的 4~6 倍。再计算出卷边的展开长度 L。

卷边操作步骤如下:

1)计算出卷边的展开长度 L 如图 11-3 所示,
$$L = L_1 + L_2 = d/2 + 3/4\pi(d+\delta) = d/2 + 2.35(d+\delta)$$

2)在板料图上划出 L_2 两端的两条弯曲线 将板料放在平台上用木锤卷边,夹丝卷边步骤见表 11-4。

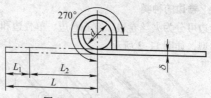

图 11-3 夹丝卷边的断面图

2. **空心卷边** 其操作过程和夹丝卷边一样,只是在卷边敲打时最后不在板料中放入铁丝,或放入铁丝轻轻敲拢后再将其抽出。

表 11-4 夹丝卷边步骤

卷边步骤	示意图	夹丝卷边方法
第一步		将板料放在平台上,将第一条弯曲线对准平台棱角边,左手压住板料,右手用木锤敲打露出平台的部分,使之向下弯曲成 $85° \sim 90°$

卷边步骤	示意图	夹丝卷边方法
第二步		将板料逐渐向外伸出并敲弯，直至将第二条弯曲线对准平台棱角为止
第三步		将板料翻转，使卷边口向上，用木锤轻而均匀地敲打卷边，使卷边进一步弯曲成圆形
第四步		从板料的卷边一端开始，将铁丝放入其中，轻轻敲打卷边扣合，然后再逐段放入铁丝敲打卷边扣合，直至全部扣合
第五步		最后再翻转板料，将卷边接口靠住平台棱角处，轻轻敲打使接口靠紧铁丝

11.3　手工放边

　　手工放边就是使工件单边延伸变薄而弯曲成形的方法。在制作凹曲线弯边工件时，先将展开板料按划线弯成角形件，再将板料放在铁砧或平台上，因为板料的水平边不易拉伸，所以用锤子锤击水平边，使水平边的纤维逐渐伸长，锤击时水平边外缘锤击密度最大。但要注意，锤放时板料底面必须与铁砧的表面平贴，否则会使板料发生翘曲，如图11-4所示。

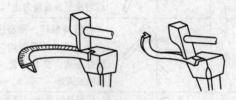

图11-4　角形件的放边

11.4　手工收边

手工收边就是使工件单边起皱收缩而弯曲成形的方法。此时板料边缘的皱折消除，内层纤维缩短、厚度增加，这样便完成加工要求，起皱钳收边如图11-5所示。

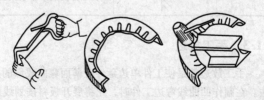

图11-5　起皱钳收边

厚度增大的程度由材料的性质、厚度、工件形状和弯曲半径所决定。材料塑性好、厚度大、弯曲半径大、工件宽度窄，则收边较容易，而对于硬而薄的工件，收边较困难。

11.5 手工拔缘

手工拔缘是利用放边和收边使板料弯曲的加工方法。拔缘方法有自由拔缘和型胎拔缘两种，其中自由拔缘属手工操作。自由拔缘时用通用的拔缘工具，在板料上拔缘，先锉光板边的毛刺，划出拔缘宽度线，再在铁砧上弯边，并打出波纹，最后再打平，如图 11-6 所示。

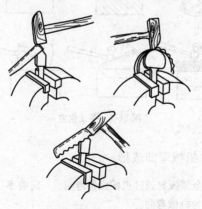

图 11-6 自由拔缘

11.6 手工拱曲

手工拱曲是将板料周围起皱收边，而中间打薄锤放，使之成为半球形或其他所需形状的加工方法。

手工拱曲的基本原理是：使板料中间打薄锤放，板料四周起皱收边。锤放时，越往中心锤击密度越大，这样反复进行多次，使板料逐渐变形，就能得到工件所需要的形状。如图11-7所示。

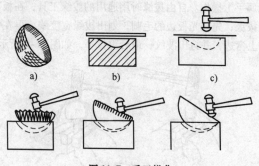

图11-7 手工拱曲

11.7 机械弯曲成形

将金属板材通过机械设备弯曲成一定曲率、形状的技术称为机械弯曲。

11.7.1 卷板的分类

利用卷板机可将板材弯曲成单曲率制件和双曲率制件两种。在单曲率制件中有圆柱面、圆锥面和不同曲率的柱面，在双曲率制件中有球面和双曲面等，卷板曲率的分类见表11-5。

表 11-5　卷板曲率的分类

分类	名称	简图	说明	分类	名称	简图	说明
单曲率卷制	圆柱面		最简单常用	双曲率卷制	球面		分段滚制
	圆锥面		较简单常用		双曲面		当沿卷板机轴线方向的弯曲不大时可以实现
	任意柱面						

11.7.2 卷板机的种类及特点

卷板机可分为三辊卷板机和四辊卷板机两类。三辊卷板机又分为对称式与不对称式两种。各种卷板机的特点及应用见表11-6。

表11-6 各种卷板机的特点

名称	示意图	特点
对称式三辊卷板机	 1—上辊 2—下辊 3—工件厚度	缺点:剩余直边
不对称式三辊卷板机	 1—上辊 2—下辊 3—侧辊 4—工件厚度	优点:有很少的直边,但是需要掉头卷板

（续）

名称	示意图	特点
四辊卷板机	 1—上辊　2—下辊　3—侧辊 4—工件厚度	优点：有很少的直边，不需要掉头

11.7.3　卷板技术

卷板由预弯、对中和卷制三个过程组成。

1. 预弯　板料在卷板机上弯曲时，两端边缘总有剩余直边。由于剩余直边在矫圆时难以完全消除，并造成较大的焊接应力和设备负荷，所以在板料卷制前首先进行预弯。预弯通常在三辊、四辊卷板机或压力机上进行，如图 11-8 所示。

2. 对中　将预弯的板料置于卷板机上滚制时，板料放置不正就产生歪扭，常用的对中方法有四种，如图 11-9 所示。

3. 卷制　板料位置对中后，如果是在三辊卷板机上卷弯时，只需调整上辊的压下量，如果是在四辊卷板

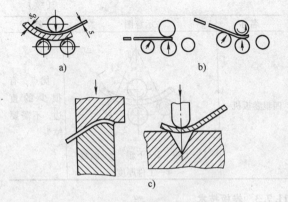

图 11-8　预弯

a）对称式三辊卷板机上预弯　b）四辊卷板机上预弯

c）压力机上预弯

机上卷弯时，则可调整侧辊位置，然后反复滚动而弯曲。逐步压下上辊并来回滚动，直至达到所要求的曲率半径。卷弯前，根据所要弯制板料的曲率半径，计算出上、下辊的相对位置，便于控制卷弯终了时上辊的位置。

1）三辊卷板机卷弯时（见图 11-10a）上下辊垂直距离（即上、下辊之间的中心距离）的计算公式为：

$$h = \sqrt{(R + \delta + r_2)^2 - L^2} - (R - r_1)$$

式中　R——工件的曲率半径（mm）；

　　　h——上、下辊的垂直距离（mm）；

　　　δ——工件的厚度（mm）；

　　　r_1——上辊的半径（mm）；

　　　r_2——下辊的半径（mm）；

　　　L——1/2 的两下辊的中心距（mm）。

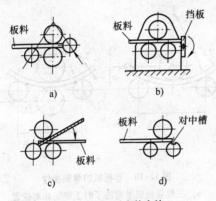

图 11-9　常用对中的方法

a) 对中侧辊　b) 对中挡板　c) 对中下辊　d) 对中槽

2) 四辊卷板机卷弯时（见图 11-10b）下、侧辊的垂直距离（即下、侧辊之间的中心距离）计算公式为：

$$h = r_1 + R + \delta - \sqrt{(r_2 + \delta + R)^2 - L^2}$$

式中　R——工件的曲率半径（mm）；

　　　　h——下辊与侧辊的垂直距（mm）；

　　　　δ——工件的厚度（mm）；

　　　　r_1——下辊半径（mm）；

　　　　r_2——侧辊半径（mm）；

　　　　L——1/2 的两侧辊的中心距（mm）。

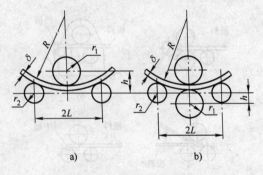

a)　　　　　　　　　　b)

图 11-10　卷板机的卷制操作

a）三辊卷板机卷弯终了时上辊的相对位置

b）四辊卷板机卷弯终了时下侧辊的相对位置

　　有时还要根据板料的厚度、刚度和曲率选择冷卷还是热弯，对于厚度较厚，刚度较大，曲率较大的工件要采用热弯，以免损坏设备。

　　对于质量要求较高的工件，我们还可以采用温卷，温卷温度可控制在 500 ~ 600℃。对于外形尺寸要求较高的工件，卷筒焊接后要矫圆。矫圆分加载、滚圆和卸载三个步骤。具体操作如下：

1) 将辊筒调节到所需要的最大曲率。

2) 来回滚 2 ~ 3 圈后，要着重滚焊缝。

3) 滚卷同时，逐渐退回辊筒压下量，使工件在逐步渐少矫正载荷下多次滚动。

11.8 圆锥面的卷制技术

卷制圆锥面时，必须要满足如下两个条件：

1) 上辊与侧辊中心线调整成倾斜位置，高度差就是曲率半径差。

2) 卷制圆锥面时要求辊子中心线与扇形坯料的母线重合。

圆锥面的卷制过程与圆柱面相同，也是进行预弯、对正和卷制。圆锥面的常见卷制方法有旋转送料法和小口减速法两种。

1. 旋转送料法　图 11-11a 所示为旋转送料法卷制圆锥面的装置，要使扇形坯料卷制成圆锥面，必须使坯料绕 O 点旋转送进，为使板料能够旋转送进，同时将侧辊的轴中心线与其他轴成一倾角 α_0。为此，在卷板机前面的附加工作台中，安装有圆弧布置的导向轮，强迫扇形板料绕 O 点送进卷板机中，完成卷制。

2. 小口减速法　如图 11-11b 所示，为小口减速法卷制圆锥曲面的装置，上辊成倾斜位置，并在小口一端加一个减速装置，目的是增加小口端的送进阻力，使小口的送进速度减小（当卷板机没有减速装置时，工人们常常用撬杠在板料送进时推进大口端板料，以提高大口端板料的送进速度）。

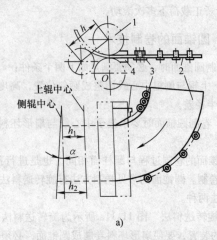

a)

图 11-11　圆锥面的卷制方法

a) 旋转送料法

1—卷板机　2—工件　3—导向轮　4—末端导向轮

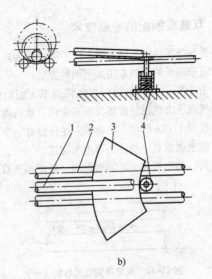

b)

图 11-11　圆锥面的卷制方法（续）

b）小口减速法

1—上辊　2—侧辊　3—工件　4—减速装置

3. 圆锥面在压力机上的压制　对于口径较小、曲率较大的圆锥面卷制，必须将整个锥面对半分开下料，一半一半地压制成圆锥面。压制前需要准备压力机和上、下胎具。同时压制时上模必须与扇形板料母线对正。

11.9　双曲率钢板的卷制技术

钢板料需要在纵、横两个方向弯曲时称为双曲率钢板。双曲率钢板的卷制常用如下两种方法：

1. 在卷板机上的卷制　首先将曲率大而短的一边用卷板机或压力机压制成图样所要求的，然后将钢板曲率方向按图 11-12 图示方向放置，在已经有一个方向曲率钢板的上面放置一块适当厚度和宽度的钢带，然后下降上辊筒，使钢板和垫片同时卷制，就能得到双曲率的钢板。

图 11-12　双曲率钢板的卷制（一）

2. 在特制上、下辊卷板机上的卷制　如图 11-13 所示，上、下辊制成所需双向曲率的辊子，直接可将板料加工成双曲率钢板。

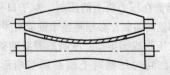

图 11-13　双曲率钢板的卷制（二）

以上两种方法只适用曲率不太大，板料不能过长的钢板。当曲率过大，板料过长时只能选择分段压制随后拼接（如，球体）。

11.10 卷板的缺陷及防止措施

卷板的缺陷有外形缺陷及形位公差缺陷、板料表面压伤和钢板卷裂等几个方面。

1. 外形缺陷及形位公差缺陷 对接两端后进行焊接固定，从新卷制。常见卷板质量的外形缺陷及防止措施见表 11-7。

表 11-7 常见卷板的外形缺陷及防止措施

缺陷名称	图示	防止措施
过弯		用加工样板随时检查
锥形		用加工样板随时检查
鼓形		在中间部分增加支承筒
束腰		减小一次性加载力

（续）

缺陷名称	图示	防止措施
歪斜		对正
棱角		预弯

2. 表面压伤　卷板时，钢板表面存在氧化皮等杂物，可能在卷弯过程压伤钢板表面。可采取以下措施：

1）冷卷前，消除板料表面的氧化皮，可涂上涂料。

2）如果热卷，加热时采用中性焰，缩短高温停留时间，尽量减少氧化皮的产生。

3）卷板机的辊轴及板料应保持清洁。

4）卷板时还应不断地吹扫内、外脱落的氧化皮，并应尽量减少卷板次数。

3. 钢板卷裂　卷弯时，由于曲率过大、材料的冷作硬化以及应力集中等因素板料会造成裂纹，因此最好预热钢板至150～200℃后卷制。

11.11　型钢的弯曲技术

型钢弯曲时，由于重心线与力的作用线不在同一平面上，所以型钢除了受弯曲力外，还受扭矩的作用，这就使型钢断面产生各种变形，如图 11-14 所示。曲率越大型钢变形也就越大。

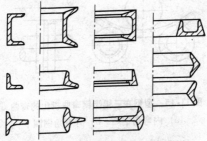

图 11-14　型钢断面产生的各种变形

11.11.1　型钢在三辊型钢弯曲机上的弯曲

型钢弯曲机的工作原理与钢板的弯曲相同。在卷板机上弯曲型钢时，需要在辊轴上进行定位焊，焊上与型钢断面相对应的附件，如图 11-15 所示。

11.11.2　型钢在压力机上的压弯

根据型钢曲率半径的大小和型钢工件的长短，在压力机上利用模具，进行一次或多次压弯，完成加工要求，槽钢的弯曲示意图如图 11-16 所示。

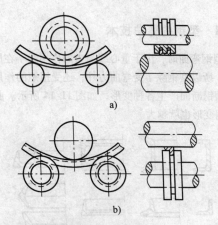

图 11-15　型钢在三辊型钢弯曲机上的弯曲

a）内弯角钢圈　b）外弯角钢圈

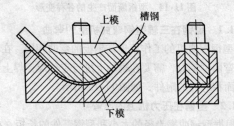

图 11-16　槽钢的弯曲示意图

11.12 弯管

弯管是将管子通过弯管机弯曲成一定曲率的技术,又称为机械弯管。

11.12.1 机械有芯弯管技术

有芯弯管是在弯管机上利用芯轴沿模具回弯管子。芯轴的形式有圆头式、尖头式、勺式、单向关节式、万向关节式和软轴式。有芯弯管的工作原理如图 11-17 所示。

对于芯轴一般有如下要求:

1) 芯轴直径 d 比管子内径小 $0.5 \sim 1.5$mm,系数取值的大小决定于管子内径,管子直径越大,系数值越大。

2) 芯轴的长度 L 为其直径 d 的 $3 \sim 5$ 倍,同样直径越大系数值越大。

3) 芯轴的位置应比弯模中心线超前一段距离 e,e 值大小按公式确定

$$e = \sqrt{2\left(R + \frac{D_0}{2}\right)z - z^2}$$

式中　R——管材的中心层弯曲半径(mm);

D_0——管材的内径(mm);

z——管子内壁与芯轴之间的间隙,即 $z = D_0 - d$ (mm);

d——芯轴的直径(mm)。

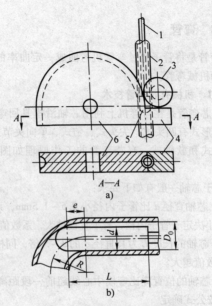

图 11-17　有芯弯管的工作原理

a) 弯管原理

1—芯轴杆　2—管材　3—压紧导轮

4—夹块　5—芯轴　6—弯管模

b) 芯轴位置和尺寸

d—芯轴直径　D_0—管材内径　L—芯轴长度

e—芯轴超前弯管模中心的距离

R—管材中心层弯曲半径

11.12.2 顶压弯管技术

随着科学技术的不断发展，要求管子弯曲半径越来越小，而普通的有芯、无芯弯曲半径越来越小，则普通的有芯、无芯弯管已经不适合较小半径的弯管零件。用压力机和模具的顶压技术却可以实现如小半径弯管零件的弯曲，弯头的加工就是靠顶压完成的。

11.13 压弯成形

利用 V 形或 U 形模具与折弯机或压力机对板料施加外力，使它弯曲成一定角度或一定形状零件的过程称为压弯，如图 11-18 所示为板料的压弯过程。

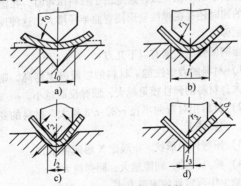

图 11-18 板料的压弯过程

a) 开始受力 b) 受力点移动 c) 三点接触 d) 完全贴合

$r_0 \sim r_3$—弯曲半径

在压弯零件过程中，因为使用的压力机设备和模具的不同，有可能使零件出现弯裂、回弹和偏移等质量问题。

1. 弯裂　弯裂与以下因素有关：

1）材料的力学性能。

2）压弯角的大小。

3）材料热处理状态。

4）压弯线的方向。

5）材料表面质量。

2. 回弹　材料在压弯后的弯曲角度和弯曲半径有时与所要求的不相一致，这是由于材料压弯时，在塑性变形的同时还存在弹性变形使弯曲半径增大，这种现象称为回弹。

影响回弹的因素有以下几点：

1）材料的力学性能。材料的屈服强度越高，则回弹越大；材料的弹性模量越大，回弹反而越小。

2）材料相对弯曲半径 r/δ，r/δ 越大，材料的变形越小，回弹越大。

3）压弯件的形状，U 形比 X 形回弹小。

4）模具间隙，间隙越大，回弹越大。

减少压弯零件的回弹方法：

1）修正模具的形状，如图 11-19 所示。可将凸模减少一个回弹角度或将底部制成曲面形状，利用曲面部分回弹补偿两直边的张开。

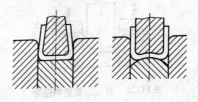

图 11-19　修正模具的形状

2) 加压矫正, 并改变凸模结构, 可采用减少与凸模接触面积的弯曲模, 加大对弯曲部位的压力。如图 11-20 所示。

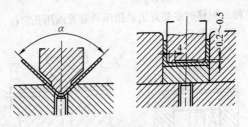

图 11-20　改变凸模结构

α—弯曲角

3) 用拉弯法减少回弹如图 11-21 所示, 并加设压边装置的压弯, 以提高刚度, 减小回弹。

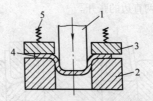

图 11-21　有压边装置的压弯

1—压弯模　2—凹模　3—压料板　4—板料　5—弹簧

4）增加压弯半径。

3. 偏移　板料在压弯过程中，板料沿凹模圆角滑动时会产生摩擦阻力，当两边的摩擦力不等时，板料就有可能沿凹模产生偏移。

防止偏移的主要方法是用压料装置或用孔定位，如图 11-22 所示。

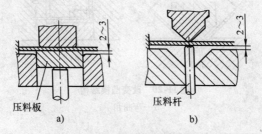

图 11-22　防止偏移的方法

a）加压料板　b）加压料杆

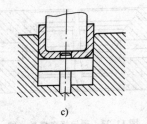

图 11-22　防止偏移的方法（续）

c）用定位销

11.14　折弯成形

把折弯成形看成压弯成形的一种。折弯成形是指用通用折弯模具在压力工作台上使板料折弯的工作。图 11-23 所示为通用上、下折弯模具的断面形状。

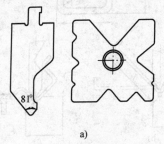

a)

图 11-23　通用折弯模具

a）凸模

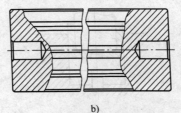

b)

图 11-23　通用折弯模具（续）

b）凹模

　　折弯的顺序原则是有外向内依次弯曲，如果折弯顺序不合适，可能造成无法折弯而产生废品。

　　实例 1　图 11-24 所示为 U 形工件折弯顺序。

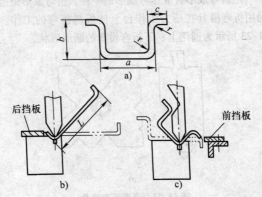

图 11-24　工件折弯顺序

a）工件　b）折弯两端　c）折弯中间

实例 2　图 11-25 所示为异形工件的四次折弯顺序。

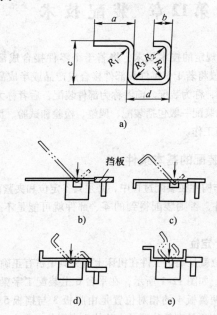

a)

挡板

b)　　　　　　　　　c)

d)　　　　　　　　　e)

图 11-25　异形工件的四次折弯顺序

a）工件　b）第 1 道工序　c）第 2 道工序
d）第 3 道工序　e）第 4 道工序

第12章 装配技术

按照规定的技术要求，将若干个零件接合成部件（构件）或将若干个零件和部件接合成产品或半成品工艺的过程，称为装配。前者称为部件装配，后者称为总装配。总装配一般包括装配、调整、检验和试验、涂装和包装等工作。

12.1 装配的基本条件

冷作构件在装配过程中，必须具备定位和夹紧两个基本条件，否则装配得到的零、部件就可能是不合格产品。

12.1.1 定位

定位就是确定工件在机床上或夹具中占有正确位置的过程。如图 12-1 所示，在平台 6 上装配工字梁，工字梁的两翼板 4 的相对位置是由腹板 3 与挡板 5 来定位，而腹板的高低位置是由垫块 2 来定位。整个工字梁是由平台支撑定位的。

12.1.2 夹紧

工件定位后将其固定，使其在装配过程中保持定位位置不变的操作，称为夹紧。图 12-1 中工字梁的翼板

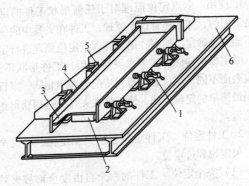

图 12-1　工字梁装配时的定位

1—调节螺杆　2—垫块　3—腹板
4—翼板　5—挡板　6—平台

与腹板间的夹紧力是由调节螺杆 1 产生的。

12.2　定位原理

　　六点定位原理是指工件在空间具有六个自由度，即沿 x、y、z 三个直角坐标轴方向的移动自由度和绕这三个坐标轴的转动自由度。因此，要完全确定工件的位置，就必须消除这六个自由度，通常用六个支承点（即定位元件）来限制工件的六个自由度，其中每一个支承点限制相应的一个自由度。

1. 应用　六点定位原理对于任何形状工件的定位都是适用的，如果违背这个原理，工件在夹具中的位置就不能完全确定。然而，用工件六点定位原理进行定位时，必须根据具体加工要求灵活运用，工件形状不同，定位表面不同，定位点的布置情况会各不相同，宗旨是使用最简单的定位方法，使工件在夹具中迅速获得正确的位置。

2. 工件定位　工件定位包括完全定位、不完全定位、欠定位和过定位。

（1）完全定位　工件的六个自由度全部被夹具中的定位元件所限制，而在夹具中占有完全确定的唯一位置，称为完全定位。

（2）不完全定位　根据工件加工表面的不同加工要求，定位支承点的数目可以少于六个。有些自由度对加工要求有影响，有些自由度对加工要求无影响，这种定位情况称为不完全定位。不完全定位是允许的。

（3）欠定位　按照加工要求应该限制的自由度没有被限制的定位称为欠定位。欠定位是不允许的。因为欠定位保证不了加工要求。

（4）过定位　工件的一个或几个自由度被不同的定位元件重复限制的定位称为过定位。当过定位导致工件或定位元件变形，影响加工精度时，应该严禁采用。但当过定位并不影响加工精度，反而对提高加工精度有利时，也可以采用。各类钳工和机加工都会用到。

3. 实质 工件定位的实质就是使工件在夹具中占据确定的位置，因此工件的定位问题可转化为在空间直角坐标系中决定刚体坐标位置的问题来讨论。在空间直角坐标系中，刚体具有六个自由度，即沿 X、Y、Z 轴移动的三个自由度和绕此三轴旋转的三个自由度。用六个合理分布的支承点限制工件的六个自由度，使工件在夹具中占据正确的位置，见图 12-2 矩形零件，在 xoy 平面上设三个定位点，限制了零件的三个自由度，使零件不能绕 oy、ox 轴转动和沿 oz 轴移动；在 yoz 平面上设两个点，限制了零件的两个自由度，使零件不能沿 ox 轴移动和绕 oz 轴转动；在 xoz 平面的一个点，限制了零件沿 oy 方向移动的最后一个自由度。这样，以六个定点来限制零件在空间的六个自由度的方法，称为"六点定位规则"。

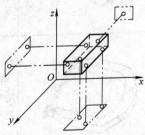

图 12-2 长方体零件的六点定位

在实际工作中，零件的定位可由定位销、定位块以及挡板等定位原件作为定位点；也可以利用装配平台或工件表面上的平面、棱边及胎架模板形成的曲面代替定位点；有时还有在装配平台或工件表面划出的定位线起定位点的作用。零件的定位方式见表 12-1。

表 12-1　零件的定位方式

定位方式	示意图	说明
划线定位		划线定位是利用构件中心线或接合线作为定位基准线
销轴定位		销轴定位是利用零件 1 上的销孔用销轴 2 定位

定位方式	示意图	说明
样板定位	样板	样板定位是根据构件的形状制作样板，利用样板作为零件装配定位基准
挡铁定位	挡铁 挡铁	挡铁定位在零件的装配位置线外焊上挡铁，作为定位依据

12.3　装配基准面的选择

在装配过程中，零件和装配平台或胎架相接触的面称为装配基准面。它相当于六点定位规则中的主要定位基准。在冷作装配中，必须合理地选择装配基准，这对保证装配质量，安排零、部件装配顺序和提高装配效率，有着重要的影响。通常根据如下原则选择定位基准面：

1）冷作构件的外形有平面和曲面时，应选择平面作为装配基准面。

2）冷作构件有几个平面时，应选择较大的平面作为装配基准面。

3）根据冷作构件的用途，将选择最重要的面作为装配基准面。

4）在所选择的装配基准面，能使冷作构件在装配过程中最便于对零件的定位和夹紧。

在实际冷作构件装配中，应根据具体情况进行分析选出最佳的基准面。对于较复杂构件的装配，基准面常常不止一个，有时有两个或多个。

12.4 装配特点与装配方法

冷作产品的装配特点和方法与机械加工有着较特殊的区别，下面分别介绍如下：

12.4.1 装配特点

冷作产品的装配与一般机器装配的基本原理虽然相同，但由于结构的性质不同，冷作产品的装配工作有如下特点：

1）冷作产品的零件由于精度低、互换性差，装配时需选配或调整。

2）冷作产品连接，多采用焊接，返修困难，易导致零部件的报废，所以对装配程序的要求较严格。

3）装配过程中常伴有大量焊接工作，应掌握焊接应力和变形的规律，在装配时采取适当措施，以防止或减少焊后变形的矫正工作。

4）冷作产品一般体积较庞大，局部刚度较差，易变形，装配时应考虑加固措施。

5）某些特别庞大的产品需分组出厂至工地后总装，为保证总装进度的质量，应在厂内试装，必要时将不可拆连接改为临时的可拆连接。

6）冷作产品可按其生产数量多少，可配备适当的专用或通用工夹具装置，并尽可能地采用机械化、自动化的装配技术，以提高产品质量和生产效率。

12.4.2 装配方法

冷作产品常用的装配方法见表12-2。

表 12-2　冷作产品常用的装配方法

装配方法	名称	示意图	说明
地样装配	桁架		地样装配是先将构件的形状按1:1的实际尺寸直接绘制在装配平台上，然后根据零件间接合线位置进行装配

（续）

装配方法	名称	示意图	说明
地样装配	多瓣球形封头		地样装配是先将构件的形状按1:1的实际尺寸直接绘制在装配平台上，然后根据零件间接合线位置进行装配
仿形复制装配	桁架		用已装配完成的单件为样板，复制其他对称面。仿形装配法适用于装配断面形状对称的结构，如屋架、桁架等
	屋架梁		

装配方法	名称	示意图	说明
立装（直装、倒装）	单臂压力机机架底板和机身直装	钢丝绳 挂钩 90°角尺	立装是自下而上的一种装配方法，其中直装是按产品使用时的位置自下而上地进行装配，倒装是与直装相反地进行装配
	气水分离器上法兰与筒体的倒装	筒体 90°角尺 法兰	
卧装	单臂压力机机身	90°角尺 底板	卧装又称平装，是将构件按产品使用时的位置旋转90°进行的装配
	离心通风机机壳	移动方向	

（续）

装配方法	名称	示意图	说明
胎具装配	T形梁	1—腹板 2—翼板	利用定位元件、夹具和装配胎架三者合为一体，构成的胎具进行装配 适用于定型、批量生产的构件

12.5 装配工艺要领

装配工艺要领是指装配前的准备工作和装配中注意事项。

为提高装配的工作效率与产品质量，装配前应做好以下准备工作：

（1）熟悉图样和技术要求　装配前首先应熟悉零部件图和总装图。根据图样上的技术要求，正确了解产品的特性和用途，正确理解各零件之间的相对位置、尺寸和连接方法，然后确定装配方法。同时，选择好装配基准面和装配工、夹具。

（2）划分部件 冷作产品是一个独立而完整的总体，通常它是由一系列零件和部件构成的。零件是组成产品的最基本单位，由若干个零件组合成一个独立而完整的结构称为部件或构件。

对于大型复杂的冷作产品，通常是将总体分成若干个部件，先将各部件装配或焊接后，再进行总装。这样可以使很多立焊、仰焊的焊接位置变为平焊位置，便于采用自动焊、半自动焊。减少了高空作业，提高了生产效率，并保证了装配质量。划分部件时应注意以下几点：

1）尽量使划分的部件有一个比较规则、完整的轮廓形状。

2）部件之间连接处不宜太复杂，便于总装时进行操作和校准尺寸。

3）部件装配后，能有效地保证总装质量。

（3）装配现场设置 装配现场的地面应平整、清洁、便于安置装配平台，零件堆放要整齐，人行道应畅通，保证运输车辆通行无阻。

在装配场地周围，应选择适当的位置安置工具箱、焊机、气割设备，同时根据需要配置其他设备，如台虎钳等。

（4）检查零件形状及尺寸 装配前应用目测检查

零件的直线度和平面度，用尺检查零件尺寸。

12.6 典型结构的装配

看懂典型结构的装配是掌握冷作产品装配的重要环节，所以，希望读者能反复思考，做到举一反三。

12.6.1 桁架的装配

简单桁架的装配如图 12-3 所示，其装配步骤见表 12-3。

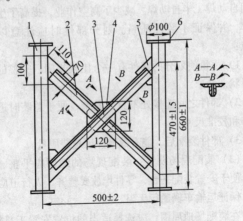

图 12-3 简单桁架的装配

1—型材 2、3—角钢 4—钢板 5—连接耳板 6—顶板

表 12-3　简单桁架的装配

装配步骤	示意图	说明
划地样图	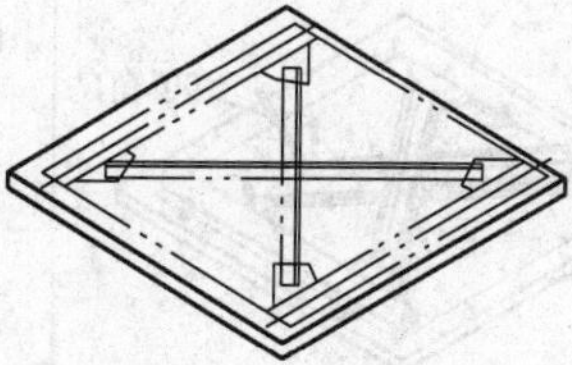	按图 12-3 给定尺寸在平台上按 1:1 比例划出桁架零件位置及中心线
焊定位挡铁和垫铁	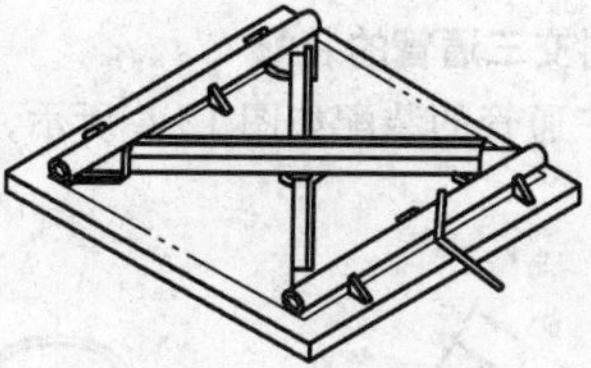	在地样图的零件位置及中心线处焊定位挡铁和垫铁
地样装配	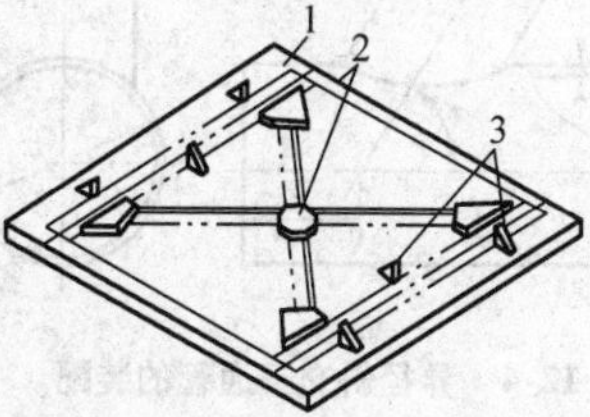	按地样图装配桁架一面

1—角钢　2—钢板　3—挡铁、垫铁

（续）

装配步骤	示意图	说明
仿形装配	90°角尺	仿形装配另一面

12.6.2　异径斜交三通管的装配

异径斜交三通管的装配如图 12-4 所示，其装配步骤见表 12-4。

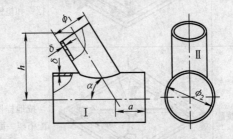

图 12-4　异径斜交三通管的装配

表12-4 异径斜交三通管的装配

装配步骤	示意图	说明
筒体接口的装配	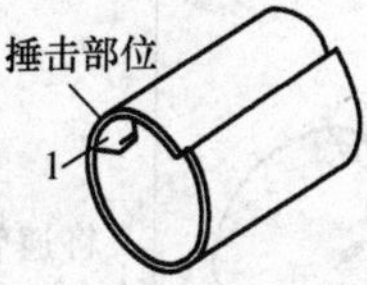 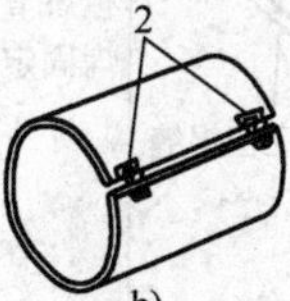 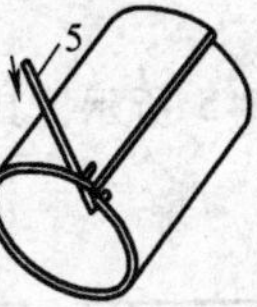 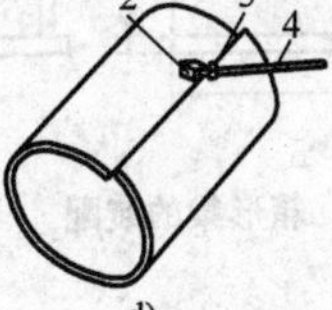 锤击部位 1 a) 2 b) 5 c) 2 3 4 d)	筒体接口装配时，一般会出现如下几种情况： 1）接口塔头 找出筒体圆弧曲率大于样板的曲率处，然后用大锤锤击筒体外壁，如图a所示 2）接口不合 分别焊上钻有光孔的角钢2，然后穿入螺栓，拧上螺母，随着螺母的逐渐旋紧，即可消除接口不合（见图b） 3）接口不平 将杠杆夹具5插在筒体折缝处，由上向下向杠杆施加压力（见图c） 4）接口扭曲 接口处一边焊上一角钢2，而另一边焊上一圆钢桩3，然后用撬杠4扭转（见图d）

（续）

装配步骤	示意图	说明
总装		将通管、插管按其中心线位置用定位样板矫直后，进行定位焊固定装配

图中标注：定位焊缝

12.6.3　箱形梁的装配

箱形梁的装配如图 12-5 所示，其装配步骤见表 12-5。

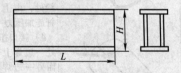

图 12-5　箱形梁的装配

表 12-5   箱形梁的装配步骤

装配步骤	示意图	说明
划位置线		在翼板 4 上划出腹板 2 和肋板 3 的位置线
装配肋板		各肋板 3 按位置线垂直装配于翼板 4 上
装配腹板		两腹板 2 按位置装配到翼板 4 上

（续）

装配步骤	示意图	说明
装配翼板		最后，按对称位置装配另一翼板 1

第13章 连接技术

钢材连接的方法很多，钣金、冷作产品常用的连接方法有咬接、焊接、螺纹联接和胀接等。

13.1 咬接

咬接就是将薄板的边缘相互折转扣合压紧的连接方法。薄板不便于焊接时，而用咬接的连接可以代替焊接。

13.1.1 咬接的形式和尺寸确定

按咬接连接方式的不同，可分为平式咬接、立式咬接和角式咬接三种类型。每种形式中又分为单咬接和双咬接等。常见的咬接形式、尺寸与适用范围见表13-1。

根据钢板的厚度，咬接宽度一般为 5～10mm。咬接连接下料时必须放出咬接余量。

13.1.2 咬接实例

板料平式单咬接、水桶底的角式单咬接和弯头环口的立式单咬接见表13-2。

表 13-1　常见的咬接形式、尺寸与适用范围

咬接名称	示意图	余量尺寸	适用范围
平式咬接 平式单咬接		咬接余量为 3 倍的咬接宽度	用于烟囱、盆、桶的接口等的咬接
平式光面单咬接			
平式单咬接		咬接余量为 3 倍的咬接宽度	用于屋顶、水沟等的咬接
平式双咬接		咬接余量为 5 倍的咬接宽度	用于气密要求较高的咬接

（续）

咬接名称		示意图	余量尺寸	适用范围
角式咬接	角式单咬接		咬接余量为3倍的咬接宽度	角式咬接在制造折角连接时使用，如盆、桶底的连接，风筒侧板的连接
	角式双咬接			
	角式复合咬接		咬接余量为4倍的咬接宽度	
立式咬接	立式单咬接		咬接余量为3倍的咬接宽度	在连接接管、肘管和从圆过渡到另一些截面时，用作各种过渡连接，以及钣金通道的对接等
	立式双咬接		咬接余量为5倍的咬接宽度	

表 13-2　咬接实例

咬接名称	示意图	操作步骤
板料的平式单咬接	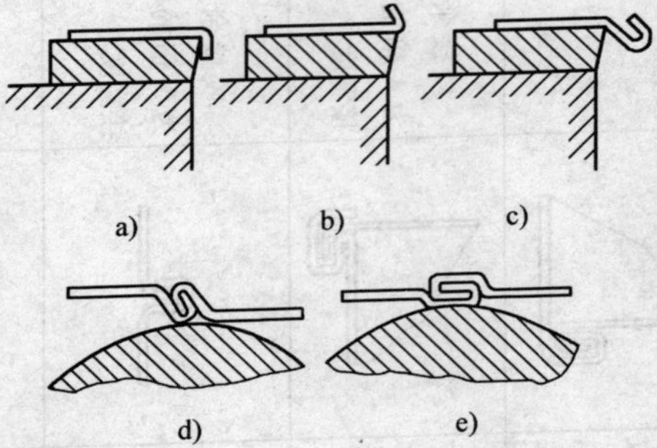	1. 按咬接宽度划出折弯线，并将有防缩扣的一边，放到平台或者铁砧上，用木锤或者打板敲打扎板料成 90°（见图 a） 2. 翻转板料后继续敲打，敲打成 45°~60° 角进一步压弯（见图 b） 3. 修整咬接形状，敲弯成如图 c 所示形状，另一侧加工方法与之相同 4. 将两边扣合并合并咬紧（见图 d、e）

（续）

咬接名称	示意图	操作步骤
桶底的角式单咬接或角式双咬接		1. 第1步与板料平式单咬接打方法相同 2. 将桶底套在桶体小口的一端，用锤逐段敲接（见图a） 3. 用垫铁抵住桶底，用锤敲弯，即完成角式双咬接（见图b）
弯头环口的立式单咬接		1. 弯头的第1步和第2步方法与板料平式单咬接第1步方法相同（见图a），第2步翻边后要用适当直径的圆板敲整（见图b） 2. 将两个相连接的圆管合在一起，放到平台当弯将外拔缘的边向里弯咬紧即可（见图c），这一步步骤与桶底的单咬接相似

13.2 铆接

利用轴向力，将零件铆钉孔内孔杆镦粗并形成钉头，使多个零件相连接的方法，称为铆接。

铆接构件的优点是韧性和塑性比焊接的好，传力均匀可靠，容易检查和维修，所以对于承受严重冲击或振动载荷的构件的连接，某些异种金属的连接，以及焊接性差的金属的连接均可采用铆接。

13.2.1 铆接的种类

铆接按其工作要求和适用范围的不同，可分为活动铆接、紧密铆接和密固铆接，见表13-3。

表13-3 铆接的种类及适用范围

铆接种类	说明	适用范围
活动铆接	要求铆钉能承受较大的作用力，保证构件有足够的强度，而对构件接合口的严密性无特别要求	适用屋架、桥架、车辆、立柱和横梁等结构的铆接
紧密铆接	要求对构件上的接合口绝对紧密，以防止漏水和漏气。而对铆钉承受作用力要求不大	适用水箱、气箱和储罐等结构的铆接
密固铆接	既要求铆钉承受大的作用力，又要求构件上接合口绝对紧密	适用压缩空气罐和压力管路等结构的铆接

13.2.2 铆接的形式

铆接的形式有搭接、对接和角接等，见表13-4。

表13-4 铆接形式

铆接形式	示意图	说明
搭接		将一块钢板搭在另一块钢板上进行铆接
对接		将两块钢板或型钢置于同一平面，利用盖板复盖后铆接，有单面盖板和双面盖板两种形式
角接		利用角钢和铆钉将互相垂直或成一定角度的两块钢板连接起来
特殊连接		将型钢与板料用铆钉连接在一起

13.2.3 铆钉

铆钉是指在铆接中，利用自身形变或过盈连接被铆接件的零件。铆钉种类很多，而且不拘形式。铆钉分实心和空心的两种。实心铆钉按钉头的形状有半圆头、平锥头、沉头、半沉头、平头和无头等多种形式，见表 13-5。

表 13-5　铆钉

种类		示意图	规格范围/mm		用途
			d	L	
实心铆钉	半圆头		12 ~ 36 0.6 ~ 16	20 ~ 200 1 ~ 110	用于承受较大横向载荷的铆接
	平锥头		12 ~ 36 2 ~ 16	20 ~ 200 3 ~ 110	用于腐蚀强烈场合的铆接
	沉头		12 ~ 36 1 ~ 16	2 ~ 200 2 ~ 100	用于表面需平滑，受载不大的铆接
	半沉头		12 ~ 26 1 ~ 16	20 ~ 200 2 ~ 100	用于表面需光滑，受载不大的铆接
	平头		2 ~ 10	4 ~ 30	用于强固铆接
	扁圆头		1.2 ~ 10	1.5 ~ 50	用于薄板和非金属材料的铆接

（续）

种类	示意图	规格范围/mm		用途
		d	L	
空心铆钉		1.4 ~ 6	1.5 ~ 15	用于受力不大的薄金属制件及非金属制件的铆接
标牌铆钉		1.6 ~ 5	3 ~ 20	用于产品标牌与机体间的铆接

1. 铆钉直径的确定　若铆钉直径过大，铆钉头成形困难，容易使构件变形。若铆钉直径过小，则铆钉强度不足。铆钉直径的确定，可根据构件的计算厚度来确定，见表 13-6。

表 13-6 中计算厚度必须遵循下列三条原则：

1）板料与板料搭接时，按较厚板料的厚度计算。

2）厚度相差较大的板料铆接时，以较薄板料的厚度计算。

3）钢板与型材铆接时，以两者的平均厚度计算。

铆钉直径也可按下列公式估算确定：

$$D = \sqrt{50\delta} - 4$$

式中　D——铆钉直径（mm）；

　　　δ——板料厚度（mm）。

表13-6 铆钉直径的确定

（单位：mm）

计算厚度	铆钉直径	计算厚度	铆钉直径
5~6	10~12	15~8	24~27
7~9	14~18	19~24	27~30
10~12	20~22	≥25	30~36

按上述三条原则，确定被铆件的厚度时，应注意如下事项：

1）被铆件总厚度不应超过铆钉直径的5倍。

2）同一构件上应采用同一种直径的铆钉。

2. 铆钉长度的确定　若铆钉杆的长度过长，在铆接过程中容易使钉杆弯曲。若钉杆过短，铆钉头成形不足，而影响铆接强度或击伤构件表面。

钉杆长度与铆钉直径、被铆件厚度、铆钉头的形状和钉孔间隙等因素有关。常用钉头形状的钉杆长度 L 可按下列计算公式进行计算：

半圆头铆钉：$L = (1.65 \sim 1.75)d + 1.1\Sigma\delta$

半沉头铆钉：$L = 1.1d + 1.1\Sigma\delta$

沉头铆钉：$L = 0.8d + 1.1\Sigma\delta$

式中　L——铆钉杆长度（mm）；

$\Sigma\delta$——被铆件的总厚度（mm）；

d——铆钉直径（mm）。

注意：上述三种铆钉杆长度的计算值，都是近似值。在构件铆接之前，经计算后还需进行试铆。

3. 铆钉孔径的确定　应根据冷铆和热铆不同方式而定。若铆钉孔径过大，铆接时钉杆易弯曲；孔径过小，铆接时，铆钉难以插入孔内。

(1) 冷铆　冷铆是指铆钉在常温状态下的铆接。冷铆时，铆钉不易成形，为保证连接强度，钉孔直径应比铆钉直径大 0.1 ~ 0.5mm。

(2) 热铆　热铆是指铆钉加热后的铆接。热铆时，由于铆钉易成形，为穿钉方便，钉孔直径应比钉杆直径稍大，见表 13-7。

表 13-7　钉孔直径

(单位：mm)

铆钉公称直径 d		0.6	0.7	0.8	1	1.2	1.4	1.6	2
d_h 精装配		0.7	0.8	0.9	1.1	1.3	1.5	1.7	2.1
铆钉公称直径 d		2.5	3	3.5	4	5	6	8	
d_h 精装配		2.6	3.1	3.6	4.1	5.2	6.2	8.2	
铆钉公称直径 d		10		12	14	16		18	20
d_h	精装配	10.3		12.4	14.5	16.5			
	粗装配	11		13	15	19		19	21.5
铆钉公称直径 d		22		24	27	30		36	
d_h	精装配	—		—	—	—		—	
	粗装配	23.5		25.5	28.5	32		38	

热铆操作有加热、穿钉、顶钉和铆接四道工序。

1) 铆钉加热时，手工铆接或用铆钉枪铆接碳素钢铆钉时，加热温度为 1000~1100℃；用铆接机铆接时，加热温度在 650~750℃。

2）穿钉是将加热好的铆钉，迅速插入连接件孔内的操作，以争取铆钉在高温时铆接。

3）顶钉是将铆钉穿入钉孔后，用顶钉顶住铆钉头，它是铆接工作中重要的一环。顶钉操作与注意事项如下：

① 在顶钉前，应将铆接处及周围的障碍物清除掉，根据铆接位置的不同，准备好所需的顶把。

② 顶钉操作要迅速。顶把与铆钉头的中心应一致，顶模和钉头的四周接触要均匀。

③ 使用风顶把时，应掌握好开关，以免由于铆接时的振动而使顶把失去顶钉作用。

④ 使用手顶把顶钉时，开始要施加较大压力，铆接过程中待钉杆不能退却后，压力可略减弱，并利用顶把的振动撞击钉头，使钉头与构件表面密合。

⑤ 顶钉时，操作者不得站在铆钉枪的正面，防止铆钉或顶模冲出伤人，同时操作者必须戴好手套和防护眼镜，顶把过热时，应浸入水中冷却。

13.2.4　铆接的缺陷分析

铆接时因操作不当或其他原因，会产生铆接缺陷，缺陷的种类、产生原因及预防措施见表13-8。

表 13-8　铆接缺陷产生原因及预防措施

缺陷名称	示意图	产生原因	预防措施
铆钉头偏移或钉杆歪斜		1. 铆接时铆钉枪与板面不垂直 2. 风压过大，使钉杆弯曲 3. 钉孔歪斜	1. 铆钉枪罩模与钉杆应在同一轴线上 2. 开始铆接时，风门应由小逐渐增大 3. 钻孔或铰孔时刀具应与板面垂直
铆钉头四周与板件表面未贴合		1. 孔径过小或钉杆有毛刺 2. 压缩空气压力不足 3. 顶钉力不够或未顶平	1. 铆接前先检查孔径 2. 穿钉前先消除钉杆毛刺和氧化皮 3. 压缩空气压力不足时应停止铆接

（续）

缺陷名称	示意图	产生原因	预防措施
铆钉头局部未与板件表面贴合		1. 罩模偏斜 2. 钉杆长度不够	1. 铆钉枪轴线与工件表面保持垂直 2. 正确选择铆钉杆长度
板件结合面间有口隙		1. 装配时未用螺栓紧固或过早地拆除螺栓 2. 孔径过小 3. 板件间相互贴合不平	1. 铆接前检查板件表面是否贴合 2. 检查孔径的大小 3. 用螺栓、螺母紧固板件，待铆接后再拆除螺栓
铆钉形成突头或碰伤板件		1. 铆钉枪位置偏斜 2. 钉杆长度不足 3. 罩模直径过大	1. 铆接时铆钉枪与板件垂直 2. 确定正确钉杆长度 3. 更换合适罩模

缺陷名称	示意图	产生原因	预防措施
铆钉杆在钉孔内弯曲		钉孔直径过大	确定正确钉孔直径或选择合适铆钉杆径
铆钉头有裂纹		1. 铆钉材料塑性差 2. 加热温度不足	1. 将铆钉重新退火 2. 提高加热温度
铆钉头周围帽缘过大		1. 钉杆过长 2. 罩模直径过小 3. 铆接过度	1. 确定正确的钉杆长度 2. 更换合适的罩模 3. 铆接适度
铆钉头过小		钉杆长度不足或孔径过大	正确选择钉杆长度
铆钉头表面带伤		1. 锤击力不均匀 2. 罩模边缘击在铆钉头表面上	1. 用力不要过猛 2. 铆接时紧握铆钉枪，防止上下跳动

13.2.5　铆接的质量检查

检查铆接质量时，可用重 0.3kg 的锤子，轻轻敲打铆钉头，以确定铆钉与零件结合的紧密程度。

13.3　焊接

焊接是通过加热或加压，或两者并用，并且用或不用填充材料，使焊件达到原子结合的一种连接方法。焊接分为熔焊、压焊和钎焊三大类。

1. 熔焊　焊接过程中，将焊件接头加热至熔化状态，不加压力完成的焊接方法，称为熔焊。常用熔焊方法有气焊、焊条电弧焊、埋弧焊、电渣焊、CO_2 气体保护焊、钨极氩弧焊、熔化极氩弧焊、激光焊和电子束焊等。

2. 压焊　焊接过程中，必须对焊件施加压力（加热或不加热），以完成的焊接方法称为压焊。如摩擦焊、电阻焊、爆炸焊和超声波焊等。

3. 钎焊　采用比母材熔点低的金属材料作钎料，将焊件和钎料加热到高于钎料的熔点，低于母材熔点的温度，利用液态钎料润湿母材，填充接头间隙并与母材相互扩散实现连接焊接的方法，称为钎焊。如烙铁钎焊、火焰钎焊和电阻钎焊等。

13.3.1　气焊

气焊的特点是加热速度慢，易于控制熔池温度、形状、尺寸及焊缝的背面成形，设备简单，操作方便，可达性好。但效率低、劳动强度大，热影响区宽，焊接变形大。目前气焊多用于修配业、要求不高的薄壁构件以及铅、锌、黄铜等少数有色金属的焊接。

气焊是利用气体火焰作热源的焊接，最常用的是氧乙炔焰。

1. 气焊参数的选择　气焊参数通常包括焊丝成分与直径、火焰的成分与能率、焊炬的倾斜角度、焊接方向和焊接速度等。

（1）焊丝直径　主要根据工件厚度来选择，见表13-9。

表13-9　焊丝直径选择

（单位：mm）

焊件厚度	1~2	2~3	3~5	5~10	10~15	>15
焊丝直径	1~2	2	2~3	3~5	4~6	6~8

（2）火焰种类　是指氧乙炔焰根据氧气体积与乙炔体积不同的混合比燃烧而形成的中性焰、碳化焰和氧化焰三种。火焰种类适用范围见表13-10。

表13-10　火焰种类适用范围

火焰种类	适用范围
中性焰	焊接低碳钢、中碳钢、低合金钢、不锈钢、青铜、铝及铝合金
碳化焰	焊接高碳钢
氧化焰	焊接锰钢、黄铜及镀锌铁皮

（3）火焰能率　是指以乙炔的消耗量来表示（L/h）其大小，根据焊件厚度、金属的熔点及导热性来选择。

低碳和低合金钢气焊时，乙炔的消耗能量可按下列经验公式计算：

$$左焊法　V = (100 \sim 120)\delta$$

$$右焊法　V = (120 \sim 150)\delta$$

式中　δ——钢板厚度（mm）；

　　　V——火焰能率（L/h）。

根据上述公式计算得到的乙炔消耗量，可选择合适的焊嘴。

（4）焊矩的倾斜角度　焊炬倾斜角度的大小决定于工件厚度、焊嘴大小及焊接的位置等。工件越厚，焊炬倾角越大。

（5）焊接速度　与工件厚度、材料、焊工操作熟练程度和焊缝位置等有关。

2. 气焊操作　气焊操作时，按照焊炬和焊丝移动的方向分为左焊法和右焊法两种，如图13-1所示。

（1）左焊法　左焊法时焊丝与焊炬都是自右向左移动，焊丝位于焊接火焰之前，火焰指向工件未焊的冷金属，因此损失了一部分热量。气焊薄件时不易烧穿，且熔池看得清楚，操作简便。

（2）右焊法　焊丝与焊炬自左向右移动，焊丝在

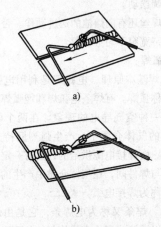

图 13-1　气焊操作

a) 左焊法　b) 右焊法

焊炬后面，火焰指向焊缝，所以热量损失少，熔深较大。气焊过程中火焰始终保护着焊缝金属，使之避免氧化，并使熔池缓慢地冷却，改善了焊缝金属组织，减少气孔、夹渣的产生。但右焊法时，焊丝挡住了焊工视线，熔池看不清楚，操作不便，所以除厚件外一般很少采用。

（3）焊炬与焊丝的摆动　在焊接过程中，为获得优质美观的焊缝，焊炬和焊丝应适当沿焊缝的纵向和横向做均匀协调摆动。

此外，焊丝还有向熔池的送进动作。否则会造成焊缝高低不平，宽窄不匀等现象。

13.3.2 电弧焊

1. 电弧焊基本原理　电弧焊是利用电弧热源的熔焊方法，简称弧焊。有焊条电弧焊和埋弧焊。

电弧是一种空气导电的现象。在两个电极（焊条和工件）间的气体介质中，产生强烈而持久的放电现象称为电弧。由焊接电源供给的，具有一定电压的两电极间或电极与焊件间，在气体介质中产生的强烈而持久的放电现象称为焊接电弧。

2. 焊条　焊条又称为电焊条，它是由焊芯和药皮组成。药皮以压涂或浸涂方式均匀地包覆于金属焊芯表面，为使焊条导电和夹持于焊钳中，在焊条的一端必须有一段无药皮包覆的裸焊芯，其长约为焊条总长的1/16。

焊条电弧时，焊条既作为电极起导电、引燃并维持电弧稳定燃烧的作用，又作为填充金属以形成焊缝和焊接接头。

（1）焊条的分类　焊条按用途可分为十大类，见表13-11。焊条按其药皮熔化后的熔渣特性，分酸性焊条和碱性焊条两大类。

表 13-11　焊条按用途分类

类别	名称	代号	类别	名称	代号
1	低碳钢和低合金高强度钢焊条（简称结构钢焊条）	J	5	堆焊焊条	D
			6	铸铁焊条	Z
2	钼和铬钼耐热钢焊条	R	7	镍及镍合金焊条	Ni
3	低温钢焊条	W	8	铜及铜合金焊条	T
4	不锈钢焊条	G 或 A	9	铝及铝合金焊条	L
			10	特殊用途焊条	TS

　　酸性焊条的熔渣成分，主要是酸性氧化物（如 SiO_2、TiO_2、Fe_2O_3）及其他在焊接时易放出氧的物质，药皮中的造气剂为有机物，焊接时产生保护气体。

　　碱性焊条的熔渣成分，主要是碱性氧化物（如大理石、氟石等），并含有较多的铁合金，作为脱氧剂和合金剂。焊接时由大理石分解产生的 CO_2 作为保护气体。

　　（2）焊条型号的表示方法

　　1）字母"E"表示焊条。

　　2）前两位数字表示熔敷金属抗拉强度的最小值，单位为 MPa。

　　3）第三位数字表示焊条的焊接位置，"0"及"1"表示焊条适用于全位置焊接（平焊、立焊、仰焊及横焊），"2"表示焊条适用于平焊及平角焊。

4）第三位和第四位数字组合时表示焊接电流种类及药皮类型。

5）后缀字母为熔敷金属的化学分类代号，并以短划"－"与前面数字分开，如还具有附加化学成分时，附加化学成分直接用元素符号表示，并以短划"－"与前面后缀字母分开。

示例：

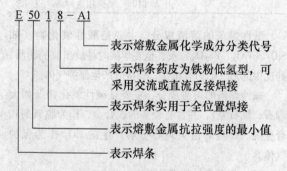

（3）结构钢焊条牌号的编制方法

1）牌号前加"J"字，表示结构钢焊条。

2）牌号第一、第二位数字，表示熔敷金属的抗拉强度等级，其系列见表13-12。

表 13-12　熔敷金属抗拉强度等级

牌号	熔敷金属抗拉强度等级 /MPa	熔敷金属屈服强度等级 /MPa
J42 ×	420	330
J50 ×	490	410
J55 ×	540	440
J60 ×	590	530
J70 ×	690	590
J75 ×	740	640
J80 ×	780	—
J85 ×	830	740
J10 ×	980	—

3) 牌号第三位数字，表示药皮类型和焊接电源种类，见表 13-13。

表 13-13　焊条药皮类型和适用的焊接电源种类

牌号	药皮类型	焊接电源	牌号	药皮类型	焊接电源
× ×0	不属已规定的类型	不规定	× ×5	高纤维素钠和高纤维素钾型	直流或交流
× ×1	高钛钠和高钛钾型	直流或交流	× ×6	低氢钾型	直流或交流
× ×2	钛钙型	直流或交流	× ×7	低氢钠型	直流
× ×3	钛铁矿型	直流或交流	× ×8	石墨型	直流或交流
× ×4	氧化铁型	直流或交流	× ×9	盐基型	直流

4) 药皮中加铁粉、名义熔敷效率≥105% 时，在牌号末尾加注 "Fe" 字，药皮类型称为铁粉× ×型。如

"J××6Fe"即为铁粉低氢钾型药皮、交直流两用的焊条牌号。

5）结构钢焊条有特殊性能和用途的，则在牌号后面加注起主要作用的元素或代表主要用途的符号。

示例：

J 50 7 CuP

———— 用于焊接耐腐蚀钢，有抗大气和
耐海水腐蚀的特殊用途

———— 低氢钠型药皮，直流

———— 焊缝金属抗拉轻度不低于490MPa

———— 结构钢焊条

3. **焊接接头** 焊接接头可按焊接方法接头构造形式、坡口形式和焊缝类型等进行分类。其中最常用的是按接头构造形式分类，可分为对接接头、T形接头（十字接头）、搭接接头、角接接头和端接接头几种。

4. **焊接参数** 焊接时，为保证焊接质量而选定的诸物理量，例如，焊条直径、焊接电流、电弧电压、焊接速度、热输入（线能量）等的总称。焊接参数对于焊接生产率和焊接质量有着直接的关系，因此必须正确选择。

（1）焊条直径　主要取决于焊件的厚度，厚度越大，则坡口需要的填充金属也越多，焊条直径的选择见表 13-14。

表 13-14　焊条直径的选择

（单位：mm）

被焊工件厚度	≤1.5	2	3	4~7	8~12	≥13
焊条直径	1.6	1.6~2	2.5~3.2	3.2~4	4~5	5~5.8

（2）焊接电流　主要取决于焊条直径和焊件厚度。焊接电流大，焊条熔化快，生产率高；但焊接电流过大时，飞溅严重，焊件易于烧穿，甚至使后半根焊条药皮烧红而大块脱落，焊缝产生气孔、咬边、未焊透等缺陷。焊接电流过小，焊件熔化面积小，焊条熔化金属在焊件上流不动，熔化金属与熔渣分不清，使所焊的焊缝窄而高，成形差，并有气孔等缺陷。对于一定直径的焊条，有一个合理的焊接电流使用范围，见表 13-15。

表 13-15　焊接电流的选择

焊条直径/mm	1.6	2.0	2.5	3.2	4.0	5.0	5.8
焊接电流/A	25~40	40~70	50~80	90~130	160~210	210~270	260~300

使用碱性焊条时，选用的焊接电流比同直径的酸性焊条小 10% 左右；在立焊、横焊时，一般选用的焊接

电流比平焊时小 10% ~ 15%；仰焊比平焊小 5% ~ 15%。角接焊由于散热较快，故选用的焊接电流较平焊时大 5% ~ 15%。

定位焊焊接电流 应比平焊接时的电流大 10% ~ 15%，定位焊尺寸见表 13-16。

表 13-16 定位焊尺寸

（单位：mm）

工件厚度	焊缝高度	长度	间距
≤4	<4	5 ~ 10	50 ~ 100
4 ~ 12	3 ~ 6	5 ~ 20	100 ~ 200
>12	3 ~ 6	15 ~ 30	100 ~ 300

为便于记忆，平焊焊接电流选择时，可按如下经验公式确定：

$$I = 10d^2$$

式中 I——焊接电流（A）；

d——焊条直径（mm）；

10——常数。

如在焊条（手工）电弧焊时，焊接电流的选择是否恰当，可凭经验来判断。如焊接电流适当，电弧稳定、噪声小、飞溅少、熔化摊得开且焊缝成形美观。

（3）电弧电压 电弧电压由弧长决定，焊接时电弧长、弧压就高；电弧短，弧压低。焊工通过控制弧长得到需要的电压，我们可以根据焊条熔化飞溅声音大小来控制电弧电压，声音大弧压高，声音小弧压低。通常弧长以焊条直径的 0.5 ~ 1 倍为宜。

（4）焊接速度　手工电弧焊时一般为 18 ~ 22cm/min，要视具体情况而定，比如焊条的直径，焊条的材质，焊接的位置，还有施焊的具体情况。

5. 焊缝基本符号和指引线的位置规定

（1）焊缝基本符号　基本符号表示焊缝横截面的基本形式或特征，见表 13-17。标注双面焊缝或接头时，基本符号可以组合使用，见表 13-18。补充符号用来补充说明有关焊缝或接头的某些特征（诸如表面形状、衬垫、焊缝分布、施焊地点等），见表 13-19。

（2）焊缝标注基本要求　在焊缝符号中，基本符号和指引线为基本要素，焊缝的标准位置通常有基本符号和指引线之间的相对位置决定，具体位置包括：箭头线的位置、基准线的位置、基本符号的位置。

（3）指引线　由箭头线和基准线（实线和虚线）组成，如图 13-2 所示。

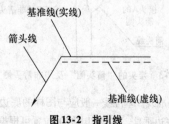

图 13-2　指引线

464

1) 箭头线。箭头线的箭头直接指向的接头侧为"接头的箭头侧",与之相对应的则为"接头的非箭头侧",如图 13-3 所示。

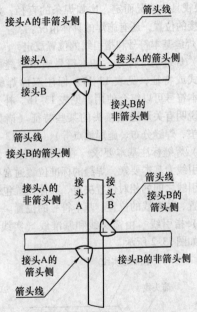

图 13-3　接头的"箭头侧"及"非箭头侧"示列

2) 基准线。基准线一般应与图样的底边平行,必要时也可与底边垂直。实线和虚线的位置可根据需要互换。

3）基本符号与基准线的相对位置。如图 13-4 所示。基本符号在实线侧时，表示焊接在箭头侧，参见图 13-4a；基本符号在虚线侧时，表示焊接在非箭头侧，见图 13-4b；对称焊缝允许省略虚线，见图 13-4c；在明确焊缝分布位置的情况下，有些双面焊缝也可省略虚线，见图 13-4d。

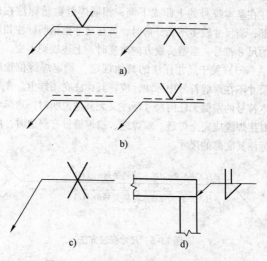

a)

b)

c)   d)

图 13-4　基本符号与基准线的相对位置

a）焊缝在接头的箭头侧　b）焊缝在接头的非箭头侧

c）对称焊缝　d）双面焊缝

6. 焊缝尺寸及标注 包括一般要求、标注规则等。

(1) 一般要求 必要时可以在焊缝符号中标注尺寸。尺寸符号见表 13-20。

(2) 标注规则 焊缝尺寸的标注方法如图 13-5 所示。横向尺寸标注在基本符号的左侧;纵向尺寸标注在基本符号的右侧;坡口角度、坡口面角度、根部间隙标注在基本符号的上侧或下侧;相同焊缝数量标注在尾部;当尺寸较多不易分辨时,可在尺寸数据前标注相应的尺寸符号。当箭头线方向改变时,上述规则不变。

(3) 关于尺寸标注的其他规定 确定焊缝位置的尺寸不在焊缝符号中标注,应将其标注在图样上。在基本符号的左侧无任何尺寸标注又无其他说明时,意味着对接焊缝应完全焊透。塞焊缝、槽焊缝带有斜边时,应标注其底部的尺寸。

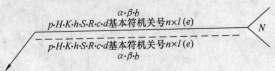

图 13-5 尺寸标注方法

7. 常用焊接方法的数字标记及推荐的各种焊接坡口 数字标记含义见表 13-21,单面对接焊坡口推荐见表 13-22、双面对接焊坡口推荐见表 13-23、单面焊角焊缝的接头推荐形式见表 13-24、双面焊角焊缝的接头推荐形式见表 13-25。

表 13-17　焊缝基本符号（摘自 GB/T 324—2008）

序号	名称	示意图	符号
1	卷边焊缝 （卷边完全熔化）		八
2	I 形焊缝		‖
3	V 形焊缝		∨
4	单边 V 形焊缝		∨
5	带钝边 V 形焊缝		Y
6	带钝边单边 V 形焊缝		Y
7	带钝边 U 形焊缝		Y
8	带钝边 J 形焊缝		⊬

（续）

序号	名称	示意图	符号
9	封底焊缝		⌣
10	角焊缝		◹
11	塞焊缝或槽焊缝		⊓
12	点焊缝		○
13	缝焊缝		⊖
14	陡边 V 形焊缝		⋁
15	陡边单 V 形焊缝		⋁
16	端焊缝		‖‖
17	堆焊缝		⌒⌒

序号	名称	示意图	符号
18	平面连接（钎焊）		=
19	斜面连接（钎焊）		∥
20	折叠连接（钎焊）		⊋

表 13-18　基本符号组合

序号	名称	示意图	符号
1	双面 V 形焊缝（X 焊缝）		X
2	双面单 V 形焊缝（K 焊缝）		K
3	带钝边的双面 V 形焊缝		X
4	带钝边的双面单 V 形焊缝		K
5	双面 U 形焊缝		X

表 13-19　补充符号（摘自 GB/T 324—2008）

序号	名称	符号	说明
1	平面	▬	焊缝表面通常经过加工后平整
2	凹面	⌣	焊缝表面凹陷
3	凸面	⌢	焊缝表面凸起
4	圆滑过渡	⌣⌡	焊趾处过渡圆滑
5	永久衬垫	⌐M⌐	衬垫永久保留
6	临时衬垫	⌐MR⌐	衬垫在焊接完成后拆除
7	三面焊缝	⊏	三面带有焊缝
8	周围焊缝	○	沿着工件周边施焊的焊缝 标注位置为基准线与箭头线的交点处
9	现场焊缝	⚑	在现场焊接的焊缝
10	尾部	<	可以表示所需的信息

表 13-20 尺寸符号

符号	名称	示意图	符号	名称	示意图
δ	工件厚度		p	钝边	
α	坡口角度		R	根部半径	
β	坡口面角度		H	坡口深度	
b	根部间隙		S	焊缝有效厚度	

（续）

符号	名称	示意图	符号	名称	示意图
c	焊缝宽度		l	焊缝长度	
K	焊脚尺寸		e	焊缝间距	
d	点焊：熔核直径 塞焊：孔径		N	相同焊缝数量	$N=3$
n	焊缝段数	$n=2$	h	余高	

表 13-21　焊接方法的数字标记

（ISO4063）及德文缩写（DIN1910）和英文缩写

方法	数字标记（ISO4063）	德文缩写（DIN1910）	英文缩写
气焊	3	G	
氧乙炔焊	311	G	
金属电弧焊	11		
焊条电弧焊	111	E	SMAW
埋弧焊	12	UP	SAW
非真空电子束焊	512		
熔化极气体保护焊	13	MSG	GMAW
熔化极活性气体保护焊	135	MAG	MAG
药芯焊丝活性气体保护焊	126		FCAW
熔化（熔化极氩弧焊）极惰性气体保护焊	131	MIG	MIG
钨极气体保护焊	14	WSG	GTAW
钨极氩弧焊	141	WIG	TIG
等离子弧焊	15	WP	PAW
激光焊	52	LA	LBW
电子束焊	51	EB	EBW
电阻点焊	21	RP	
缝焊	22	RR	
凸焊	23	RB	
摩擦焊	42	FR	FW
电渣焊	72	RES	ESW

表 13-22　单面对接焊坡口（摘自 GB/T 985.1—2008）

（单位：mm）

序号	母材厚度 δ	坡口/接头种类	基本符号	横截面示意图	坡口尺寸				适用的焊接方法	焊缝示意图	备注
					坡口角 α 或坡口面角 β	间隙 b	钝边 c	坡口深度 h			
1	≤2	卷边坡口	ハ		—	—	—	—	3 111 141 512		通常不填加焊接材料

序号	母材厚度 δ	坡口/接头种类	基本符号	横截面示意图	坡口角α或坡口面角β	间隙 b	钝边 c	坡口深度 h	适用的焊接方法	焊缝示意图	备注
	≤4				—	≈δ	—	—	3 111 141		—
2	3<δ ≤8	I形 坡口	‖		—	3≤b ≤8	—	—	13		必要 时加村 垫
					—	≈δ	—	—	141①		
	≤15				—	≤1② 0	—	—	52		

（续）

序号	母材厚度 δ	坡口接头种类	基本符号	横截面示意图	坡口角α或坡口面角β	间隙 b	钝边 c	坡口深度 h	适用的焊接方法	焊缝示意图	备注
					坡口尺寸						
3	≤100	I形坡口（带衬垫）	—		—	—	—	—	51		—
		I形坡口（带锁底）	—		—	—	—	—	51		—

（续）

序号	母材厚度 δ	坡口／接头种类	基本符号	横截面示意图	坡口角 α 或坡口面角 β	间隙 b	钝边 c	坡口深度 h	适用的焊接方法	焊缝示意图	备注
4	3 <δ ≤10	V 形坡口	V		40°≤ α≤60°	≤4	≤2	—	3 111 13 141		必要时加衬垫
	8 <δ ≤12				6°≤ α≤8°	—			52②		
5	>16	陡边坡口	⊻		5°≤ β≤20°	5≤ b≤ 15	—	—	111 13		带衬垫

（续）

序号	母材厚度 δ	坡口接头种类	基本符号	横截面示意图	坡口尺寸				适用的焊接方法	焊缝示意图	备注
					坡口角 α 或坡口面角 β	间隙 b	钝边 c	坡口深度 h			
6	5≤ δ≤ 40	V形坡口（带钝边）	Y		α≈ 60°	1≤ b≤ 4	2≤ c≤ 4	—	111 13 141		—
7	>12	U-V形组合坡口			60°≤ α≤ 90° 8°≤ β≤ 12°	1≤ b≤ 3	—	≈4	111 13 141		6≤ R≤ 9

（续）

序号	母材厚度 δ	坡口接头种类	基本符号	横截面示意图	坡口尺寸				适用的焊接方法	焊缝示意图	备注
					坡口角α或坡口面角β	间隙 b	钝边 c	坡口深度 h			
8	>12	V－V形组合坡口			60°≤α≤90° 10°≤β≤15°	2≤b≤4	c>2	—	111 13 141		—
9	>12	U形坡口			8°≤β≤12°	b≤4	c≤3	—	111 13 141		—

（续）

序号	母材厚度 δ	坡口/接头种类	基本符号	横截面示意图	坡口尺寸				适用的焊接方法	焊缝示意图	备注
					坡口角α或坡口面角β	间隙 b	钝边 c	坡口深度 h			
	$3 <$ $\delta \leqslant$ 10	单边 V 形坡口	V		$35° \leqslant$ $\beta \leqslant$ $60°$	$2 \leqslant$ $b \leqslant$ 4	$1 \leqslant$ $c \leqslant$ 2	—	111 13 141		—

480

（续）

序号	母材厚度 δ / 坡口接头种类	基本符号	横截面示意图	坡口尺寸				适用的焊接方法	焊缝示意图	备注
				坡口角 α 或坡口面角 β	间隙 b	钝边 c	坡口深度 h			
11	>16 单边陡边坡口	⌐		15°≤ β ≤ 60°	6≤ b ≤12	—	—	111		带衬垫
					≈12			13 141		

（续）

序号	母材厚度 δ	坡口/接头种类	基本符号	横截面示意图	坡口角α或坡口面角β	间隙 b	钝边 c	坡口深度 h	适用的焊接方法	焊缝示意图	备注
						坡口尺寸					
12	>16	J形坡口	Ⱶ		10°≤β≤20°	2≤b≤4	1≤c≤2	—	111 13 141		—
13	≤15 ≤100	T形接头			—	—	—	—	52 51		—

① 该种焊接方法不一定适用于整个工件厚度范围的焊接。
② 需要添加焊接材料。

表 13-23　双面对接焊坡口（摘自 GB/T 985.1—2008）

（单位：mm）

序号	母材厚度 δ	坡口/接头种类	基本符号	横截面示意图	坡口角 α 或坡面角 β	间隙 b	钝边 c	坡口深度 h	适用的焊接方法	焊缝示意图	备注
1	≤8	I 形坡口	‖		—	≈δ/	—	—	111 141 13		—
	≤15					2	0		52		
2	3≤ δ≤ 40	V 形坡口	∨		α≈ 60°	≤3	≤2	—	111 141 13		封底
					40°≤ α≤ 60°						

（续）

序号	母材厚度 δ	坡口/接头种类	基本符号	横截面示意图	坡口尺寸				适用的焊接方法	焊缝示意图	备注
					坡口角 α 或坡口面角 β	间隙 b	钝边 c	坡口深度 h			
3	>10	带钝边V形坡口			$\alpha \approx 60°$	$1 \leqslant b \leqslant 3$	$2 \leqslant c \leqslant 4$	—	111 141		特殊情况下可适用更小厚度的和厚度气保焊方法。注明封底
					$40° \leqslant \alpha \leqslant 60°$				13		
4	>10	双V形坡口（带钝边）			$\alpha \approx 60°$	$1 \leqslant b \leqslant 4$	$2 \leqslant c \leqslant 6$	$h_1 = h_2 = \dfrac{\delta - c}{2}$	111 141		—
					$40° \leqslant \alpha \leqslant 60°$	6			13		

（续）

序号	母材厚度 δ	坡口/接头种类	基本符号	横截面示意图	坡口角α或坡口面角β	间隙 b	钝边 c	坡口深度 h	适用的焊接方法	焊缝示意图	备注
				坡口尺寸							
5	>10	双V形坡口	X		α≈60° 40°≤α≤60°	1≤b≤3	c≤2	≈δ/2	111 141 / 13		—
		非对称双V形坡口			α₁≈60° α₂≈60° 40°≤α₁≤60° 40°≤α₂≤60°	1≤b≤3	c≤2	≈δ/3	111 141 / 13		—

（续）

序号	母材厚度 δ	坡口/接头种类	基本符号	横截面示意图	坡口尺寸				适用的焊接方法	焊缝示意图	备注
					坡口角α或坡口面角β	间隙 b	钝边 c	坡口深度 h			
6	>12	U形坡口			8°≤β ≤12°	1≤b ≤3	≤3	—	111 13 141①		封底
7	≥30	双U形坡口			8°≤β ≤12°	≤3	≈3	$\dfrac{\delta-c}{2}$	111 13 141①		可制成与V形坡口相似的非对称形式坡口形式

（续）

序号	母材厚度 δ	坡口/接头种类	基本符号	横截面示意图	坡口尺寸				适用的焊接方法	焊缝示意图	备注
					坡口角α或坡口面角β	间隙 b	钝边 c	坡口深度 h			
8	$3 \leq \delta \leq 30$	单边V形坡口	⊻		$35° \leq \beta \leq 60°$	$1 \leq b \leq 4$	≤ 2	—	111 13 141①		封底
9	>10	K形坡口	K		$35° \leq \beta \leq 60°$	$1 \leq b \leq 4$	≤ 2	$\approx \delta/2$ 或 $\approx \delta/3$	111 13 141①		可制成与V形坡口相似的非对称坡口形式

（续）

序号	母材厚度 δ	坡口/接头种类	基本符号	横截面示意图	坡口尺寸				适用的焊接方法	焊缝示意图	备注
					坡口角α或坡口面角β	间隙 b	钝边 c	坡口深度 h			
9	>10	K形坡口	K		35°≤β1≤60°	1≤b ≤4	≤2	≈δ/2 或 ≈δ/3	111 13 141①		可制成与V形坡口相似的非对称坡口形式
10	>16	J形坡口	⊔		10°≤β1≤20°	1≤b	≤3	≥2 —	111 13 141①		封底

（续）

序号	母材厚度 δ	坡口（接头）种类	基本符号	横截面示意图	坡口角α或坡口面角β	间隙 b	钝边 c	坡口深度 h	适用的焊接方法	焊缝示意图	备注
11	>30	双J形坡口			10°≤β 20°	≤3	≥2 <2	$\frac{\delta-c}{2}$ ≈δ/2	111 13 141①		可制成与V形坡口相似的非对称坡口形式
12	≤25 ≤170	T形接头			—	—	—	—	52 51		—

① 该种焊接方法不一定适用于整个工件厚度范围的焊接。

表 13-24 角焊缝的接头形式（单面焊）（摘自 GB/T 985.1—2008）（单位：mm）

序号	母材厚度 δ	接头形式基本符号	横截面示意图	坡口尺寸		适用的焊接方法①	焊缝示意图
				角度 α	间隙 b		
1	T形接头 δ₁>2 δ₂>2			70°≤α≤100°	≤2	3 111 13 141	
2	搭接 δ₁>2 δ₂>2	△		—	≤2	3 111 13 141	
3	角接 δ₁>2 δ₂>2			60°≤α≤120°	≤2	3 111 13 141	

① 这些焊接方法不一定适用于整个工件厚度范围内的焊接。

表 13-25　角焊缝的接头形式（双面焊）（摘自 GB/T 985.1—2008）　（单位：mm）

序号	母材厚度 δ	接头形式与基本符号	横截面示意图	坡口尺寸 角度 α	坡口尺寸 间隙 b	适用的焊接方法①	焊缝示意图
1	$\delta_1>3$ $\delta_2>3$	角接		$70°\leqslant\alpha\leqslant100°$	$\leqslant2$	3 111 13 141	
2	$\delta_1>2$ $\delta_2>5$	角接		$50°\leqslant\alpha\leqslant120°$	—	3 111 13 141	
3	$2\leqslant\delta_1\leqslant4$ $2\leqslant\delta_2\leqslant4$ $\delta_1>4$ $\delta_2>4$	T形接头		—	$\leqslant2$ —	3 111 13 141	

① 这些焊接方法不一定适用于整个工件厚度范围的焊接。

8. 焊条电弧焊 焊条电弧焊曾称为手工电弧焊，是熔焊中最基本的一种焊接方法。其使用设备简单、操作方便、灵活，适应各种条件下的焊接。因此焊条电流目前仍然是应用最广的一种手工焊方法。其主要焊接参数有电源极性、焊条直径、焊接电流、电弧电压和焊接速度等。

（1）焊条电弧焊基本操作方法 其基本操作方法包括引弧、运条和收弧三个过程，见表 13-26。

表 13-26 焊条电弧焊基本操作方法

过程		示意图	操作方法
引弧	直击法		将焊条垂直焊件进行碰击，然后迅速提起并保持一定距离
	划擦法		将焊条端部轻轻擦过焊件，然后保持一定距离

（续）

过程		示意图	操作方法
运条		 a) b) c) d) e) f) g) h)	运条有三个基本动作： 1. 焊条进给 2. 焊条做横向摆动 3. 焊条沿焊接方向移动 　常用的运条方法有直线形 a，直线往复形 b，锯齿 c，月牙形 d。三角形 e、f 和环形 g、h
熄弧	划圈收弧法		焊条在收弧处作圆弧运动，待填满弧坑时，再拉断电弧
	回焊收弧法		焊条停止前进，并压低电弧向后移一段距离，同时改变焊条角度，由位置 1 转到位置 2，等填满弧坑后，再使焊条移到位置 3，然后慢慢拉断电弧
	反复断弧收弧法		在较短时间内反复数次引弧和熄弧，直至填满弧坑

（2）不同接头形式的焊条角度（见表 13-27）。

表 13-27　不同接头形式的焊条角度

接头形式	焊条角度		
对接接头	90°	65°~80°	
角接接头	20°		35°
搭接接头	25°~40°　$\delta_1 < \delta_2$	45°　$\delta_1 = \delta_2$	40°~65°　$\delta_1 > \delta_2$
T形接头	45°	70°	60°　30°

(3) 焊条电弧焊的常见缺陷（见表 13-28）。

表 13-28　焊条电弧焊的常见缺陷

缺陷名称	图示	产生原因
咬边		焊接电流和电弧过大以及焊条角度不当等

（续）

缺陷名称	图示	产生原因
焊瘤	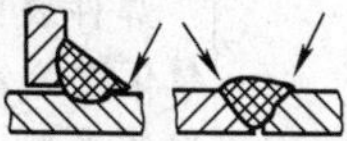	电弧太长，焊接速度太慢，焊条角度或运条不正确等
未焊透	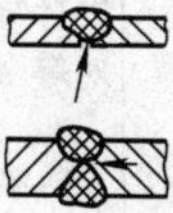	焊接电流及坡口角度太小，钝边太厚。间隙太小焊条直径过大等
烧穿		焊接电流过大，焊接速度过慢或电弧停留过久，装配间隙过大或钝边太小等
焊缝尺寸不符合要求	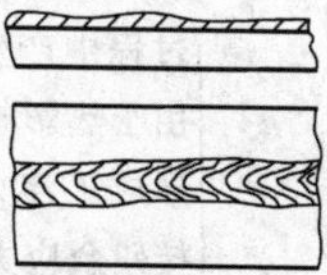	焊接参数选用不当或操作不熟练等
夹渣	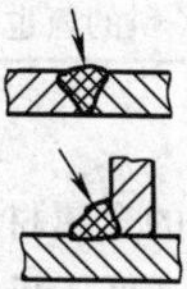	焊接参数选用不当，运条不正确，焊件未清理干净等

（续）

缺陷名称	图示	产生原因
气孔	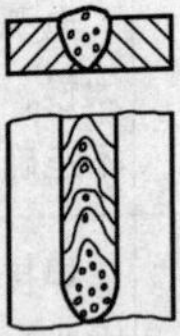	焊件表面的油、锈、氧化皮等未清除干净，焊条受潮，电弧过长，碱性焊条焊接时极性不对等
裂纹	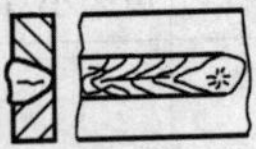	热裂纹是在焊缝结晶过程中产生的。焊缝中存在低熔点物质如硫、铜等杂质时会产生热裂纹 冷裂纹是在焊后冷却过程中产生的，主要是由于热影响区或焊缝内形成了淬火组织，在焊接残余应力的作用下产生的。焊缝中含有过多的氢也会造成冷裂纹

13.3.3 钎焊

钎焊是采用比母材熔点低的金属材料作钎料，将焊件和钎料加热到高于钎料熔点，低于母材熔化温度，利用液态钎料润湿母材，填充接头间隙并与母材相互扩散实现连接焊件的方法。钎焊变形小，接头光滑美观，适合于焊接镀锌板、精密、复杂和由不同材料组成的构件，如蜂窝结构板、涡轮机叶片、硬质合金刀具和印制电路板等。（钎焊前对工件必须进行细致加工和严格清洗，除去油污和过厚的氧化膜，保证接口的装配间隙。间隙一般要求在 0.01～0.1mm 之间。

　　根据钎焊的熔点不同，钎焊分为硬钎焊和软钎焊两大类。使用硬钎料进行的钎焊称硬钎焊（熔点高于450℃的钎料为硬钎料。如铜、银、铝等）。使用软钎料进行的钎焊称为软钎焊（熔点低于450℃的钎料为软钎料。如锡铅或镉银）。

　　1. 钎焊方法的分类　钎焊可根据热源或加热方法进行分类，主要方法有炉中钎焊、火焰钎焊、浸沾钎焊、感应钎焊、电阻钎焊和烙铁钎焊等。另外电弧钎焊、激光钎焊、波峰钎焊也已得到推广应用。

　　2. 钎焊接头形式　由于钎焊结构的千变万化，实际钎焊接头可能有各种形式。但不外乎为对接、搭接、角接和 T 形接头几种基本形式，其中最为常见的是对接和搭接接头。

　　3. 钎焊的搭接形式（见表 13-29）

　　4. 钎焊接头间隙　其接头间隙很重要，间隙的大小直接会影响钎焊缝的致密性和连接强度。常用金属材料搭接接头的钎焊间隙，可参见表 13-30 中所推荐的。

表 13-29　钎焊的搭接形式

搭接形式	正确图形	错误图形
板料直线搭接	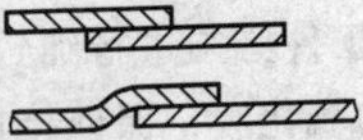	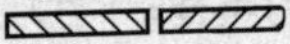
板料角形搭接	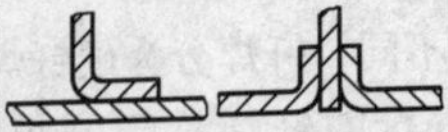	
板料与圆管搭接		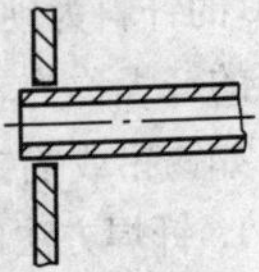
圆管与圆管搭接	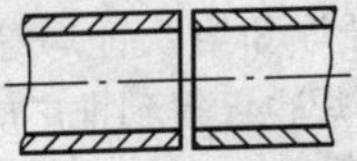	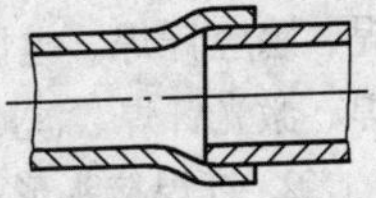

表 13-30　常用金属材料搭接接头的钎焊间隙

母材	钎料类型	钎焊间隙/mm
碳素钢	铜基钎料	0.01 ~ 0.05
	黄铜钎料	0.05 ~ 0.20
	银基钎料	0.02 ~ 0.15

母材	钎料类型	钎焊间隙/mm
不锈钢	铜基钎料	0.02～0.07
	黄铜	0.05～0.30
	银基钎料	0.05～0.15
	镍基钎料	0.02～0.05
铜及其合金	铜锌系钎料	0.07～0.20
	铜磷系钎料	0.05～0.25
	银基钎料	0.03～0.15

5. 烙铁钎焊的操作方法（见表13-31）。

表 13-31　烙铁钎焊的操作方法

步骤	示意图	说明
工件和烙铁清理		将焊件表面的油污杂质及氧化层除干净，直至出现金属的光泽 用钢丝刷把烙铁表面的氧化物刷掉，烙铁的楔角面用锉刀锉光洁，烙铁口略倒成圆角

（续）

步骤	示意图	说明
烙铁加热		将烙铁的头部对着火焰加热。当加热的烙铁放到卤砂上去摩擦时，如果冒出很多的蒸汽，说明加热温度适宜
涂锡		将加热的烙铁工作部分在钎焊焊剂中浸一下，去掉表面的氧化锡层，立即蘸锡，烙铁口蘸不上锡就不能施焊 用同样的方法在两焊接面上分别涂锡
钎接		将加热好的烙铁沿焊件一个方向均匀缓慢地移动，使焊锡填满焊缝

13.4　螺纹联接

螺纹联接是指用螺纹件（或被连接件的螺纹部分）将被连接件连成一体的可拆连接。螺纹联接具有结构简单、坚固可靠、装拆迅速方便等优点。

螺纹联接的基本形式有螺栓联接、双头螺栓联接和螺钉联接。螺纹联接的基本形式见表 13-32。

表 13-32　螺纹联接的基本形式

联接形式	示意图	说明
螺栓联接		螺栓一端有螺纹，拧上螺母，可将被连接件连成一体，螺母与被连接件之间需放置垫圈
双头螺栓联接		双头螺栓联接是指两头有螺纹的杆状联接件。其一端拧入被连接件的螺孔中，另一端穿过其余被连接件的孔，拧上螺母
螺钉联接		螺钉联接不用螺母，直接将螺钉拧入被连接件的螺孔中，达到连接的目的

13.5 胀接

胀接是根据金属具有塑性变形这一特点，用胀管器将管子胀牢固定在管板上的一种连接方法。多用于管束与锅筒的连接。其工作过程是，将胀管器插入管子头，使管子头发生塑性变形，直至完全贴合在管板上，并使管板孔壁周围发生变形，然后拔出胀管器。由于管子发生的是塑性变形，而管板仍然处在弹性变形状态，扩大后的管径不能缩小，而管板孔壁则要弹性恢复而使孔径变小（复原），这样就使管子与管板紧紧地连接在一起了。也就是说，胀接是利用管端与管板孔沟槽间的变形来达到紧固和密封的连接方法。用外力使管子端部发生塑性变形，将管子与管板连接在一起，又称为胀管。目前，多采用胀管器胀接。胀接的结构形式见表13-33。

表13-33　胀接的结构形式

胀接形式	光孔胀接
示意图	
胀接方法	将孔加热到一定温度，插入管子，自然冷却后孔与管子完成胀接

（续）

胀接形式	翻边胀接
示意图	
胀接方法	用翻边压脚将管端扳成喇叭口或半圆形，完成胀接，此法可提高接头的强度
胀接形式	开槽胀接
示意图	
胀接方法	用液压或爆炸等方法，使管壁扩胀结合到孔的开槽位置中，以提高接头的强度

第14章　冷作结构件的合理设计

冷作结构件设计的合理性，不仅仅关系到构件的表面美观、节省材料，更关系到构件的安全可靠，故一般采用如下设计原则：

（1）尽量采用轧制型材　由于轧制的板、管和型材质量可靠，尺寸较精确，表面平整光滑，可以直接下料成形。

（2）选择合理的截面形状　采用方（或长方）箱形、圆筒形截面，对于在双向受力、受扭和要求防潮等构件都是有利的。

（3）便于制造　应尽量避免仰焊焊缝及减少立焊焊缝，尽量使焊缝能采用自动化焊接，还要为焊接留有足够的操作空间。

（4）减少焊缝　用冲压件或铸、锻件代替一部分焊接组合焊件；适当增加壁厚，以减少加强筋，这样虽然增加了构件的重量，但可减少焊缝，也就减少了焊接工作量，同时可以减少变形及焊接缺陷的产生。

（5）合理布置焊缝　焊缝应对称布置，尽量使其接近中性轴，有利于减少焊接变形；避免焊缝相交，应使主要焊缝连续，而次要焊缝中断，使焊缝避开最高应力处、应力集中部位和加工面等；加设宽垫板为防止构件的中部拱起，需开孔加塞焊。

14.1 梁的合理结构

1. 梁的外形　梁的外形是根据实际需要和合理受力来确定的，其外形见表 14-1。

2. 梁的截面形状　按梁的截面形状分可分为工字梁和箱形梁两大类，如图 14-1、图 14-2 所示。工字梁主要承受垂直弯矩的作用，箱形梁可同时承受垂直和水平弯矩或扭矩的作用。

3. 梁的肋板结构　梁的腹板常易于失稳，为此，用肋板加强，以提高其稳定性。肋板布置有横向和纵向两种，通常根据梁的高度确定。

当 $h_0 \leqslant 80\delta \sqrt{\dfrac{2400}{\sigma_s}}$ 时，通常不需要加设肋板。

式中　h_0——腹板高度（cm）；

　　　δ——腹板厚度（cm）；

　　　σ_s——材料屈服强度（MPa）。

当 $80\delta \sqrt{\dfrac{2400}{\sigma_s}} < h_0 < 160\delta \sqrt{\dfrac{2400}{\sigma_s}}$ 时，应该布置横向肋板，梁的横向肋板结构如图 14-3 所示。

当 $h_0 \geqslant 160\delta \sqrt{\dfrac{2400}{\sigma_s}}$ 时，除了需要布置横向肋板外，

表 14-1　梁的外形

名　称	示意图	应用范围
等截面梁		长度短、承重轻的梁
不等厚翼板变截面梁		长度短、承重相对大的梁

（续）

名　称	示意图	应用范围
不等高的变截面梁		大跨度、承载轻的梁
较高大跨度梁		大跨度、承载相对大的梁

还需要布置纵向肋板，梁的纵向肋板结构如图 14-4 所示。

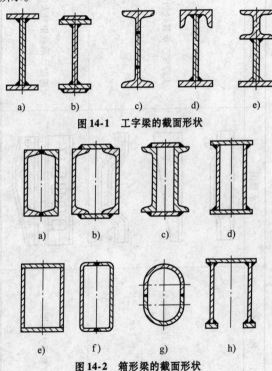

图 14-1　工字梁的截面形状

a)　　b)　　c)　　d)　　e)

a)　　b)　　c)　　d)

e)　　f)　　g)　　h)

图 14-2　箱形梁的截面形状

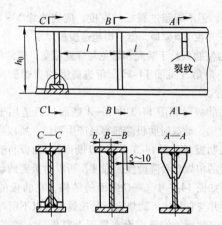

图 14-3　梁的横向肋板结构

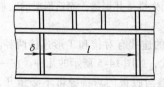

图 14-4　梁的纵向肋板结构

横向肋板之间的距离 l 一般要求大于 $0.5h_0$，小于 $2h_0$，且 $\leqslant 3\mathrm{m}$，如图 14-3 所示。肋板宽度 $b \geqslant \dfrac{h_0}{30} + 40$

(mm)，但不得超过翼板的宽度，应离边缘 5 ~ 10mm，肋板的厚度 $\delta \geqslant b/15$，但不得超过腹板厚度。

为使肋板易于装配和避免与焊缝相交，通常将肋板切去一个角（见图 14-3），角边高度约为焊脚高度的 2 ~ 3 倍。

短肋板（见图 14-3 中 $A—A$ 断面）只适用于载荷不变的梁，动载时肋板端部容易产生裂纹，所以应采用全高的肋板（见图 14-3 中 $B—B$ 断面）。肋板与受拉翼板连接的角焊缝会降低疲劳强度，所以对重要的动载梁要采用如图 14-3 中 $C—C$ 断面的结构，在肋板的下部放垫板并与它焊接，而垫板与受拉翼板可以不用焊接。

纵向肋板的位置应设在靠近上翼板处，其高度 h_1 为 1/4 ~ 1/5 的腹板高度 h_0。（见图 14-4），纵向肋板应连续，长度不足时应预先拼接并焊透，而箱形梁的肋板通常布置在梁的内部。

4. 梁的连接　梁的连接有对接和 T 形连接两种。梁与梁常采用对接形式，如图 14-5 所示的几种。在一般情况下翼板的对接缝与腹板的对接缝可不必错开，如图 14-5a 所示。为了不使焊缝过于密集和避免应力集中，对接焊缝可错开，其距离 l 约为 200mm，如图 14-5b 所示。或者在腹板的焊缝处开圆弧形缺口，如图 14-5c 所示。

当高度不同的梁对接时，应增加一过渡段，如图

14-5a ~ f 所示，但焊缝不要布置在过渡段内。梁与梁的 T 形连接也有几种形式，如图 14-6 所示。受静载荷的工字梁可用如图 14-6a ~ c 所示的连接结构；受动载荷的等高梁，为减少应力集中，接头处应设有较大圆角（R）过渡，如图 14-6b 所示，并把翼板的对接缝避开拐角处。高度不等的工字梁可用如图 14-6d 所示的结构连接。

　　箱形梁的 T 形连接可用如图 14-6e 所示的结构。一般一个箱形梁的上、下翼板可盖在另一个箱形梁的上、下翼板上。

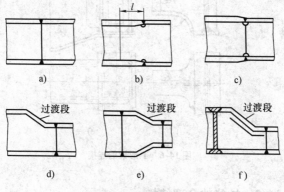

图 14-5　对接梁的连接

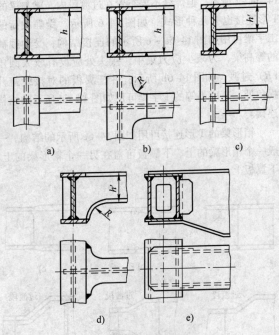

图 14-6　T 形梁的连接

14.2　柱体的合理结构

柱体按外形分格构柱和实腹柱两种。

1. 格构柱　用两根或两根以上型钢相距一定距离布置，中间用板料使型钢之间连接成一体的柱称为格构柱。格构柱通常有缀板式和缀条式两种，如图14-7所示。

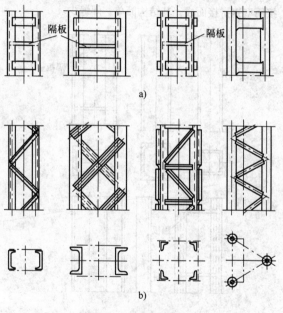

图14-7　格构柱形式

a）缀板式　b）缀条式

优点：格构柱重量轻，材料省，风的阻力小。

514

缺点：焊缝较短，不利于自动化焊接。

2. 实腹柱 实腹柱分为型钢实腹柱和钢板实腹柱两种，分别如图 14-8、图 14-9 所示。型钢实腹柱是直接用型钢拼接而成，其结构简单，焊缝少。

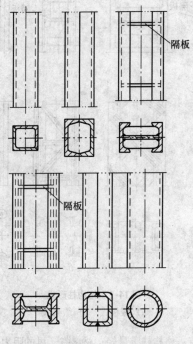

图 14-8 型钢实腹柱结构

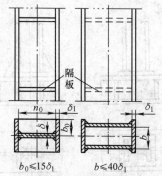

隔板

n_0 δ_1 δ_1

$b_0 \leqslant 15\delta_1$ $b \leqslant 40\delta_1$

图 14-9　钢板实腹柱结构

钢板实腹柱可根据需要制造。当工字形柱的腹板高度 n_0 与腹板厚度 δ 之比大于 80 时，应增加横向隔板，翼板的外伸自由宽度 b_0 不宜超过 $15\delta_1$（δ_1 为翼板厚度），箱型实腹柱的两腹板间宽度 b 不宜超过 $40\delta_1$。

3. 柱脚结构　柱脚结构分为有铰柱脚和无铰柱脚两种。

（1）有铰柱脚的支承　通常用铸件和锻件与柱直接相连，用肋板或补强板加强，以提高其强度和刚度，其结构形式如图 14-10 所示。

（2）无铰柱脚的结构　无铰柱脚的结构一般有图 14-11 所示的几种形式。其结构有直接焊成一体的，也有用铆钉铆接或用螺栓联接的。

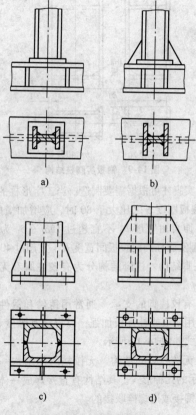

a)　　　　　b)

c)　　　　　d)

图 14-10　有铰柱脚结构

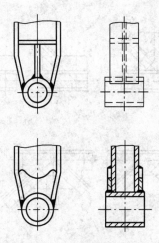

图 14-11　无铰柱脚结构

14.3　桁架结点的合理结构

　　桁架结点按连接杆件的形式有型钢桁架结点和管子桁架结点两种。

　　1. 型钢桁架结点　图 14-12 所示列举了常用几种桁架结点的结构，为使组成的杆件不承受偏心载荷，各杆件的几何轴线必须交成一点。连接板的形状应有利于力的传递，减少应力集中和便于制造，如图 14-12 所示。一般要求连接板边边界与杆件轴线的夹角不得小于

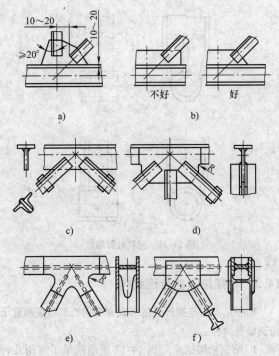

图 14-12 型钢桁架结点

20°。对于承受静载荷的结点可用如图 14-12a～c、f 所示的结构。对于承受动载荷的结点，宜用嵌入式的对接结点板，转角处应圆滑过渡，如图 14-12d、e 所示，并把对接缝移到过渡圆弧以外，杆件的相互距离应不小于 10～20mm，避免焊缝重叠。杆件与连接板的搭接不许只在端头焊接，对承受动载荷的桁架结点应三面围焊。

2. 管子桁架结点　图 14-13 所示列举了管子桁架结点的几种形式。图 14-13a 所示为直接连接，用于 $d \geqslant D/4$；图 14-13b 所示为带有肋板；图 14-13c 所示为用补板以提高局部刚度；图 14-13d 所示是使用连接板，这样管端形状可一致；图 14-13e 所示用于大型管子的桁架结点，其强度和刚度较好；图 14-13f、g 所示为空间管子的桁架结点，采用球形或其他立体形状的连接件，这样便于制造。

管子桁架的特点是稳定性好，刚度较大，重量轻。但管端连接形状复杂，焊前准备和装配焊接比较困难。此外，对管端焊缝要求密封，以避免水和潮气进入管内引起腐蚀。

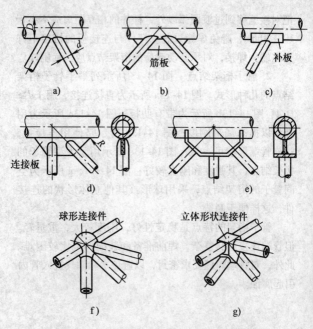

图 14-13　管子桁架结点

第15章 典型钣金产品的制造实例

15.1 烟囱的制造

分析:烟囱的结构如图15-1所示。烟囱常用镀锌钢板卷制咬接而成,其长度方向可以相互套接,套接时应顺着烟气流动的方向,否则烟气会从套接的接头冒出。因此,在制造时,烟囱略呈圆锥形,一端直径应小

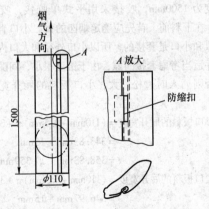

图 15-1 烟囱结构

些，以便插入另一节烟囱，且大小口咬接最好是平式光面咬接（大口咬接内面光面，小口咬接外面光面），这样套接后密封性较好。

在小口端还应加工防缩扣，可防止套接时咬接松开。防缩扣结构见图 15-1 局部放大图。板边咬接后，镀锌钢板交叉顶住，限制了直径进一步缩小。小口端的防缩扣还可作为大小端的标记，烟囱制造工艺过程如下所述。

15.1.1 展开放样

烟囱外径为 φ110mm，镀锌钢板厚度为 0.5mm，每节长度为 1500mm，咬接采用平式单咬接，咬接宽为 5mm。在下料前，首先应确定烟囱的大、小口直径，由于大口和小口是套接的，所以小口外径和大口内径应相等，并适当考虑套接间隙，由于锥度很小，间隙不宜太大，否则插入时过松。大、小口板料的展开宽度计算如下：

$$小口板料的展开宽度 = (110mm - 0.5mm)\pi + 3 \times 5mm$$
$$= 343.83mm + 15mm$$
$$= 358.83mm \quad 取 359mm$$
$$大口板料的展开宽度 = (110mm + 0.5mm)\pi + 3 \times 5mm$$
$$= 346.97mm + 15mm$$
$$= 361.97mm \quad 取 363mm$$

考虑到大小口套接的间隙，所以小口宽度小数点以后的 0.83 进为 1。大口宽度小数点后的 0.97 进位到 2，如图 15-2 所示。

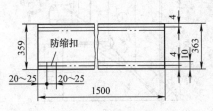

防缩扣

359

363

4

4

10

20~25   20~25

1500

图 15-2　烟囱展开图

15.1.2　下料

按展开图用铁剪刀下料，并在防缩扣两侧剪开，如图 15-2 所示。

15.1.3　咬接的操作方法

咬接操作方法见本手册第 13 章、表 13-2 中咬接实例中有关板料的平式单咬接操作方法。

15.2　二节直角咬接弯头的制造

分析：二节直角咬接弯头的结构如图 15-3 所示。弯头环向咬接外侧采用咬接连接，内侧可用弯边钩住的方法。弯头两侧与烟囱套接。其两端直径的大小不同，小端外径为 φ110mm，大端为 φ111mm（内径为 110mm）。如果弯头在长度方向有要求时，则应考虑采用环向咬接余量。其制造工艺过程如下：

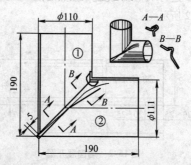

图 15-3　二节直角咬接弯头的结构

15.2.1　展开放样

节①圆周长度与烟囱圆周长度计算方法同节②相同。节①与节②的曲线部分展开形状可用平行线法求出，如图 15-4 所示。具体展开方法可参照本手册第 7 章中上口倾斜圆管件展开图（见图 7-7 和图 7-8）。

节①的环向咬接余量为 5mm，节②为 10mm。节②的内侧只用扳边形式，不采用咬接法，所以在展开图的两侧必需修剪部分余量，其经验方法是把节①展开图的侧边对准节②展开图的中心线，这时两节的展开曲线不重合，又可根据节①的展开曲线来修整节②的展开图，如图 15-4b 所示。

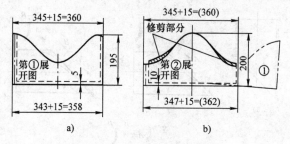

图 15-4 二节直角弯头的展开图

a) 节①的展开 b) 节②展开图的修正

15.2.2 下料

按修整后的展开图样板，用直剪刀和弯剪刀在镀锌板上下料。

15.2.3 咬接的操作方法

1) 敲制和咬接节①与节②的纵向接口加工方法与烟囱相同。

2) 加工咬接，在铁砧或平台上敲出节①和节②环向咬接，如图 15-5 所示。

3) 组合咬接，将节①的接口插放在节②的外拔缘内，若组合间隙合适，即可进行扣合咬紧，如图 15-6 所示。若间隙过大或过小必须修正后再进行咬合。

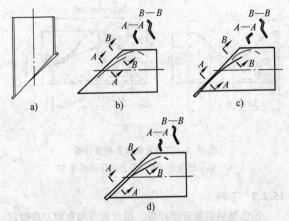

图 15-5　弯头大小端的环向咬接加工

a) 节①环向咬接　b) 节②环口限位槽

c) 节②环口翻边　d) 节②环口外拔缘

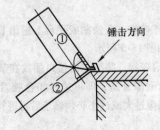

图 15-6　弯头的组合咬接

15.3 五节90°直角咬接弯头的制造

分析：五节90°直角咬接弯头的结构如图15-7所示。五节90°直角咬接弯头每节纵向咬接采用平式普通单咬接，大口咬接里面光面，小口咬接外面光面，环向咬接采取角式单咬接。

展开时先进行板厚处理，并使每节纵口错开180°，这样可提高材料利用率，使坯料正好拼成长方形，如图15-8所示。纵口错开布置还可使环口在咬接时较为方便，且使纵口位于弯头的内侧，这样咬接不易积水，弯头不易腐烂。

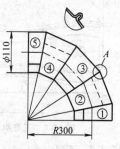

图15-7 五节90°直角
咬接弯头的结构

15.3.1 展开放样

各节环向周长的展开方法与烟囱展开方法相同，可用计算法求出。各节纵向展开曲线形状可用平行线法求出。其方法参照本手册第7章上口倾斜圆柱管的展开，参见图7-8。

在各节的纵缝和环向的一端应分别加放咬接宽度的余量5mm，另一端加放2倍的咬接宽度余量10mm。在各节下料的四角处，按图15-8所示倒角，以便于环口的咬接。

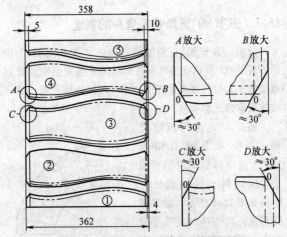

图 15-8　五节 90°直角咬接弯头的展开图

15.3.2　下料

按展开图用直剪刀或弯剪刀下料。

15.3.3　咬接的操作方法

1）敲制和咬接各节的纵缝，也是采用板料的平式单咬接，其加工方法与烟囱相同。

2）敲制各节的环向咬接采用角式单咬接，并在接口处进行折边，如图 15-9a、b 所示。

3）组合咬接，将相配的两节圆管的短边对齐套接，然后放平台上，用锤子将外缘边向里敲弯咬紧，如图 15-9c 所示。

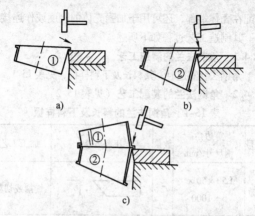

图 15-9　五节 90°直角咬接弯头的咬接加工

15.4　法兰的制造

　　法兰通常套装于筒
体、管道的端头，常用于
连接相邻两筒节、管材或
其他零件。法兰有角钢法
兰、扁钢法兰以及圆形和
方形法兰多种。

　　角钢法兰结构如图
15-10 所示。通常角钢框

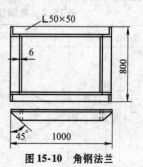

图 15-10　角钢法兰

装配在壳体端部，还可用于加强壳体的刚度或作连接用等。其制造工艺过程如下所述。

15.4.1 角钢法兰的制造工艺

角钢法兰制造时，其料长及下料样板，见表15-1。

15.4.2 角钢法兰的装配工艺（见表15-2）

表15-1 角钢法兰的料长及下料样板

序号	等边角钢尺寸/mm	数量	下料样板	加工工艺
1	L50×50×5×1000	2		气割或切割
2	L50×50×5×700	2		气割或切割

表15-2 角钢法兰的装配工艺

序号	步骤	示意图	说明
1	划地样，焊定位挡铁	定位挡铁	按结构图计算出法兰里框尺寸，在平台上划出法兰里框线并焊上一定数量的定位挡铁

序号	步骤	示意图	说明
2	装配角钢	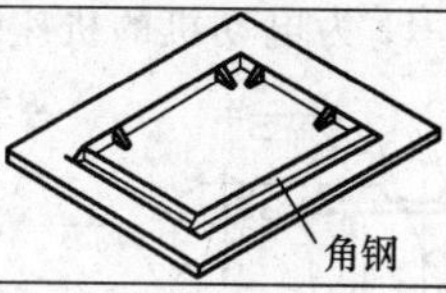 角钢	按定位挡铁装配角钢
3	矫正对角线偏差	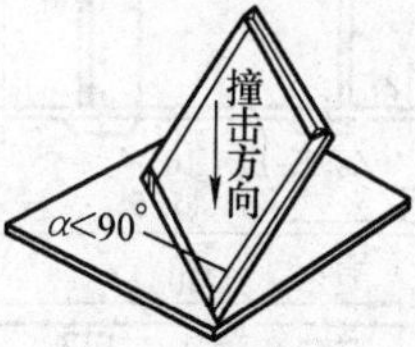 撞击方向　α<90°	若发现角钢框长、宽尺寸不准确或者有错位现象，应断开重新定位 若角钢对角线不等，按图示方法矫正
4	矫正翘曲	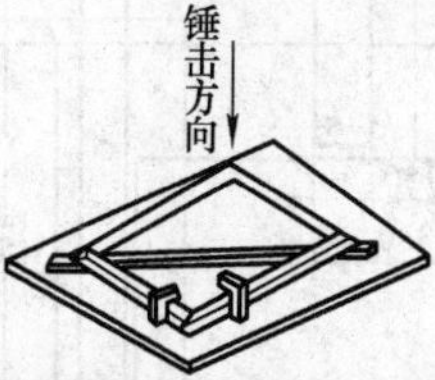 锤击方向	如法兰翘曲时按图示方法矫正

15.4.3　角钢法兰的焊接

将法兰平放在平台上进行焊接。

15.5　机座

机座用于支承电动机、减速箱或机床的床身等。机座的刚度要求比支座高，故截面尺寸和钢板厚度较大，其结构形式有多种，不过大多是用钢板或型钢经加工后拼焊而成。

分析：图 15-11 为电动机的机座结构图。它是由

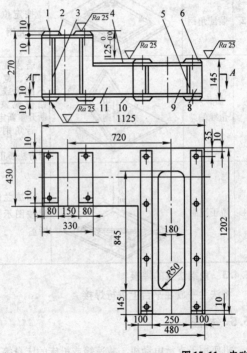

图 15-11　电动

1、6—垫板　2、4—面板　3、8、9—肋板

底板10、立板5、7、11，肋板3、8、9和面板2、4等组成。在底座的 A 平面安装电动机、B 平面安装减速箱，C 平面安装在基础上。

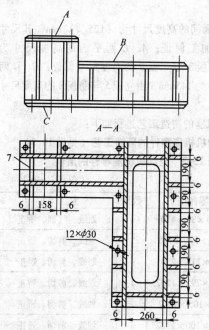

$A—A$

机机座结构

5、7、11—立板　10—底板

534

底座的 A、B 两顶面不在同一平面上，而底面 C 为平面，所以应以底板 10 为装配基准。在底板 10 上装配立板与肋板时，应先装配立板后再装配肋板，才能保证装配精度。垫板 1、6 表面需加工，坯料需留 5 ~ 6mm 的加工余量。

A、B 两面间的高度尺寸为 (125^{+0}_{-5}) mm，其尺寸精度由切削加工保证；A、C 两平面的高度尺寸为 270mm，由肋板 3 与立板 5 的高度尺寸保证；B、C 两面间高度尺寸为 145mm，由立板 5 与肋板 8 的高度尺寸保证。

电动机机座的制造工艺过程如下：

15.5.1　电动机机座零件的落料工艺（见表 15-3）

表 15-3　电动机机座零件的落料

（单位：mm）

件号	名称	零件尺寸	数量	加工工艺
1	垫板	$16 \times 80 \times 410$	4	划线、气割、矫正
2	面板	$10 \times 330 \times 430$	1	划线、剪切、矫正
3	肋板	$6 \times 114 \times 230$	4	划线、剪切、矫正
4	面板	$10 \times 795 \times 1202$	1	划线、剪切、矫正
5	立板	$6 \times 105 \times 1202$	2	划线、剪切、矫正
6	垫板	$16 \times 100 \times 1182$	4	划线、剪切、矫正

555

（续）

件号	名称	零件尺寸	数量	加工工艺
7	立板	6×100×230	2	划线、剪切、矫正
8	肋板	6×44×105	10	划线、剪切、矫正
9	肋板	6×105×230	2	划线、剪切、矫正
10	底板	10×1125×1202	1	划线、剪切、矫正
11	立板	6×230×8398	2	划线、剪切、矫正

15.5.2　电动机机座的装配工艺（见表 15-4）

表 15-4　电动机机座的装配工艺

序号	步骤	示意图	说明
1	划线		在底板 10 上划出立板 5、11 及肋肋板 3、7、8、9 的位置线
2	装立板 5、11		以底板为基准，按位置线装配立板 5、11，用直角尺矫正其垂直位置，然后进行定位焊和焊接

（续）

序号	步骤	示意图	说明
3	装配肋板3、8、9和立板7		在底板10上的位置线装配3、8、9肋板和立板7，并进行定位焊
4	装面板2、4		装配面板2、4用直角尺矫正，并进行定位焊
5	装垫板1、6		在面板2、4和底板10上，划出垫板1、6的位置线后，并按位置线装配并进行定位焊

15.5.3 电动机机座的焊接

将电动机机座垫平后要对所有焊缝进行焊接，焊接时应注意对称焊接，避免产生焊接变形。

15.6   气水分离器

分析图样：装配前熟悉图样，图 15-12 为空气压缩系统的气水分离器结构图。它是由螺栓 1，垫圈 2，盘根 3，上盖板 4，筒体 5，法兰 6，连接管 7，补强板 8、10，封头 9，旋塞 11，底板 12，挡板 13、14 和法兰 15 等组成。

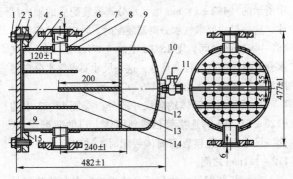

图 15-12   气水分离器结构

1—螺栓　2—垫圈　3—盘根　4—上盖板　5—筒体

6、15—法兰　7—连接管　8、10—补强板　9—封头

11—旋塞　12—底板　13、14—挡板

气水分离器是利用筒体内的挡板，将高压气体中含有的水蒸气分离留在气水分离器筒底，以减少水蒸气从

排出管逸出的机会。气水分离器属于压力容器,装配工艺较复杂,因此对装配和焊接技术均要求较高。装配时,应严格控制筒体与封头的对接环缝的间隙大小,并确定筒体与封头的同轴度以及两连接管的同轴度,这也是气水分离器的主要装配工艺要求。

15.6.1 气水分离器各部尺寸的确定

1. 气水分离器轴向与径向尺寸的分析　如图 15-12 中所示的 (482 ±1) mm 为气水分离器装配后的轴向尺寸,这一尺寸要求气水分离器装配时,轴向尺寸控制在 481～483mm 之间。图 15-12 中的 (477 ±1) mm 为气水分离器装配后的径向尺寸,这一尺寸要求气水分离器装配时,径向尺寸控制在 476～478mm 之间。

2. 连接管与筒体轴向尺寸的分析　图 15-12 中的 (120 ±1) mm 为连接管轴线到筒体上口的装配尺寸,这一尺寸要求连接管与筒体装配时,轴向尺寸控制在 119～121mm 之间。

3. 挡板装配尺寸的分析　挡板轴向方向的装配是与筒体上口的底板面平齐,所以没有给出尺寸。图 15-12 中的 55mm 为挡板之间以中心线为基准的径向尺寸。

4. 法兰与连接管装配尺寸的分析　图 15-12 中的 7mm 为两零件装配后的轴向尺寸,这一尺寸为确定两零件连接的轴向位置。

5. 筒体与法兰装配尺寸的分析 图 15-12 中的 9mm 为筒体与法兰的轴向装配尺寸, 这一尺寸也是为确定两零件连接的位置。

15.6.2 气水分离器的落料工艺（见表 15-5）

表 15-5 气水分离器的落料工艺明细表

序号	名称	数量	材料	备注		加工工艺流程
1	螺栓	12		标准件		购买
2	垫圈	12				购买
3	盘根	1	石棉垫	$\delta 3$		手剪—冲孔
4	上盖板	1		$\delta 25$		气割—钻孔—车削
5	筒体	1		$\delta 8$	mm	放样—剪切—滚筒—开孔
6	法兰	2		$\delta 14$		气割—钻孔—车削—钻孔
7	连接管	2		$\phi 25 \times 5$		无齿锯落料
8	补强板	2		$\delta 6$		气割—钻孔—压制
9	封头	1	Q235	$\delta 8$		冲压—预加工
10	补强板	1		$\delta 20$		气割—钻孔—压制
11	旋塞	1		标准件		购买
12	底板	1		$\delta 6$		剪切—校正
13	挡板	1		$\delta 6$	mm	剪切—校正
14	挡板	2		$\delta 6$		剪切—校正
15	法兰	1		$\delta 30$		切割—钻孔—车削

15.6.3 气水分离器的装配步骤与措施

在装配现场应设置规格尺寸较大的槽钢或工字钢便于装配使用。在装配中, 为了保证连接管的同轴度, 应备有 $\phi 25mm$ 和 $\phi 20mm$ 的圆钢等。

1. 划分部件　由图 15-12 分析，可将气水分离器分为 A、B、C 三部分进行装配。部件 A 部分由筒体、封头和底盖三个零件组成。部件 B 部分由连接管和法兰两个零件组成。部件 C 部分由底板和一挡板组成。

(1) 部件 A 部分的装配　在部件 A 部分装配前，可先将筒体滚制装配成形。筒体可通过计算—下料—预加工—滚制，加工而成。在滚制时，要对筒体板料进行预弯—对中—滚制，滚制后的筒体可能出现搭头、接口不合，接口不平的缺陷，当出现上述缺陷时，在装配前应对圆柱筒体进行矫正，其矫正方法见本手册第 12 章 12.6.2 节中有关内容。

装配封头时，在封头内壁加一钢带（见图 15-13a），将封头的钢带插入卧放在槽钢上的筒体内壁，使封头与筒体之间留有 6mm 的间隙（见图 15-13b）后，采用定位焊固定；再将上口大法兰放置平台上，在上口大法兰内均布放置 9mm 厚的 3 块垫铁（见图 15-14a），并将筒体放入上口大法兰孔中，使筒体与上口大法兰孔的间隙均布后可进行定位焊定位，经检查符合图样要求后，再进行完全定位焊固定，如图 15-14b 所示。

(2) 部件 B 部分的装配　部件 B 部分连接管和侧小法兰装配时，需特别注意连接管和法兰的垂直度，装配时可以用直角尺控制垂直度，定位焊固定后，要从侧

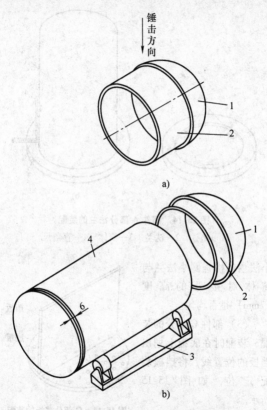

锤击方向

图 15-13 部件 A 部分封头钢带的装配图
1—封头 2—钢带 3—滚轮架 4—筒体

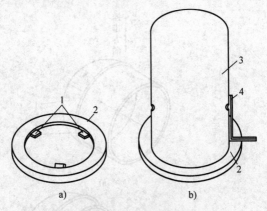

图 15-14　部件 A 部分法兰的装配

1—垫铁　2—法兰　3—筒体　4—直角尺

小法兰口检查侧小法兰与
筒体对接处的高度
（7mm）是否均匀。

（3）部件 C 部分的装
配　装配时在底板上划出
挡板的位置线，将挡板装
配定位，如图 15-15
所示。

2. 总装　部件 C 部分

挡板

底板

图 15-15　C 部分挡板的装配

焊接结束后，将筒体向下放置平台上（为了避免法兰口在焊接时损伤其表面，可在法兰口下面放置绝缘垫，以保护上口大法兰口的已加工表面在焊接时不受损伤）；先装配补强板（见图15-16a），再将已经装配好的B部分连接管的一端插入筒体内，装配时用90°直角尺和钢卷尺矫正法兰的位置及尺寸后，进行定位焊固定；将圆钢插入已装配结束的一端连接管内，将另一连接管沿圆钢插入筒体内（见图15-16b），并经矫正后可初步定位（在此应一定注意侧小法兰孔的位置以及连接管和筒体的垂直度），然后用直角尺及钢卷尺检查各部分的装配尺寸无误后，方可完全定位，并将筒体连接管焊接。

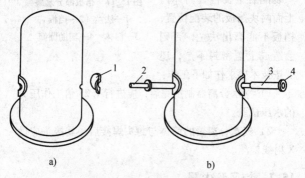

图15-16 部件A、B两部的总装

1—补强板 2—圆钢 3—连接管 4—法兰

将已经装配好的筒体、法兰口向上放置于直径略大于筒体外径的圆筒 1 中（见图 15-17），再用钢卷尺在筒体内壁划出挡板 2 上端的定位线，将部件 C 放入筒体内，使挡板对正定位线初步定位，经检查符合图样要求后，再完全定位。

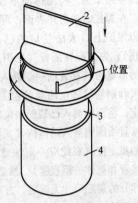

位置

图 15-17　挡板部分总装
1—法兰　2—挡板
3—筒体　4—辅助圆筒

3. 装配后的质量检查

装配后主要检查筒体内上面两块挡板的装配位置，挡板不能高出法兰，否则会造成上盖密封不严，还要按技术要求作如下工作：

1）气水分离器制造完后，应进行 1.25 倍工作压力的水压试验。

2）气水分离器的筒体与封头焊接后，其接头应做 X 射线检测。

15.7　旋风除尘器

旋风除尘器使气体高速旋转，能使筒内壁含尘较多的一部分气体通过旁路进入旋风筒下部，以减少粉尘从排风口逸出，特别对大于5μm的粉尘有较高的除尘效率。

分析图样：装配前熟悉图样，图15-18为旋风除尘器的结构图。它是由排出管1、排出法兰2、上盖板3、螺旋盖4、圆柱筒体5、底板6、圆锥筒体7、肋板8、13、支承法兰9、侧板10、11和进口法兰（方管法兰）12等零件组成。因构件零件数目和曲面形状较多，装配时要求操作者具有较高的装配技术。

15.7.1 旋风除尘器各部尺寸的确定

1. 旋风除尘器轴向尺寸的分析　如图15-18所示，构件总装后的轴向尺寸为（1387 ±2）mm，这一尺寸要求构件装配后的轴向尺寸控制在1376 ~1380mm。

2. 旋风除尘器进口中心线的轴向装配尺寸　图15-18中，（145 ±2）mm为旋风除尘器进风方管的中心线到出口表面的轴向尺寸，这一尺寸要求进口中心线到出口表面的装配尺寸控制在143 ~147mm。

3. 螺旋盖轴向尺寸的分析　如图15-18中，螺旋盖与排出管轴向装配尺寸，可通过轴向装配尺寸688mm、600mm和13878mm计算出。如图15-18中的（208 ±0.5）mm尺寸为螺旋盖的轴向长度。

4. 剖视 C—C 中法兰径向尺寸的分析　图15-18中的（180 ±1）mm和（111 ±1）mm为进口法兰外表面和进口法兰中心线与旋风除尘器轴线的径向尺寸。总装

546

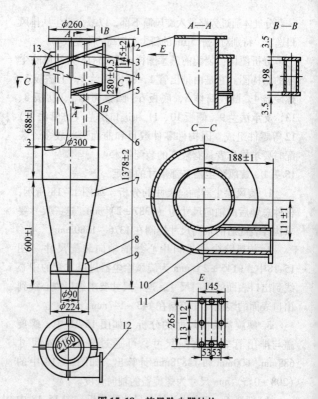

图 15-18　旋风除尘器结构
1—排出管　2—排出法兰　3—上盖板　4—螺旋盖
5—圆柱筒体　6—底板　7—圆锥筒体
8、13—肋板　9—支承法兰　10、11—侧板　12—进口法兰时，这两个尺寸要求保证从进口法兰外表面和进口法兰中心线到构件轴线的装配尺寸控制在 179～181mm 和 110～112mm。

15.7.2 旋风除尘器的落料工艺明细（见表 15-6）

表 15-6 旋风除尘器的落料工艺及明细

序号	名称	件数	材料	规格尺寸/mm	加工工艺流程
1	排出管	1		δ5	气割—车削
2	排出法兰	1		δ4	气割—车削
3	上盖板	1		δ3	剪切—预加工
4	螺旋盖	1		δ3	放样—气割—预加工—拉伸
5	圆柱筒体	1		δ4	放样—剪切—气割—滚制—修整—焊接
6	底板	1		δ5	剪切—预加工
7	圆锥筒体	1	Q235	δ3	放样—剪切—气割—滚制—修整—焊接
8	肋板	4		δ3	剪切—预加工
9	支承法兰	1		δ3	气割—车削
10	侧板	1		δ3	气割—预加工
11	侧板	1		δ3	气割—预加工
12	进口法兰	1		δ4	剪切—校正—装配—修整—钻孔—预加工
13	肋板	4		δ3	剪切—预加工

1. 圆柱筒体 5 的展开放样　首先，按图 15-18 中视图画出板厚处理后的主视图（板厚处理后圆柱筒体的

直径是 $\phi = 300mm - 3mm$，螺旋结交线的部分要参照螺旋盖 4 的展开放样画出），展开方法参照本手册第 7 章中"上口倾斜圆管件"的展开，在此不复述。

2. 圆锥筒体 7 的展开放样 按图 15-18 中视图画出板厚处理后筒体的上口（板厚处理后的上口尺寸为 $\phi = 300mm - 3mm$）、筒体下口（板厚处理后的下口尺寸为 $\phi = 90mm - 3mm$）、高度 600mm 的主视图，展开方法参照本手册第 7 章中带孔圆锥管的展开，这里省略。

3. 螺旋盖 4 的展开放样 按图 15-18 所示中，取导程 $h = 280mm$、外径 $D = 310mm$、内径 $d = 160mm$，画出主视图和俯视图，如图 15-19a 所示，将螺旋盖一个导程和圆周投影作 12 等分（见图 15-19b），按投影规律求出螺旋线（见图 15-19c、d），两个螺旋线组成的空间图形即为螺旋面。每一部分曲面 $1—1_1—2_1—2$ 可近地看作是一个空间四边形。连接四边形的对角线，将四边形分成两个三角形。其中 $1—1_1$ 和 $2—2_1$ 就是实长，其余三边用直角三角形法求实长（见图 15-19 中间位置的实长图），然后作出四边形 $1—1_1—2_1—2$ 的展开图（见图 15-20），在作其余各四边形时，可将 $1—1_1$ 和 $2—2_1$ 线延长交与 O 点，以 O 点为圆心 $O—1$ 及 $O—1_1$ 为半径分别作大小两圆弧，在大圆弧截取 11 份 $1—2$ 弧长，即得一个导程螺旋面的展开图。

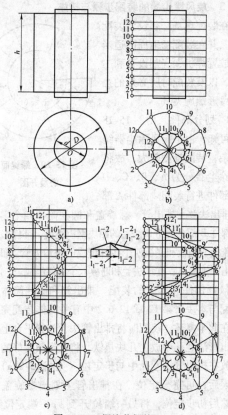

图 15-19　螺旋盖板的展开

15.7.3　旋风除尘器的装配步骤与措施

在装配现场必须设置装配平台，并在装配场地周围适当位置放置焊机、气割设备和工具箱，以及装配时所必须的挡铁、弓形螺旋夹具。

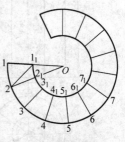

图15-20　螺旋面的展开图

1. 划分部件　由图15-18分析可知，由于旋风除尘器结构复杂，装配难度较大，故将旋风除尘器分为A、B、C、D四个部件进行装配。部件A部分由排出法兰、排出管、螺旋盖和圆柱筒体四个零件组成。部件B部分由进口法兰的四块钢板组成，部件C部分由上盖板、侧板和底板四个零件组成的进口方管。部件D部分由圆锥筒体、支承法兰和筋板六个零件组成。

（1）部件A部分的装配　排出管和圆柱筒体的滚筒装配与本手册第12章12.6.2中有关筒体装配完全相同，在此不复述。装配时将排出管法兰放置平台上，并在排出管法兰孔中放入几块垫铁，将已经滚制好的排出管立放在排出管法兰孔中初步定位（见图15-21a），检查无误后，再完全定位。在排出管上划出螺旋盖的起点，然后初步定位，将另一端拉开到另一端定位线上

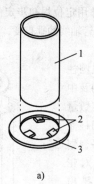

a)

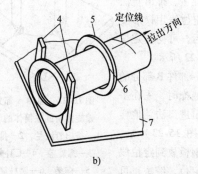

定位线

拉出方向

b)

图 15-21　部件 A 部分螺旋面与排出管的装配

1—排出管　2—垫铁　3—法兰　4—挡铁

5—螺旋盖　6—定位焊缝　7—平台

552

（见图 15-21b），并用定位焊初步定位后，用直角尺矫正每一素线与排出管轴线的垂直度，符合图样要求后便可进行焊接。

在平台上划出圆柱筒体断面的地样图及中心线，并焊上一定数量的定位挡铁，将圆柱筒体表面中心线与平台划出的地样中心线对正后，将装配好的排出管、螺旋盖、排出管法兰，按定位线用楔形夹具夹紧后，可初步定位如图 15-22 所示。

（2）部件 B 部分的装配　装配时，先在平台上划出进口法兰地样图（见图 15-23）后，将法兰钢板放到定位线上初步定位，经矫正可进行焊接。

（3）部件 C 部分的装配　装配时，先在进口方管的底板上划出两侧板的定位

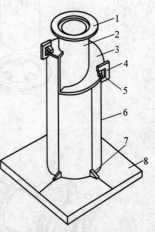

图 15-22　部件 A 部分的螺旋面与圆柱筒体的装配
1—排出管法兰　2—排出管
3—螺旋盖　4—匚型夹具
5—楔条　6—圆柱筒体
7—挡铁　8—平台

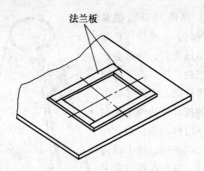

图 15-23 部件 B 部分方形法兰的装配

线，将两层板初步定位在底板上（见图 15-24），经检查、矫正后可进行焊接，上盖板暂不装配，考虑到总装时进口方管的底板与螺旋盖的连接焊缝要从方管内进行。

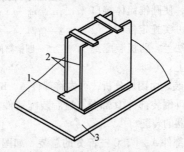

图 15-24 部件 C 部分进口方管的装配
1—底板 2—侧板 3—平台

（4）部件 D 部分的装配　装配时，圆锥筒体经卷板机卷至成形后，通常会产生接口扭曲、接口不平的综合变形等缺陷。因此需将圆锥筒体的接口一边焊上角钢头，另一边焊上钢柱后，用撬杆由上向下压，待上口两边平齐时，可先在接口对平的一处进行完全定位，然后在接口的一端再焊上一角钢头，将楔条放入角钢内（见图 15-25），用大锤将楔条打入角钢内，使圆锥筒体接口结合后，可实施定位焊。最后将支撑法兰、肋板装配到圆锥筒体上。

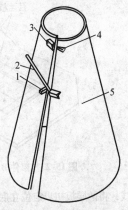

图 15-25　部件 D 部分圆锥筒体的装配
1—钢柱　2—撬杠
3—角钢　4—楔条
5—圆锥筒体

2. 总装　由图样分析，可先将部件 A、B、C 三部分正装，再倒装部件 D 部分，最后装配辅件，即完成旋风除尘器的装配。

（1）部件 A、B、C 三部分的总装　如图 15-26 所示，将部件 C 部分按图样要求装配在部件 A 部分上。装配时，用直角尺沿平台画好的平行线矫正进口方管面与平台平面的垂直度后初步定位，经检查符合图样要求可进行焊接，装配上盖板。

按图样要求装配部件 B 部分，如图 15-27 所示。将部件 B 部分套入进口方管，用直角尺矫正其一端的尺寸及垂直度，用定位焊固定后，矫正另一端的尺寸及垂直度，再初步定位，经检查符合图样要求后完全定位。

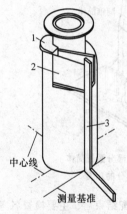
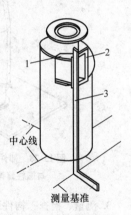

图 15-26　部件 C 部分
进口方管与 A 部分
圆柱筒体的装配
1—螺旋盖　2—进口方管
3—直角尺

图 15-27　部件 B
部分方法兰与
进口方管的装配
1—上盖板　2—进口法兰
3—90°角尺

（2）部件 D 部分的总装 将正装部分的部件翻转180°后，再将部件 D 部分按图样要求装配在已正装结束的部件上，如图 15-28 所示，用钢直尺和钢卷尺检查构件的轴向尺寸，符合图样要求后可完全定位。

圆锥简体

图 15-28 部件 D 部分圆锥简体
与圆柱简体部分的总装

3. 测量、检查 构件装配结束后，主要检查各零件的装配位置是否符合图样要求，以及其轴向尺寸、排出口法兰与进口法兰的垂直度等，并满足如下技术要求：

1）组装时全部用焊条电弧焊接。

2）简体轴线与排出管轴线之间偏差不超过 2mm。

3）筒体内刷樟丹两遍，灰色油漆一遍。

15.8 水利旋流器

水利旋流器使水高速旋转，能使筒内壁附近含有悬浮物较多的一部分水通过旁路进水管进入旋流器筒体下部，以减少水中的悬浮物由排出口逸出的机会，特别对大于 $60\mu m$ 的悬浮物有较高的清除效率。

分析图样：熟悉如图 15-29 所示的水利旋流器结构图，对其进行简单工艺分析，可知水利旋流器是由筒体 1、上盖板 2、出水管 3、进水管 4、螺栓 5、螺母 6、预埋钢板 7、连接管 8、支承角钢 9、圆锥筒体 10、连接钢板 11 等零件组成。此构件属于低压容器，由于圆锥筒体下口直径较小，所以需要将圆锥板料分成四部分下料，以便压制成形，故装配时要特别注意圆锥筒体的同轴度。

15.8.1 水利旋流器各部尺寸的确定

1. 水利旋流器轴向尺寸的分析　如图 15-29 所示，（1450±2）mm 为构件装配后的轴向尺寸，这一尺寸要求构件装配时，轴向尺寸控制在 1448～1452mm。

2. 出水管与上盖板装配尺寸的分析　如图 15-29 所示，（100±1）mm 为出水管与上盖板的装配尺寸，这一尺寸要求部件装配时，轴向装配尺寸控制在 99～101mm。

558

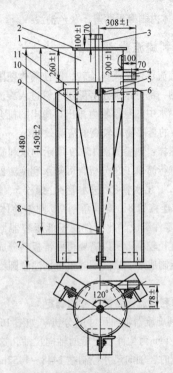

图 15-29　水利旋流器结构
1—筒体　2—上盖板　3—出水管　4—进水管
5—螺栓　6—螺母　7—预埋钢板　8—连接管
9—支承角钢　10—圆锥筒体　11—连接钢板

3. 进水管与圆柱筒体装配尺寸的分析　图 15-29 中，（308±1）mm 和（178±1）mm 为进水管与圆柱筒体径向装配尺寸，这两个尺寸要求零件装配时，径向装配尺寸控制在 307～309mm 和 147～149mm。图 15-29 中，（200±1）mm 为进水管与圆柱筒体轴向的装配尺寸，这一尺寸要求零件装配时，轴向装配尺寸控制在 199～201mm。

4. 连接钢板与圆柱筒体装配尺寸的分析　图 15-29 中，（260±1）mm 为连接钢板与圆柱筒体轴向的装配尺寸，这一尺寸要求零件装配时，轴向尺寸控制在 259～261mm。还要求三块连接钢板在圆柱筒体圆周表面呈均匀分布，其相互夹角为 120°。

15.8.2　水利旋流器的落料工艺（见表 15-7）

1. 圆柱筒体 1　圆柱筒体长度和宽度的展开放样可用计算方法可以求得。筒体的开孔形状要按照圆柱筒体的开口展开，由于空口较小，只要制作一个开孔样板即可；孔口形状的具体展开放样方法参照本手册第 7 章中上口倾斜圆管的展开，在此不再复述。

2. 圆锥筒体 10　圆锥筒体的放样，首先考虑圆锥筒体的锥度、圆锥小口的直径，板厚和工厂生产力水平来确定加工工艺，考虑锥体高度，选择将锥体分成上、下两部分，圆锥筒体的小口直径又将上、下两个锥体分成两部分；最后将圆锥筒体分成 4 部分下料，展开圆锥

表 15-7　水利旋流器的落料工艺

序号	名称	数量	材料	规格尺寸/mm	零件加工工艺流程
1	圆柱筒体	1	Q235	δ6	放样—剪切—滚制—焊接—修整—开孔—预加工
2	上盖板	1		δ16	气割—钻孔—车削
3	出水管	1		φ80×4	气割—车削
4	进水管	1		φ80×4	放样—气割—预加工
5	螺栓	3		标准件	购买
6	螺母	3			购买
7	预埋钢板	3		δ8	剪切—预加工
8	连接管	1		φ80×4	车削
9	支承角钢	3		L63×63×5	无齿锯切割
10	圆锥筒体	1		δ6	放样（将整个圆锥筒体分成4部分）—压制—修整—焊接—修整—装配成一个圆锥筒体
11	连接钢板	3			剪切—预加工

体时可参照本手册第 7 章中有关带孔圆锥管的展开。

3. 出水管 4　考虑到出水管的直径过小，只要制作接口样板即可，展开时可以参照本手册第 7 章有关上口倾斜圆管的展开，这里略。

15.8.3　水利旋流器的装配步骤与措施

在装配现场，应设置装配平台和规格较大的槽钢或工字钢，并在装配平台附近放置焊机、气割设备和工具箱，还应该准备一定数量的定位挡铁。

检查零、部件质量，装配前主要检查各零、部件的外形尺寸，需制作圆弧成形样板，以便在部件成形时，检查圆锥筒体与圆柱筒体的圆弧曲率。

1. 划分部件 由图 15-29 分析可知，可将旋流器分为 A、B、C、D 四部件进行装配。部件 A 部分由上盖板和出水管组成。部件 B 部分由圆柱筒体和进水管组成。部件 C 部分由 4 块 1/2 的圆锥筒体组成。部件 D 部分由预埋钢板与连接钢板组成。

（1）部件 A 部分的装配 装配时先将上盖板放在圆柱筒体上，并用钢卷尺及石笔在出水管上划出定位线（见图 15-30a），再将出水管初步定位在上盖板上，经直角尺矫正后，即可完全定位，如图 15-30b 所示。

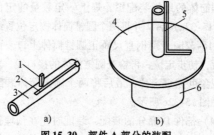

图 15-30 部件 A 部分的装配

a）划出定位线位置 b）定位

1—石笔 2—钢卷尺 3—出水管

4—盖板 5—90°角尺 6—圆柱筒体

（2）部件 B 部分的
装配　装配时先装配圆柱
筒体（其装配方法与本手
册 12.6.2 节中有关圆柱
筒体的装配完全相同），
然后将装配好的圆柱筒体
的表面孔口向上放置在槽
钢上，再将进水管初步定
位在圆柱筒体的表面上，
经钢卷尺、直角尺矫正后
可完全定位，如图 15-31
所示。

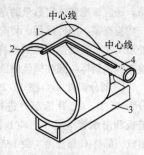

图 15-31　部件 B 部分的装配
1—圆柱筒体　2—直角尺
3—槽钢　4—进水管

（3）部件 C 部分的装配　装配时先在平台上划出
两圆锥筒体的地样装配图，焊上一定数量的定位挡铁
（见图 15-32a）后，并将两个圆锥筒体按定位置线放置
（见图 15-32b），用钢直尺矫正圆锥筒体上口表面的平
面度后，初步定位，再检查圆锥筒体的接口线，若没有
错边现象可完全定位，最后将两个圆锥筒体装配在一
起，如图 15-32c 所示。

（4）部件 D 部分的装配　装配时先在预埋钢板上
划出连接钢板的位置线（见图 15-33a），并将连接钢板
初步定位，再用直角尺矫正其垂直度后，即可完全定
位，如图 15-33b 所示。

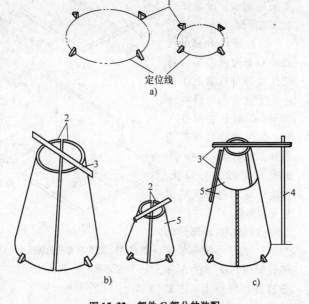

定位线
a)

b)

c)

图 15-32　部件 C 部分的装配

1—挡铁　2—1/4 圆锥筒体　3—钢直尺

4—钢卷尺　5—1/2 圆锥筒体

2. 总装　由图 15-29 分析可知，水利旋流器可采用倒装、卧装结合的方法装配。

（1）部件 B 部分与部件 C 部分的总装　将部件 B 部分放置在平台上，注意方向。再将部件 B、C 部分装配在一起，装配时注意焊缝要错开，如图 15-34 所示。装配结束后进行焊接，以免环缝内侧总装结束后无法施焊。

（2）部件 A 部分的总装　为了不使部件 A 部分倾倒，将部件 A 部分放置在圆筒上，用划规在上盖板上划出圆柱筒体的位置线，再将已装配结束的部件 B、C 部分，按图样要求放置在上盖板，经矫正后可初步定位，如图 15-35 所示。

（3）其他辅件的装配　装配时先在圆柱筒体外表

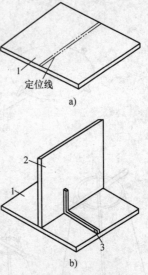

a)

b)

图15-33　部件 D 部分的装配

1—预埋钢板　2—连接钢板
3—90°角尺

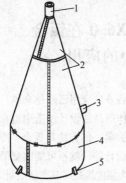

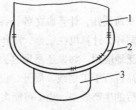

图 15-34　部件 B、C　　图 15-35　部件 A、B、C

　　两部分的装配　　　　　　三部分的装配

1—连接管　2—圆锥筒体　　1—圆筒　2—上盖板

3—进水管　4—圆柱筒体　　3—圆柱筒体

　　5—挡铁

面按图样要求画出连接板位置，再将连接板一一初步定位在圆柱筒体表面，即完成构件总装。

　　3. 测量检查　装配结束后，主要检查构件的轴向尺寸以及目测圆柱筒体与圆锥的同轴度，并满足如下技术要求：

　　1）水利旋流器制造完毕后，需做水压试验，试验压力为 0.3MPa。

　　2）水利旋流器制造完毕后，刷樟丹两道。

第 16 章　UG NX6.0 在钣金、冷作加工中的应用

　　众所周知，计算机在各行各业的应用已经越来越广泛。同样，计算机在钣金、冷作产品的设计制造中也在被广泛地应用。如果还是用过去单一的方法对钣金、冷作产品进行手工划线、展开、设计等，就不可能改变原有落后的生产效率，也不可能大幅度地提高其产品质量。

　　目前，UG NX 软件是钣金、冷作产品一款非常优秀的应用软件，UG NX 软件是一种交互式计算机辅助设计、计算机辅助制造和计算机辅助工程（CAD/GAM/CAE）系统。UG NX 软件采用实体建模与曲面建模相结合的建模方式，可以进行参数化建模和同步建模，在建模环境里可以模拟真实着色，体现最佳的设计效果；UG NX 软件功能被分为几个通用的"应用模块"功能。这些应用模块采用统一的数据库管理，可以方便的在各个模块之间进行切换，UG NX 软件是一个全三维的双精度系统，该系统能允许精确地描述几乎任何几何形状。通过组合这些形状，可以设计、分析、存档和制造产品。UG NX 软件还能支持多种格式数据的输入、输出，可以方便的与其他应用模块或三维系统进行数据

交换。这次编写钣金、冷作工手册其中最重要一项，就是要把人们过去使用手工操作的一些技术，用计算机软件的应用来代替，同时还可以进一步了解计算机 UG NX 软件在钣金、冷作产品中的应用，为采用 UG NX 软件，在钣金、冷作产品中的应用起到一个抛砖引玉的作用，进而可以提高产品质量和生产力水平，并向国际先进国家学习先进的钣金、冷作工加工技术和设计技术。

UG NX 软件的版本有很多种，在此就对 UG NX6 软件作一讲述。

16.1　UG NX6.0 软件的钣金操作流程

在 UG NX6.0 软件的 NX 钣金模块中，钣金设计的操作流程如下：

1. 设置钣金参数　设置钣金参数是指设定钣金参数的预设值，包括全局参数、定义标准和检查特征标准等。

2. 绘制钣金基体草图　钣金基体草图可以通过草图命令进行绘制，也可以利用现有的草图曲线。

3. 创建钣金基体　在钣金模块中，钣金基体可以是垫片，也可以是弯边和折弯。

4. 添加钣金特征　在钣金基体上可以添加钣金特征，在【钣金特征】工具条和【NX 钣金】工具条中选择各类钣金命令，如弯边、折弯等。

5. 创建其他钣金特征　根据需要进行取消折弯、

添加钣金孔、裁剪钣金操作。

　6. 进行重新折弯操作，以完成钣金件设计或加工
如图 16-1 所示为 UG NX6.0 钣金设计流程操作。

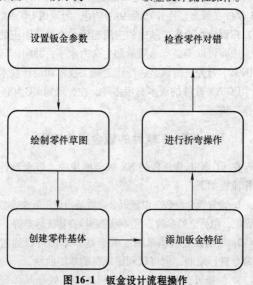

图 16-1　钣金设计流程操作

16.2　【钣金特征】工具条

　　【钣金特征】工具条是在建模环境下进行钣金设计
的主要操作命令，选择【工具】／【定制】命令，打开
【定制】对话框，如图 16-2 所示，可以对【钣金特征】

工具条进行定制。

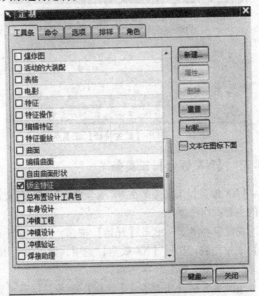

图 16-2　【钣金特征】工具条定制

定制完成后，弹出【钣金特征】工具条，如图 16-3 所示。【钣金特征】工具条包含许多钣金特征操作命令，如弯边、内嵌弯边、轮廓弯边、通用弯边都属于弯边特征的操作命令；还有钣金桥接、钣金冲压、钣金孔、钣金槽、切边、折弯、成形/展开等。

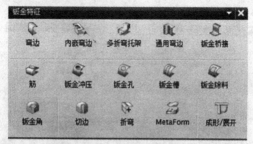

图16-3 弹出【钣金特征】工具条

16.3 【NX 钣金】工具条

【NX 钣金】工具条是在 NX 钣金模块下进行钣金设计的主要操作命令。

在建模环境下，单击【开始】按钮，打开的【开始】下拉列表，选择【NX 钣金】选项，即可进入 NX 钣金设计环境，如图16-4 所示。

选择菜单栏【工具】/【定制】命令，打开【定制】对话框，可以对【NX 钣金】工具条进行定制，如图16-5 所示。

定制完成后，弹出【NX 钣金】工具条，如图16-6所示的【NX 钣金】工具条，它除了包括许多【钣金特征】工具条都有的命令外，还包含【钣金特征】工具条内没有的操作命令，如标记凸台、封闭拐角、二次折

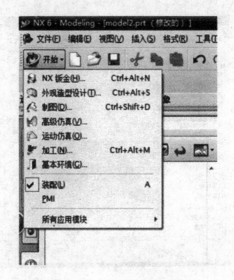

图 16-4　【开始】下拉列表

弯、凹坑、冲压除料、倒角和三折弯角等。

　　由于【钣金特征】工具条是建模环境下的工具条，因此它包含的钣金操作命令和【NX 钣金】环境下的钣金工具条命令不同。两个工具条都有钣金的操作命令，可是它们的操作方法并不相同。可以根据需要进行选择，如可以通过建模环境下的【钣金特征】工具条打开的【弯边】对话框（见图 16-7），也可以通过【NX

图 16-5　NX 钣金模块下的【定制】对话框

钣金】环境下的钣金工具条打开的【弯边】对话框
（见图 16-8）。不难发现，两个对话框不论从形式还是
参数上都不相同。另外，【折弯】对话框的情况也是如
此，如图 16-9 所示为通过【钣金特征】工具条打开的
【折弯】对话框，图 16-10 所示为通过【NX 钣金】工
具条打开的【折弯】对话框。

图 16-6 弹出【NX 钣金】工具条

图 16-7 通过【钣金特征】工具条进行的弯边设置

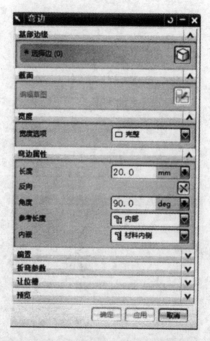

图 16-8　通过【NX 钣金】工具条进行的弯边设置

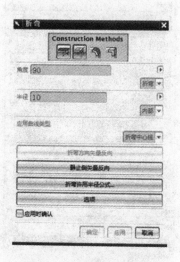

**图 16-9　通过【钣金特征】工具条
打开的【折弯】对话框**

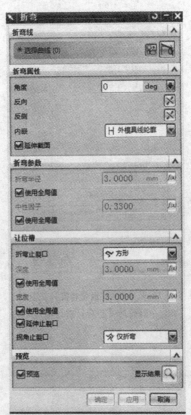

图 16-10　通过【NX 钣金】工具条打开的【折弯】对话框

16.4   定制【钣金】命令

1. 打开【定制】对话框   在 UG 建模环境中，选择【工具】/【定制】命令，并打开【定制】对话框，如图 16-11、12 所示。

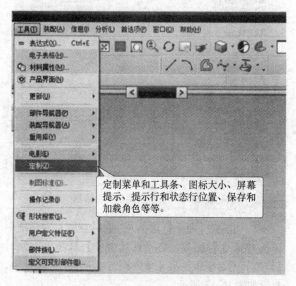

图 16-11   选择【定制】命令

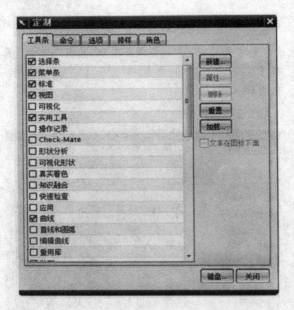

图 16-12 打开【定制】对话框

2. 切换到【命令】选项卡 在【定制】对话框中单击【命令】标签，切换到【命令】选项卡，此时【定制】对话框中显示【命令】选项卡中的一些选项，显示如图 16-13 所示。

3. 选择【首选项】类别 在【定制】/【命令】

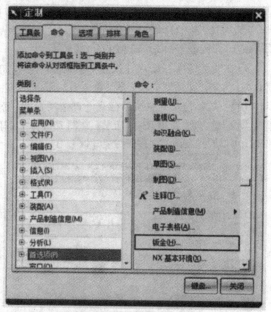

图 16-13　选择【钣金】命令

列表框中选择【首选项】选项，此时在【定制】对话框的【命令】列表框中显示【首选项】的一些命令，如【测量】、【建模】、【装配】、【草图】等。

　　4. 选择【钣金 H】命令　在【定制】对话框中，按住鼠标左键，拖动【命令】列表框中的滚动条，直到显示

【钣金 H】命令为止。在【命令】列表框中选择【钣金 H】命令，此时【钣金 H】命令周围显示一个深色的边框，表明【钣金】命令已经被选中，见图 16-13。

5. 在【首选项】添加【钣金 H】命令 在【定制】/【命令】对话框中，选择【钣金 H】命令，按住鼠标左键不放，拖动到主菜单名称【首选项】上，添加【钣金 H】命令如图 16-14 所示。在图 16-14a、b 对比中，可以看到在图 b 中多了一项【钣金 H】命令。

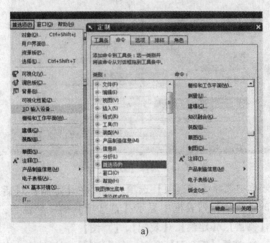

a)

图 16-14 添加【钣金 H】命令

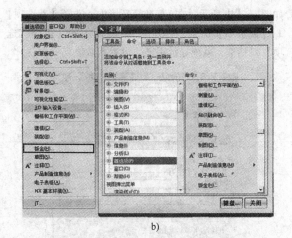

b)

图16-14　添加【钣金 H】命令（续）

在拖动【钣金 H】命令到【首选项】主菜单的过程中，如果展开的【首选项】主菜单覆盖在【定制】对话框上，可以在拖动【钣金 H】命令之前，首先不选择【定制】对话框，将【定制】对话框移动到用户界面的其他区域，然后再将【钣金 H】命令，拖动到【首选项】的主菜单。

16.5　【钣金首选项】对话框

打开【钣金首选项】对话框的方法，其说明如下：

如图 16-14b 所示，在 UG 建模环境中，选择【首选项】Ⅰ【钣金 H】命令，打开图 16-15 所示的【钣金首选项】对话框，系统提示用户"设置默认值"。

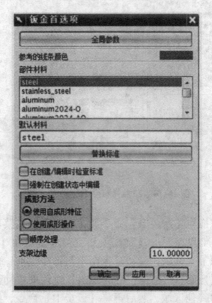

图 16-15　【钣金首选项】对话框

在【钣金首选项】对话框中，用户能够实现以下设置：

1）设置钣金件的全局变量，如钣金件的厚度、半径、折弯角度和折弯许用半径公式等。

2）指定钣金件（如弯边等）中的一些参考线的显示颜色。

3）指定部件的材料和部件厚度。

4）替换用户根据自己的设计要求生成的标准文件。

5）在创建状态中编辑。

6）指定钣金件的成形方法。

7）顺序处理方法。

8）指定支架边缘。

16.6 全局参数

全局参数是指设置部件的所有参数。当用户设置一个全局参数后，任何钣金特征或者钣金操作都将使用这个全局参数。例如，当用户设置一个全局折弯许用半径公式后，任何特征（如弯边特征和折弯特征）都将读取这个全局折弯许用半径公式，且在创建弯边或者折弯的过程中也将使用这个折弯许用半径公式。

在【钣金首选项】对话框中，单击【全局参数】按钮，可以打开如图 16-16 所示的【全局参数】对话框，系统提示用户"设置全局参数"。

【全局参数】对话框主要包括 4 个全局参数，分别

图 16-16   【全局参数】对话框

是【使用全局厚度】【使用全局折弯的半径】【使用全局角度】和【使用全局】复选框，这 4 个复选框的含义说明如下：

1. 使用全局的厚度　在【全局参数】对话框中，选中【使用全局厚度】复选框后，指定全局厚度参数将运用于所有的部件。即只要在通过【钣金特征】工具条打开的对话框中，如【弯边】对话框和【折弯】对话框中使用厚度参数时，都将使用全局厚度参数。

在【全局参数】对话框中，【使用全局厚度】复选框下方两个单选按钮，分别是【自动判断厚度】和【用表达式】单选按钮。这两个单选按钮的使用说明如下：

(1) 自动判断厚度　如果选中【自动判断厚度】单选按钮，指定全局厚度参数将根据用户选择的边缘自动判断厚度。例如，在创建弯边特征时，选择一条边缘后，弯边的厚度将根据用户选择边缘自动判断。【自动判断厚度】单选按钮是系统默认的选项。

仅当用户在【全局参数】对话框中选中【使用全局厚度】复选框后才能激活【使用全局厚度】复选框下方的【自动判断厚度】和【用表达式】单选按钮。

(2) 用表达式　选中【用表达式】单选按钮后，全局厚度参数将根据用户指定的表达式确定，即根据用户输入的厚度值或者厚度表达式确定。

选中【用表达式】单选按钮后，【厚度】文本框被激活。用户可以在【厚度】文本框中输入一个厚度值，也可以在【厚度】文本框中输入一个厚度表达式。例如，若用户在【厚度】文本框中输入"3"，指定全局厚度为 3 时，当用户创建弯边特征和折弯特征时，系统将指定弯边特征和折弯特征的厚度为 3。

2. 使用全局的折弯半径　在【全局参数】对话框中，选中【使用全局的折弯半径】复选框后，指定全局的折弯半径将应用于所有的部件，即只要在通过【钣金特征】工具条打开的对话框中，如【弯边】对话框和【折弯】对话框中使用折弯半径参数时，都将使用全局的折弯半径。

在【全局参数】对话框中，【使用全局的折弯半径】复选框下方，有两个单选按钮和一个文本框，分别是【内部】单选按钮、【外部】单选按钮和【折弯半径】文本框，这三个选项的使用说明如下：

（1）【内部】单选按钮　选中【内部】单选按钮后，指定全局的折弯半径将根据内部折弯半径来计算。这是系统默认的折弯半径计算方式。

例如，选中【内部】单选按钮后，在创建弯边特征时，系统将根据内部折弯半径计算生成弯边特征。如图 16-17a 所示为根据内部折弯半径计算生成的弯边特征。

（2）【外部】单选按钮　选中【外部】单选按钮后，指定全局的折弯半径将根据外部折弯半径来计算。

例如，选中【外部】单选按钮后，在创建弯边特

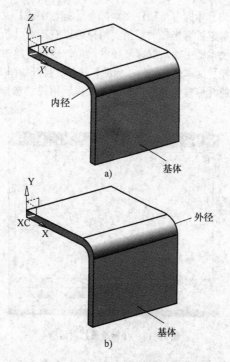

a)

内径

基体

b)

外径

基体

图 16-17 折弯半径

征时，系统将根据外部折弯半径计算生成弯边特征。如
图 16-17b 所示为根据外部折弯半径计算生成的弯边
特征。

（3）【折弯半径】文本框　【折弯半径】文本框用来指定折弯半径的数值。用户可以直接在【折弯半径】文本框中输入折弯半径的数值，也可以单击【折弯半径】文本框右侧的【标准】按钮，打开如图 16-18 所示的【标准值】对话框，系统提示用户"选择标准值"。

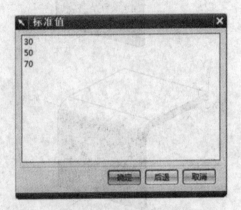

图 16-18　【标准值】对话框

在【标准值】对话框中选择一个数值，如 30 作为折弯半径的值，然后在【标准值】对话框中单击【确定】按钮，关闭【标准值】对话框，返回到【全局参数】对话框。此时，【折弯半径】文本框中将显示用户选择的数值为30，以及所指定的折弯半径为30。

3. 使用全局角度　在【全局参数】对话框中，选中【使用全局角度】复选框后，指定全局角度将应用于所有的部件，即只要在通过【钣金特征】工具条打开的对话框中，如【弯边】对话框和【折弯】对话框中，使用折弯角度参数时，都将使用全局角度。

在【全局参数】对话框中，【使用全局角度】复选框下方有两个单选按钮和一个文本框，分别是【折弯】单选按钮、【夹角】单选按钮和【角度】文本框，这三个选项的使用说明如下：

(1)【折弯】单选按钮　选中【折弯】单选按钮后，指定全局的角度，将根据折弯角度来计算，这是系统默认的全局角度选项。

例如，选中【折弯】单选按钮后，创建弯边特征时，系统将根据折弯角度计算生成弯边特征。如图16-19a所示为根据折弯角度计算生成弯边的特征，折弯角度为60°。

提示：仅当用户在【全局参数】对话框中，选中【使用全局角度】复选框后，【使用全局角度】复选框下方的【折弯】单选按钮、【夹角】单选按钮和【角度】文本框才被激活。

(2)【夹角】单选按钮　选中【夹角】单选按钮后，指定全局的角度，将根据夹角角度来计算。

例如，选中【夹角】单选按钮，在创建弯边特征时，系统将根据夹角角度计算生成弯边特征。如图 16-19b 所示为根据夹角角度计算生成弯边特征，夹角角度为 60°。

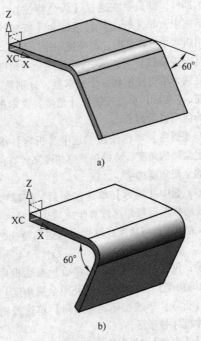

a)

b)

图 16-19　折弯角度和夹角角度

4. 使用全局 在【全局参数】对话框中【使用全局】复选框后，指定全局的折弯许用半径公式，将应用于所有的部件，即只要在通过【钣金特征】工具条打开的对话框中，如【弯边】对话框和【折弯】对话框中，使用折弯许用半径公式时，都将使用全局的折弯许用半径公式。

在【使用全局】复选框下方的【从】下拉列表框中包括两个选项，分别是【表达式】和【折弯许用表】，这两个选项的使用说明如下：

（1）表达式 在【从】列表框中选择【表达式】选项，指定全局的折弯许用半径公式，将根据表达式来确定，这是系统默认指定全局的折弯许用半径公式的选项。用户可以选择已有的折弯许用半径公式，也可以输入新的折弯许用半径公式。

在【全局参数】对话框中包括两个【折弯许用半径公式】列表框，分别是上列表框和下列表框，这两个列表框的含义说明如下：

1）上列表框。【折弯许用半径公式】上列表框用来显示已有的折弯许用半径公式，这些【折弯许用半径公式】是从钣金标准文件中加载进来的。

2）下列表框。【折弯许用半径公式】下列表框用来显示用户选择的折弯许用半径公式或者输入的折弯许用半径公式，当用户在【折弯许用半径公式】上列表框中选择一个已有的折弯许用半径公式后，该折弯许用半径公式将显示在【折弯许用半径公式】下列表框中。如果用户在【折弯许用半径公式】上列表框中没有找到满足要求的折弯许用半径公式，则还可以直接在【折弯许用半径公式】下列表框中输入自定义的折弯许用半径公式。

（2）折弯许用表 在【从】下拉列表框中选择【折弯许用表】选项后，指定全局的折弯许用半径公式，将根据折弯许用表来确定。系统将根据标准文件 ugsmd – def. std 中的 TCL 程序计算折弯许用半径。

在【从】下拉列表框中选择【折弯许用表】选项后，【折弯许用半径公式】选项组如图 16-20 所示。

用户可以用【折弯许用半径公式】选项组中选择，根据内部半径还是外部半径来计算许用半径，还可以选择是根据折弯角度还是夹角角度计算许用半径。

在【全局参数】对话框中完成全局参数的设置后，单击【全局参数】对话框中的【确定】按钮，系统将返回到【钣金首选项】对话框。

在一些钣金特征的操作对话框的选项中，用户可以看到临时显示为灰色的全局变量，这表明在创建钣金特征时，系统没有使用全局参数。如果用户在预设置中选中【全局参数】对话框中的复选框，则该复选框将在钣金特征的操作对话框中被选中，即该钣金特征将使用

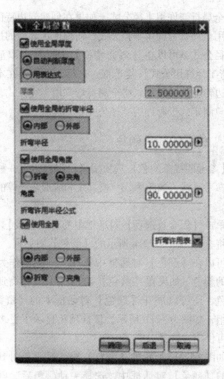

图 16-20 选择【折弯许用表】选项

全局参数。如果用户在创建某个钣金特征时想单独使用
一个参数，而不是使用全局参数，例如，当用户已经设

置了全局折弯许用半径公式，如果在创建弯边特征时不想使用全局折弯许用半径公式，而想使用其他的折弯许用半径公式，可以在【弯曲特征】对话框中取消选中【折弯半径许用公式】复选框。这样，系统将在本次创建弯边特征的过程中忽略全局折弯许用半径公式，而使用用户制定的折弯许用半径公式。

16.7 参考的线条颜色

【参考的线条颜色】选项用来供用户指定一种颜色作为参考直线，如轮廓线、模具线和成形块线等的显示颜色。

单击【钣金首选项】对话框中的【调色板】按钮，系统将打开如图 16-21a 所示的【颜色】对话框。

可以在【颜色】对话框中选择一种颜色作为参考直线的颜色。如果在【颜色】对话框中没有找到合适的颜色，还可以展开【颜色】对话框中的【资源版】选项组，如图 16-21b 所示。该选项组显示了更多的颜色，可供用户选择。

如图 16-21a 所示的【颜色】对话框或者图 16-21b 所示的【颜色】对话框中，选择一种颜色后，再单击对话框中的【确定】按钮，系统将返回到【钣金首选项】对话框。

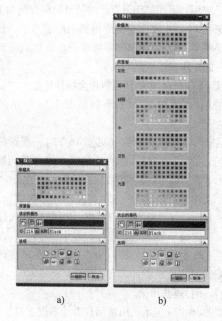

图 16-21 【颜色】对话框

16.8 UG NX6.0 软件钣金、冷作加工应用实例

UG NX 软件在钣金设计中被广泛应用已经得到了共识，但是 UG NX 软件在生产制造中的应用还没有得

到广泛应用。下面就作者自己的领悟简单介绍如下，如果要想将 UG NX 软件全面应用到生产制造中，还需要读者要将 UG NX 钣金软件系统学习，这里只是起到抛砖引玉的作用。

16.8.1　UG NX6.0 软件绘制钣金零件样板

用 UG NX6 软件 1∶1 绘制如图 7-1a 所示的样板实形。

运行 UG NX6.0 软件（见图 16-22），用鼠标点击【新建】选择【模型】，将文件名字在键盘美式输入法下改为"7-1a，选择你想要保存的路径（在 UG NX 软件中，文件名字和路径一定用英文不能用汉字），这里对路径我们选择默认状态，点击【确定】进入建模环境下；在建模环境下，查找【特征】工具栏，在特征工具栏上查找【草图工具】命令，如果在建模环境下没有特征工具栏或者【草图工具】，要按本章 16.2 节【钣金特征】查找出来。

如图 16-23a 所示，用鼠标点击【草图工具】命令，弹出草图对话框，如图 16-23b 所示。默认状态下点击【确定】进入草图模式下，在草图绘制环境下，查找【草图工具】栏（如果在草图环境下，没有【草图工具】栏同样按本章 16.2 节【钣金特征】查找出来）。

开始绘制草图：在模型模块下绘制草图二维视图，用鼠标点击【草图工具】栏内【配置】工具，弹出

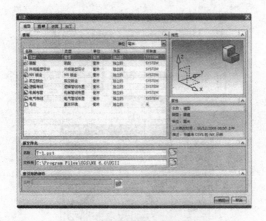

图 16-22 新建模型窗口

【配置】工具栏，以点（0，0）坐标为起点，创建一个长度 200 水平线段，输入（200，0），用鼠标点击【配置】工具栏上圆弧工具，输入（半径 40，角度 180）鼠标按中键两次，结束配置命令。

用鼠标点击【草图工具】栏内【直线】命令，以点（0，0）坐标为起点，创建一个长度 120 竖直方向直线段，输入（120，90），继续创建（长 200，90，角度 0），将鼠标移至圆弧附近显示相切符号时，连接圆弧；用【草图工具】栏内快速修剪命令，将多余圆弧修剪。

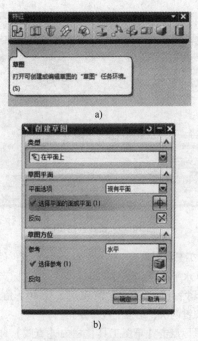

图 16-23　创建草图窗口

用鼠标点击【草图工具】栏内【直线】命令，输入适当坐标（5，40）、（230，40），（160，90）、（190，90）得到两条水平中心线；输入适当数字坐标（40，

5)、(40，70)，(160，5)、(160，70)，(150，55)、(150，115)；(200，5)、(200，75)，得到四条竖直线中心线。

用鼠标点击【草图工具】栏内【圆】工具，创建$\phi40$、$\phi30$、$\phi28$的圆，选择圆心并输入直径。

用鼠标点击【草图工具】栏内【直线】工具，作两条$\phi40$圆的公切线，用【草图工具】栏内快速修剪按钮，将多余圆弧修剪，得所需的实尺样板，如图16-24所示。

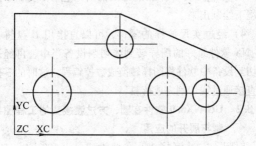

图16-24　实尺放样图

如果想要将圆的中心线变化成点划线，用鼠标点击【草图工具】栏内【转化至/参考对象】工具，弹出【转化至/参考对象】工具对话框，选择需要转换的中心线，点击【确定】按钮即完成转换。

在画2D二维视图时，如果需要直接画出需要的线条，必须设置图层；在【首选项】里【对象】窗口选择图层和线型、线宽等。然后在绘图时，选择的图层不同，得到的线型自然就不同。

小结：

1）通过这个样板图的绘制可知，凡是 2D（二维）样板图，都可以在模型草图环境下绘制得到。

2）二维平面是实体建模的基础，所以要熟练掌握。

3）钣金和冷作产品的二维视图，基本都要在草图环境下绘制出来。

4）经过实尺放样的零件，可以直接用 U 盘将在 UG NX 软件绘好的图样转到线切割设备当中，再经过线切割设备中软件将图样转换成数控编程，这时的零件可直接通过线切割完成落料。

16.8.2　UG NX6.0 软件在圆、方过渡接头的工程图绘制与展开的应用

对圆、方过渡接头，在此设定 $\phi = 100$，$h = 50$，$a = 100$，$\delta = 3$。用 UG NX6 软件展开，其方法如下：

打开 UX NX6 软件，鼠标点击【新建】选择【NX 钣金】模块，如图 16-22 所示点击【确定】，软件进入 NX 钣金环境下，在工具栏上鼠标点击右键，弹出右键菜单，如图 16-25 所示。选择【NX 钣金】选项，弹出【NX 钣金】工具栏如图 16-26 所示。鼠标点击【NX 钣

【金】工具栏、【草图】工具命令，弹出创建草图对话框，如图 16-23b 所示，点击【确定】进入草图绘制环境。

鼠标点击直线工具命令，输入（0，50），回车确定，输入（50，0）两次回车确定，输入（100，270），重复上面操作，输入（50，180）完成圆方过渡接头底平面 1/2 图形。点击【完成草图】进入【NX 钣金】环境。

如图 16-26 所示，鼠标点击【NX 钣金】工具栏的【基准平面】命令，弹出【基准平面】对话框，如图 16-27 所示。在距离位置输入 50，点击【确定】；在【NX 钣金】工具栏上点击【草图】命令，弹出【草图】对话框，选择创建圆基

图 16-25　右键菜单

图 16-26　NX 钣金工具栏

图 16-27　基准平面

准平面（见图 16-28），进入以基准平面为新草图平面绘制环境。鼠标点击【草图工具】栏内【圆】命令，在坐标原点选择圆心输入（0，0），输入直径 80，点击鼠标中键，结束操作。用【修剪】命令切整圆剩余 1/2 圆，如图 16-29 所示。点击【完成草图】进入【NX 钣金】环境。

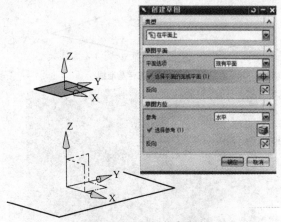

图 16-28　创建圆基准平面

鼠标点击【NX 钣金】工具栏【放样弯边】命令，选择 1/2 圆弧和 1/2 方形，在选择前确定好板厚和圆弧、方形的位置，根据视图尺寸，确定上圆直径和下方的径向厚度方向，点击【确定】，完成圆、方过渡接头 1/2 立体图的绘制，如图 16-30a 所示。

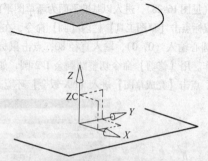

图 16-29　放样基准线

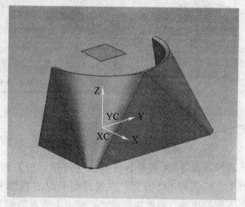

a)

图 16-30　圆、方

a）圆、方过渡接头的 1/2 立体图

鼠标点击菜单栏【插入】工具栏的【关联复制】—【镜像特征】，选择圆、方过渡接头的 1/2 立体图，选择镜像平面 zc—yc 平面，点击【确定】键，完成圆方过渡接头立体图的绘制，如图 16-30b 所示。

鼠标点击【NX 钣金】工具栏的【展开实体】命令，选择展开第一平面，这里选择三角形平面，确定 X 轴矢量方向，在此选择三角形的一个底边，得到圆、方过渡接头的 1/2 展开图，如图 16-31 所示。

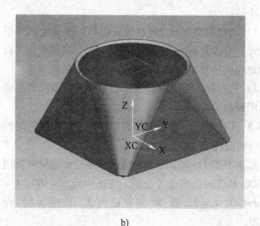

b)

过渡接头的工程图

b) 圆、方过渡接头的立体图

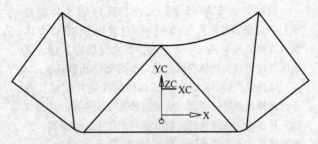

图 16-31 圆方过渡接头的 1/2 展开图

小结：

1）通过对典型圆方过渡接头在 UG NX 钣金软件里的展开，可以看到这款软件功能的强大，这款软件可以准确地完成任何复杂形状的钣金、冷作产品的展开。

2）这款软件还能准确地绘制出钣金、冷作产品的立体图形和工程图。

16.8.3 UG NX6.0 软件在板料零件的折弯与展开时的应用

如本书图 11-24 所示为钣金折弯零件。这里可以用 UG NX6 软件的折弯命令完成。将图中设 $a = 100$，$b = 50$，$c = 20$，$r = 3$，板厚（δ）设为 3，长度（L）设为 300。

首先根据本书第 7 章 7.2 节中有关钢材展开长度，计算出板料的宽度 H，$H = a + 2b + 2c - 8\delta = 100 + 100 +$

$40-24=216$。

打开 UG NX6 软件，用鼠标点击【新建】选择【NX 钣金】模块，如图 16-22 所示，点击【确定】进入【NX 钣金】模块建模环境下。

鼠标点击【标记凸台】命令，弹出【标记凸台】对话框，如图 16-32a 所示。在【标记凸台】对话框内选择草图命令图标（需要强调的是千万不要在【NX 钣金】工具栏内选择草图图标，否则【标记凸台】命令无法执行）。弹出【创建草图】对话框，如图 16-28 右侧图所示，在默认对话框下点击【确定】键进入草图绘制环境下。

在默认【配置】命令下，输入点（0，0）、（216，0）、（300，90）、（216，180）、（300，270）完成二维平面图绘制，点击【完成草图】切换到【NX 钣金】模块下，在图 16-32【标记凸台】对话框内输入板厚 3，点击【确定】键，完成基础板料的生成。

鼠标选择【NX 钣金】工具栏的【折弯】命令，弹出【折弯】对话框，如图 16-32b 所示。鼠标点击【折弯】对话框草图创建命令（切记：不要在其他草图环境下绘制折弯线，否则在折弯命令中无法实现折弯命令），进入折弯的草图绘制环境下，鼠标选择直线命令，输入（17，0）、（300，90），点击【确定】键，进入【NX 钣金】建模环境下，选择折弯方向 z 轴负方

a)

b)

图 16-32　钣金折弯零件图

a)【标记凸台】对话框　b)【折弯】对话框

向，输入角度 90，点击【确定】键。完成 c 段折弯

（折弯时这里只能一个弯一个弯的折），输入（74，0）、（300，90），折弯；返回到折弯草图的绘图界面，输入（189，0）、（300，90），重复上一次操作，输入（142，0）、（300，90），完成所有折弯边（注意：折弯方向和角度可根据需要在折弯对话框内调整），如图 16-33 所示。

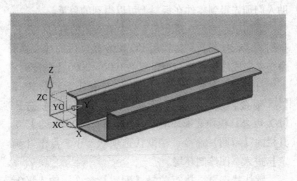

图16-33　板料折弯

小结：

1)【NX 钣金】工具栏的【折弯】命令，可以帮助在钣金及冷作产品中检查折弯方向的对错，并检查折弯长度的对错。

2) 还可以结合菜单里【分析】—【测量距离】—

【测量长度】—【测量角度】对要加工制造的零件反复核实对错。

16.8.4 UG NX6.0 软件在钣金、冷作工号料时的应用

在零件号料时，有时因为零件形状、种类等因素，无法准确知道一块板料可以下多少成才，学习 UG NX6 软件后，在模型模块内有一个【变换】命令，就能帮助人们预先得到零件在板料上可以得到的数量。

下面就本书第 6 章 6.5.3 节中表 6-8 的直排、单行排列、多行排列、斜排，用 UG NX6 软件内的【变换】命令来完成冷作零件在板料规格 1000×2000 上的阵列。

打开 UG NX6 软件，用鼠标点击【新建】选择【NX 钣金】模块（见图 16-22），点击【确定】进入【NX 钣金】模块建模环境下。鼠标选择【NX 钣金】工具栏的【草图】命令，在默认选项状态下，点击【确定】进入草图绘制环境。

默认状态下，执行的是【配置】命令，输入（0，0）两次回车，输入（1000，0）两次回车，输入（2000，90）两次回车，输入（1000，180）两次回车，输入（2000，0）点击中键两次，完成板料设置。

在板料上四周留出 5mm 余量，鼠标选择【圆】命令，输入圆心坐标（105，105），输入直径 200，回车。

鼠标选择【编辑】菜单中【变换】命令（见图 16-34a）。如果在编辑菜单中没有【变换】命令，同样在

【工具】菜单中选择【定制】，弹出【定制】对话框，查找【变换】命令（见图16-34b），然后拖拉到编辑菜单里，这在前面已经介绍过），也可以用快捷键"Ctrl+T"。

弹出【变换】对话框（见图16-35a），选择要变换的对象"圆"，点击【确定】键，弹出【变换】另一个对话框（见图16-35b），选择"阵型阵列"，弹出【变换】另一对话框，选择要阵列的对象上特性点（这里我们选择圆心）坐标（105，105）（见图16-35c），点击【确定】键，弹出要选择阵列的位置的起始点，在默认状态下点击【确定】键（见图16-35d），弹出【变换】对象位置之间距离对话框，输入X方向距离0，Y方向距离205；X方向阵列数1，Y方向阵列数9，角度0，（见图16-35e），点击【确定】键，弹出有一个对话框，（见图16-35f），选择【移动】键，点击【确定】键，完成这次直排阵列，如图16-36内最右侧圆所示。

单行排列、多行排列、斜排的阵列与直排阵列基本相同，这里不再介绍，留给读者自行完成，完成后如图16-36所示。

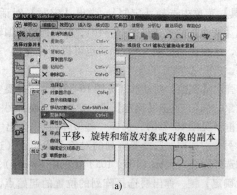

a)

b)

图 16-34　变换命令查找对话框

a) 变换命令查找 (一)　　b) 变换命令查找 (二)

a)

b)

图 16-35 变换对话框

c)、d)

e)

图16-35 变换对话框（续）

f)

图16-35 变换对话框（续）

在 UG NX6 钣金软件中，还有很多命令可以应用到钣金、冷作零件的制造中，比如冲压、装配、落料等，这里由于篇幅的原因不能详细介绍，希望有兴趣的读者可以选择 UG NX6 软件书籍详细阅读学习，由于 UG NX6 软件中有很多模块，读者应在学习时，选择模型模块和钣金模块学习。

在使用软件过程中，如果有些命令找不到，我们介绍两个方法：第一，通过互联网查询。第二，在 UG NX6 软件【帮助】菜单中有【望远镜】命令，用鼠标

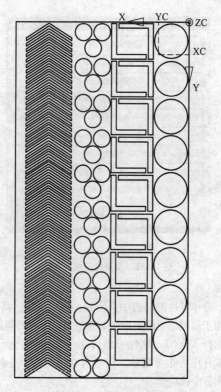

图 16-36　变换阵列零件

点击后，弹出命令查找器，输入准确命令"词语"，瞬间就可以查到命令的所在位置，如图 16-37 所示，这是非常实用的方法，请读者记下。

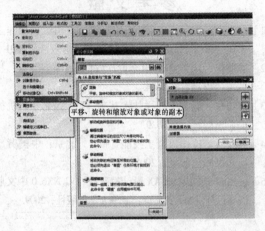

图 16-37　命令查找器

参 考 文 献

[1]《简明钣金冷作工手册》编写组．简明钣金冷作工
手册［M］．2版．北京：机械工业出版社，2001．

[2] 展迪优．UG NX6.0钣金设计教程［M］．北京：机
械工业出版社，2004．

[3] 梁绍华．钣金工放样技术基础［M］．北京：机械
工业出版社，2010.9．

[4] 徐文胜．冷作钣金工技能［M］．北京：中国劳动
社会保障出版社，2008．

[5] 云杰漫步多媒体CAX设计教研室．UG NX6.0中文版
钣金设计［M］．北京：清华大学出版社，2009．